国家自然科学基金项目（No.51808318）
山东省自然科学基金项目（ZR2017BEE070） 联合资助

基于城市视角下的
地铁站域商业综合体研究

刘 文 著

中国建筑工业出版社

图书在版编目（CIP）数据

基于城市视角下的地铁站域商业综合体研究／刘文
著.—北京：中国建筑工业出版社，2019.8（2022.7重印）
ISBN 978-7-112-23731-9

Ⅰ.① 基… Ⅱ.① 刘… Ⅲ.① 地下铁道车站–区域–
商业–服务建筑–研究–中国 Ⅳ.①U231 ②TU247

中国版本图书馆CIP数据核字（2019）第087335号

　　站域综合体作为地铁上盖物业的典型代表，在城镇化快速进程的背景下，如何将土地的高度利用与以地铁为中心的城市规划相联系，建立以地铁站点为节点的城市空间框架网络布局，是摆在我们面前重要的课题之一。

　　本书共7章，分为3部分内容：第一部分，通过分别梳理地铁建设和商业综合体的历史脉络，整理出两者的"交汇点"——地铁站域商业综合体的发展轨迹，并对相关内容进行解析；第二部分，通过定量与定性相结合的方式，从宏观、中观、微观三个层面对站域综合体进行系统地认识研究，构建包含3大类、9小类的因子框架模型；第三部分，旨在对之前研究结果的基础上进行总结，提出围绕地铁站域商业综合体建设的相关发展策略和设计方法，同时对后续的研究工作提出建议。

　　本书可供建筑设计、城市设计、城市规划以及相关领域的研习者和实践者阅读参考。

责任编辑：赵　莉　吉万旺
版式设计：锋尚设计
责任校对：王　烨

基于城市视角下的地铁站域商业综合体研究
刘　文　著
*
中国建筑工业出版社出版、发行（北京海淀三里河路9号）
各地新华书店、建筑书店经销
北京锋尚制版有限公司制版
北京凌奇印刷有限责任公司印刷
*
开本：787毫米×1092毫米　1/16　印张：16½　字数：309千字
2019年11月第一版　　2022年7月第二次印刷
定价：58.00元
ISBN 978-7-112-23731-9
（34022）

序

　　随着高密度背景下城市化进程的快速发展，面对土地、交通、人口和生态的巨大压力，地铁因其快速、安全、运量大等优势逐渐成为缓解都市交通拥堵问题的首要选择，由其发展出的TOD、紧凑城市等理念正深刻改变着城市的布局和发展模式。面对地铁站点所提供的大量人流资源，如何在大城市交通和空间矛盾日益尖锐的情况下，将土地的高效和合理利用与以地铁为中心的规划建设相结合，建立以地铁站点为核心的城市空间网络布局，是摆在我们面前的重要课题之一。

　　在城市更新和轨道交通大力发展的背景下，地铁站域商业综合体作为站城一体开发的典型代表，受到了各界的广泛关注和讨论，其相关研究视角也逐渐由整体空间结构的宏观方面向区域环境品质的微观方向发展。地铁站域商业综合体作为土地集约化、空间一体化以及功能复合化的集聚点，不仅因交通要素的汇聚对公共交通系统的完善有着极重要的整合意义，还因其高密度、多用途以及多流量的特殊属性，迸发出极高的经济潜力和商业价值，吸引着众多开发商和地方政府的目光。另一方面，由于其多样业态、复杂交通和立体空间的自身特点，导致了项目本身具有不可避免的高风险、高投入及大体量的弊端，加上地下空间建设的不可逆性，使综合体的投资选址成为运营成功与否的关键环节。当下我国地铁建设正处于白热化阶段，无论是地下通道的预留还是一体化的开发利用都应具有一定的前瞻性。故在这种矛盾下，针对地铁站域商业综合体的研究成为大家关注的焦点所在。该书立足基本国情，对北京、上海、广州三个城市地铁站域商业综合体进行了大量的基础数据调研和分析，GIS系统的运用和相应的量化分析方法为研究提供了可靠的理性支撑，作者试图通过对地铁站域商业综合体在宏观整体层面、中观区域层面和微观建设层面的现状研究，对未来的规划和设计提出建设性意见，使地铁站域商业综合体发展更具理性化，即充分发挥节点的触媒作用，为区域和城市的可持续发展做出一定贡献。

如果把城市看作是一个复杂巨大的系统，那么围绕站区相关的物业建设则是系统中引发区域活力的关键所在，随着地铁网络在城市新陈代谢中的全面融入，针对原有城市设计的方法运作、决策机制和设计实践都应有所创新，尤其是站区层面的规划设计和协同开发，更应引起相应的重视和讨论。该书从量化的角度尝试为城市设计在车站地区的相关决策搭建支持平台，使城市设计成为更科学理性的工具，值得向大家推荐！

东南大学建筑学院　教授
UDG联创设计　首席总建筑师
钱　强

目 录

第1章 绪 论...001

1.1 研究缘起...002

1.1.1 研究背景...002

1.1.2 研究意义...003

1.1.3 研究内容...005

1.2 研究现状及目标...006

1.2.1 国外相关理论及实践现状研究.........................006

1.2.2 国内相关理论及实践现状研究.........................010

1.2.3 研究目标...013

1.3 创新点...014

第2章 地铁站域商业综合体的建立及现状.................................015

2.1 商业综合体的演进及"地铁城市"的兴起..................016

2.1.1 商业综合体建筑的发展历程及内涵延伸.............016

2.1.2 地铁作为城市交通动力的发展脉络.....................022

2.1.3 商业综合体与"地铁城市"的对接.....................027

2.2 "横竖"穿插的立体模式——地铁站域商业综合体的提出.......032

2.2.1 横向——地铁对商业综合体的"触媒"作用.............032

2.2.2 竖向——商业综合体对于地铁的适应性转变.............038

2.2.3 横竖的整合——地铁站域商业综合体的提出.............041

2.3　地铁站域商业综合体现状问题探讨 045

　　2.3.1　策划方面——策划表面化和意志"长官化" 046

　　2.3.2　制度方面——管理混乱化和律法缺失化 047

　　2.3.3　设计方面——规划无序化和空间消极化 050

第3章

城市层级视角下地铁站域商业综合体的调配适应 053

3.1　城镇化背景下的城市层级框架 054

　　3.1.1　城镇化背景下的高密度城市空间 055

　　3.1.2　我国地铁交通的发展概况及特征 061

　　3.1.3　城市层级下地铁建设与城市空间的互动 069

3.2　地铁站域商业综合体在城市设计层面的调整适应 085

　　3.2.1　我国地铁站域商业综合体的概况及特殊性 085

　　3.2.2　地铁站域商业综合体对城市空间的引导 091

　　3.2.3　空间结构视角下地铁站域商业综合体与城市融合
　　　　　发展的趋势 107

3.3　地铁站域商业综合体对原有城市层级的穿刺 109

　　3.3.1　地域穿刺——地铁站域商业综合体的交通效益 109

　　3.3.2　时间穿刺——地铁站域商业综合体的经济效益 111

　　3.3.3　空间穿刺——地铁站域商业综合体的社会效益 113

第4章

区域复杂环境视角下地铁站域商业综合体的有机融合 115

4.1　地铁站域商业综合体与周围环境的融合 116

　　4.1.1　空间对话——高密度背景下的三维立体 116

　　4.1.2　功能对话——地铁站域商业综合体的杂交共生 120

　　4.1.3　地铁站域商业综合体与周边环境互动的经验借鉴 124

4.2　区域视角下的地铁站域商业综合体发展现状
　　——以北京、上海、广州为例 133

　　4.2.1　城市线路的选择及相关背景 134

　　4.2.2　地铁站域商业综合体周边环境的评价分析 141

4.2.3　地铁站域商业综合体因子分析的架构 156

4.3　基于GIS的地铁站域商业综合体区域布局模型的建立 158
　　4.3.1　影响因子的内涵及相互关系 158
　　4.3.2　GIS影响因子分布示例 163
　　4.3.3　地铁站域商业综合体的分布差异及选址趋势 174

第5章　地铁站域商业综合体子系统的内部建构 179

5.1　多样业态子系统的活力研究 180
　　5.1.1　多样业态子系统 180
　　5.1.2　多样业态子系统开放状态下的演变 183
　　5.1.3　多样业态的建构原则及趋势 186

5.2　以便捷交通为框架的子系统内部资源间的优化整合 191
　　5.2.1　交通子系统在复杂体系中的特殊性及其设计原则 191
　　5.2.2　地铁站域商业综合体交通子系统的空间整合 194
　　5.2.3　慢行系统的立体整合 204

5.3　基于空间子系统建构下的SD法感知研究 207
　　5.3.1　研究方式及相关数据 208
　　5.3.2　因子分析法的运用及空间感知的评价 213
　　5.3.3　空间子系统的设计对策 219

第6章　地铁站域商业综合体建设实施的相关机制 223

6.1　地铁站域商业综合体城市框架下的开发策略 224
　　6.1.1　城市空间整合下的规划价值 224
　　6.1.2　统一理念指导下的健全机制 225
　　6.1.3　多节点规划导向下的开发管理 227

6.2　地铁站域商业综合体区域视角下的整合应用 229
　　6.2.1　现状发展下的多元矛盾 229
　　6.2.2　区域框架视角下的整合原则 230

6.2.3　联系不同要素下的城市设计 232

6.3　地铁站域商业综合体系统内部的立体化实现 234

6.3.1　多样功能外向下的立体差异 234

6.3.2　复杂站城一体下的立体推动 235

6.3.3　高密度背景感知下的立体体验 237

第7章

结语与展望 239

7.1　结论 240

7.2　研究展望与建议 246

参考文献 248

第1章

绪　论

1.1 研究缘起

1.1.1 研究背景

　　在世界经济全球化的趋势影响下，我国城镇化进程的速度愈演愈烈，仅以大城市数量以及城市建成区面积两项指标为例，截止到2012年，全国100万人口以上的大城市共有127个，比1995年增长了3倍以上。城市建成区面积为45565.76km^2，增幅达7倍之多，其中以北上广为代表的巨型城市尤为明显。2013年中国的城镇化率达到了53.73%，居于世界平均水平。中国社会科学院城市发展与环境研究所副所长魏后凯表示："预计到2030年，中国城镇化率将达到68%，到2050年，城镇化率超过80%"[①]。尽管我们的生活水平得益于城市的快速发展，但在繁华表象的背后，现代城市扩张与资源之间的各种矛盾日趋尖锐，如城市有限的土地资源与急剧膨胀的人口之间的矛盾，多元化的功能与紧张的空间资源之间的矛盾，拥堵的道路与捉襟见肘的交通资源之间的矛盾等。正是这些沉重压力使人们不得不去思考怎样集约和合理地利用资源，由传统的单纯追求经济效益转而追求经济-社会-生态综合效益的最大化，以此来推动城市的可持续发展。

　　随着经济的迅猛发展，大城市机动车人均保有量的不断提升、交通供需的矛盾成为影响当今人们生活品质的重要环节。在对公共交通体系的大力倡导的环节中，以地铁为主导的城市轨道交通以其速度快、运量大、安全可靠、低碳环保等特点逐渐成为缓解交通问题的首要选择。国务院在2013年印发的《关于加强城市基础设计建设意见》中明确指出："鼓励有条件的城市按照'量力而行、有序发展'的原则，推进地铁、轻轨等城市轨道交通系统建设，发挥地铁等作为公共交通的骨干作用，带动城市公共交通和相关

---

① 于华鹏. 中国2050年城镇化率将超80%. 中国经济网，http://www.ce.cn/.

产业的发展"。①我国自1965年首次开工修建地铁，到2013年年末，共有17座城市开通了地铁（不含港澳台），累计里程达2074km，占城市轨道交通总里程的81.6%。②其中，上海以567km跃居世界城市地铁运营里程第一，北京则以年运输32.1亿人次位列世界城市地铁运输量第一③。我国地铁建设已经进入了高速发展阶段，自2007年到2013年，轨道交通运营里程的年均增长量为22.7%，项目总投资约1.23万亿元④。

地铁建设虽然给城市财政带来不小的压力，但不可否认的是它在缓解城市交通、促进低碳出行的同时也为整个城市提供了巨大的正外部效益。先不说地铁的开通往往能促使沿线房价飞速上涨的问题，单就其稳定庞大的客流方面，就为相关地段带来了巨大商机。于是商业作为城市基本功能中最为活力的因素，通过与地铁站点的有机结合，利用其巨大的利润反哺地铁开发建设，故而"地铁+商业"的组合成为一种必然。随着城市产业结构的转变以及信息时代的到来，建筑空间越来越多地容纳城市生活，由传统封闭的状态向多层次多复合的状态发展，在土地集约的背景下，建筑社会化与城市立体化催产了城市建筑一体化——建筑综合体的实践。同时，消费时代的来临使得包含购物中心的商业综合体逐步为人们所重视，加之我国现代高效的社会经济活动对大城市高效交通和复合功能的急迫要求，商业综合体的发展势必会与地铁建设密切相连。通过地铁上盖商业综合体的设计开发，有效地实现地铁站点的综合建设，促使土地资源的集约化，提高城市出行效率，推动城市可持续发展战略的实施。

1.1.2 研究意义

生产生活要素的集聚形成了城市，城镇化的推进使得高密度成为当前我国国情背景下城市发展的一种必然选择。在GDP上涨、人民生活得到改善的同时，随之引发的是诸如交通拥堵、土地资源紧张、碳排放增多等社会问题和矛盾。以地铁为主导的轨道交通的快速发展有效缓解了城市交通资源紧张的问题，城市综合体的出现则为集约土地资源

---

① 国务院关于加强城市基础设施建设的意见. 中华人民共和国中央人民政府，http：//www.gov.cn/.

② 数据来源于中国城市轨道交通协会官网。

③ 数据来源于RET睿意德商业地产研究中心。

④ 数据来源于中国统计网，《中国统计年鉴》2005～2013。

及城市立体化建设提供了一个较好的解决方案，商业作为城市里最为活力自由的因素，成为连接两者的最佳纽带。在城市视角下对地铁上盖商业综合体这一现象进行研究，不仅适应了当前发展的需求，还通过城市高度集聚变化的角度回应了城市历史的发展脉络。

地铁上盖商业综合体超越了单体建筑的范畴与意义，综合了社会、城市及建筑本身多系统多方面的问题。本书试图通过对具体建筑现象的剖析来引发对城市性、价值性以及社会性的探索。尽管商业综合体因其高投入、高风险和无节制扩张给城市形态及其环境带来巨大的负面影响而备受争议，但其代表的城市紧凑立体发展模式则是现今城市发展的主要思想潮流之一。尤其在诸如日本、我国香港等高密度的地区，地铁上盖商业综合体的蔓延更是一种常态，它是基于当地社会背景下的现代建筑的历史演进，是对建筑与城市交通融合以及建筑与城市整合的延续，同时从某种层面上给予了我国城镇化进程中解决矛盾与问题的方法。

另外，地铁作为解决大城市未来交通拥堵最直接有效的手段，在极大体现公共社会利益的同时也因其高昂的费用成为社会经济不得忽视的元素。故而若能妥善解决地铁亏损与公众利益之间的冲突，寻求政府与市场都能接受的"双赢"模式，将产生重大的社会经济意义。本书力求从地铁上盖商业综合体这一点探寻其与社会经济价值之间的联系，是社会经济研究中的分支。

本书以寻求解决当下我国城镇化进程高密度所带来的问题为背景，通过复杂性系统的思考方法结合城市视角相关研究，将城市交通与建筑在理论上进行关联，是城市规划设计理论的丰富与补充，具有重要的理论价值。针对地铁上盖商业综合体的研究，试图摆脱仅仅将"地铁"与"建筑"相连空间进行分析的传统模式，转变为通过科学系统的分析方法，把商业综合体与地铁站点整合，在城市视角下进行宏观、中观、微观三个层面上的探讨，运用投资模式、法律政策、建设实践相结合的理念和研究方法，以期使地铁上盖商业综合体的建设能够更加理性和完善。

另外，在研究方法的选择上，本书采用定性与定量相结合的方式。如在城市宏观层面上，利用Kernel密度推定法探索地铁上盖商业综合体与人口密度、政策制度、经济总量等方面之间的联系；在中观层面上，通过对区域多方位的研究，利用GIS的层次分析法来建立地铁上盖商业综合体的影响因子体系；在微观层面，则利用SD法将系统空间的主观看法和客观事实联系起来，从而寻找心理感知的依据与来源。虽然地铁上盖商业综合体系统的复杂性并不能通过几个定量的分析来以偏概全，但是我们可以通过这样一个局部确立模型的演化，从中看整个系统复杂性的冰山一角，既方便下一步针对地铁上盖物业相关的政策规范制定，也为以后系统整体模型的建立提供一定程度的帮助。

虽然地铁上盖物业的概念和模式均处于探索实验阶段，但在相关理论的指导下，结合跨学科的研究成果，建立地铁与周边物业的回馈机制，特别是地铁上盖物业的一体化，对提高地铁在城市交通系统中的所占比例起到极大的推动作用，同时，能够有效缓解地铁公司亏损的现状，从而向盈利化的局面转变。地铁上盖商业综合体在城市视角建构中具有重要的综合效能，它一方面承担着城市功能之间的组织与转换，另一方面又对城市的发展起着一定的导向作用。通过在城市视角下对地铁上盖商业综合体的研究，力图为商业投资者提供理性的判断依据，为城市规划者提供建设性的指导意见，为建筑设计者提供针对性的解决方案，为政策制定者提供具有说服力的基础性资料。

在全球气候变化深刻影响人类生存和发展的背景下，以低能耗、低污染、低排放为宗旨的低碳社会成为世界聚焦的热点。社会公众作为低碳建设的重要主体，应充分发挥其能动作用，通过对消费行为和生活方式的改变，进而有效遏制二氧化碳的排放。低碳出行作为低碳减排重要战略上的关键一环是不可忽视的存在。地铁的快速发展提高了公共交通所占出行的比率，商业综合体的多元复合又为人们提供了一站式的便捷服务，通过合理的规划与布局，地铁上盖商业综合体势必会减少不必要的二次碳排放，降低人们对个体机动系统的依赖，对推动低碳社会的进步具有一定的建设指导意义。

1.1.3 研究内容

本书以城镇快速化进程为背景，立足于城市规划设计和轨道交通的专业领域，在土地集约、地铁急剧发展的基础上，将研究目光聚焦于地铁站域商业综合体这一相对新兴的建筑类型。地铁站域商业综合体的问题不仅牵扯到交通与建筑之间的协作发展，还涉及建筑与周边城市形态之间的协调适应，以及体系内部各个环节的运营发展。由整体到局部，本书将主体研究分为三个部分进行展开：

第一部分为课题解析，通过总结地铁和综合体发展演化的历史，提出地铁站域商业综合体是未来的一种必然趋势。同时对现今地铁站域商业综合体现状及问题进行梳理。

第二部分为对策研究，由整体到局部，分别从城市视角、区域视角、系统内部视角三个层面展开：

在城市视角中，将研究的地铁站域商业综合体体系看作一个完整的个体，重点关注它在发展中与城市其他因子之间的协作关系，以及它所带来的交通、经济和社会效益。通过Kernel密度推定法来探讨其与高密度背景之间的潜在关系，同时以全国范围的"面"为例，针对地铁站域商业综合体对城市活力的带动作用进行验证说明。

在区域视角中，从功能和空间上讨论地铁站域商业综合体与区域周边环境之间有机衔接、协同合作中所涉及的相关内容。通过GIS层次分析法，分别从北京、上海、广州抽取三条"线"，进一步探索地铁站域商业综合体与区域环境互为支撑的关系，并建构相应的影响因子体系。

在系统内部视角中，重点关注子系统之间的相互关系，选取业态、交通和空间三个层面进行深入研究，并将具有代表性的地铁站域综合体的"点"进行解析和比较。通过SD法对感性的空间感知进行量化研究，从而对下一步的设计进行指导。

第三部分为综合应用，基于高密度现状和低碳社会的发展观，根据之前的研究结果，对地铁站域商业综合体的发展策略及相关机制进行总结。

结论与展望部分对本书的研究成果进行了总结，并对地铁站域商业综合体的未来发展进行展望。

1.2 研究现状及目标

1.2.1 国外相关理论及实践现状研究

1. 关于轨道交通与城市空间结构

（1）理论方面

1993年，彼得·卡尔索普（Peter Calthorpe）在《下一代美国大都市地区：生态、社区和美国之梦》（The Next American Metropolis：Ecology，Community，and the American Dream）中旗帜鲜明地提出："TOD（Transit-Oriented Development）是一种土地高度混合使用的社区，以400m为半径，以商业中心和公共交通站点为中心，布局强调创造良好的步行环境，同时客观上起到鼓励公共交通的作用。"彼得·卡尔索尔创造性地开创了TOD这种规划模式，并为基于TOD策略的各种城市土地利用制订了一套详尽而具体的准则，为TOD模式的发展奠定了基础。

1997年，赛维罗（R. Cervero）和科克曼（Kockelman）在《交通3D的需求：密度、多样性、合理的设计》（Travel Demand and the 3Ds：Density，Diversity，and Design）中深化了对TOD的理解，指出站点区域应通过合理的设计整合高密度发展，从而满足不同人群的多层次需求。同时，他还倡导紧凑交通枢纽周边用地，通过提高土地和公共服务设施的使用效率，来弥补传统功能分区的城市活力，协调城市各系统之间的功能联系，从而达到效益的最大化。

（2）实践方面

日本早在明治时期就已经有学者提出通过地铁建设来带动东京的发展，并形成了早期的规划蓝图。后期，在蓝图的指导下大量国铁、私铁的修建，成就了东京、名古屋、大阪等轨道上的城市。随后哥本哈根、斯德哥尔摩以及亚洲的首尔、新加坡等城市也开始了轨道交通的大量建设。具体情况如表1-1所示。

国外城市轨道交通与城市空间结构实践研究　　　　　　　　　　表1-1

时间	城市	进行的实践
20世纪20年代	东京	Hankyu铁道公司提出整合轨道交通与新城开发的概念，首次将轨道交通与房地产综合开发策略相结合。此后东京允许企业财团建设私营轨道交通线路，并从周边土地的地产投资中获益。统一进行土地利用与铁路建设规划以及基础设施配套，将部分土地出售以补偿配套设施，剩余的用于自行开发，轨道交通的发展刺激了城市的"土地重整"
20世纪40年代	斯德哥尔摩	整个城市的形态是由规划和区域轨道交通投资计划两者共同作用形成的。确立未来的城市将向多中心城市转变的方向，城市交通系统以地铁为基础，以市中心为交通枢纽，呈放射状延伸，围绕轨道交通站点的土地以局部密度递减的开发原则，进行中心或新城镇的建设
20世纪40年代	哥本哈根	制定以轨道交通为骨架建立起来的"手形规划"，通过采用中心放射型的轨道交通线网结构，设计了五条从城市中心区延伸出的轨道交通线路，强调轨道交通对城市空间扩展的引导作用，并用绿化带将每根"手指"进行分隔，形成了最初的城市发展骨架
20世纪70年代	新加坡	政府通过制定新加坡概念规划强力干预整顿轨道交通市场，为后期具体实施新城和城市捷运系统的建设提供了基础

此外，长期以来，各界学者们在针对轨道交通与城市空间结构关系的实践上做了大量的总结和分析研究，如表1-2所示。

国外城市轨道交通与城市空间结构学术研究　　　　　　　　　　表1-2

时间	题名/作者	研究的内容
1996	北美交通合作研究报告（TCRP）	对轨道交通能力进行了详尽的分析，给出了能力的定义，讨论了设计能力和可能能力，并针对线路能力和列车能力进行讨论。随后对轨道交通周边用地的土地开发强度、用地混合度及轨道与土地联合开发的城市设计方面进行了科学详细的研究
2002	首尔发展研究报告	对首尔国铁车站与周边土地一体化开发的方法进行研究，探讨不同区位车站与周边建筑的联合建设、对区内用地配置的影响以及交通设施布置等方面的规划设计
2013	拉特纳 Ratner. KA	通过对1997~2010年丹佛轨道交通站点及其周边0.5km范围的数据研究，说明作为区域土地化利用及城市交通规划的关键因素，轨道交通系统对丹佛城市化的平均密度起到了推动作用

2. 关于地铁上盖物业

地铁上盖物业的概念最初来源于我国香港，国外没有专门针对地铁上盖物业方面的理论研究，大多结合轨道交通对周边的土地开发及对城市的影响进行探讨。然而在实际建设方面，为了缓解地铁运营所带来的经济压力，各地均不同程度对地铁上盖物业的开发方式进行了探索，其中尤以新加坡、日本最为瞩目。

日本东京作为世界上人口最为稠密的城市之一，庞大的地铁线路网构成了该市的交通骨架。东京地铁通过采取地铁建设与地铁沿线物业同步开发的措施，取得了显著的社会效益与经济效益，如著名的品川站、银座站、六本木站，均是以交通枢纽为基础发展形成的著名商业区。以新都车站为例，总建筑面积为237689 m^2，其中车站建筑面积约12000 m^2，商业服务设施面积则达到了225700 m^2，它实际上是一个包括酒店、购物中心、博物馆、停车场等功能的综合建筑体，是该区域内重要的经济文化中心。

新加坡的地铁上盖在中心区往往结合商业和商务的开发，并通过地下通道增强与周边建筑之间的联系，形成了丰富多样的地下商业网络。如多美哥地铁站、市政厅地铁站等。新加坡的地铁规划是纳入城市总体规划范围的。在开发时机还没成熟时，新加坡政府一般会选择暂时关闭站点，等周边土地开发已初具规模后再针对地铁上盖综合开发；或者在站点周边圈一大块绿地作为预留用地，等价值升高政府便可从中获利。这种开发形式既不会造成大量的拆迁，也避免了不必要的浪费，为我国地铁上盖物业的发展提供了很好的思路。

3. 关于商业综合体

国外对于综合体的研究和论述始于20世纪30年代，以美国洛克菲勒中心为主要代表，是与城市设计思想混合使用的产物。针对商业综合体分支的研究则更多的是对购物中心的关注，对商业空间的设计有一定价值，但针对商业与其他功能空间混合关系的探讨并不是很多。理论方面，20世纪60年代新理性主义克里尔（Leon Krier）针对城市重建策略提出了城中城理论：满足都市生活各项功能，有自己独立的中心和明确的界限。1976年美国城市土地学会（ULI）首次在《混合使用——新的土地使用方法》（Mixed-Use Development：New Ways of Land Use）中提出了"混合使用"的概念，即具有三种或三种以上能相互支持的主要功能，且各部分功能空间联系紧密不受其他交通干扰的特点。

实践方面涌现了很多对实际经验的总结的著作，如表1-3所示。

国外商业综合体实践研究　　　　　　　　　　　　　　　表1-3

作者	题名	研究内容
捷得事务所 （The Jerde Partnership）	《零售及混合功能设施的基本建筑类型》（Building Type Basics for Retail and Mixed-Use Facilities） 《国际捷得建筑师事务所》（The Jerde Partnership International）	通过对自己实际工程的总结，提供了针对商业混合使用项目的最新方法和设计准则，其中有关项目的详细图表、平面图及局部细节设计为以后商业综合体的建设提供了很好的参考资料
美国城市土地学会（ULI）	《混合使用开发参考资料选编》（Mixed-Use Development Selected Reference）	对20世纪80年代到20世纪90年代期间有关混合使用重要的期刊论文和书籍的主要内容进行了整理和介绍
	《混合使用开发手册（第二版）》（Mixed-Use Development Handbook，Second Edition）	通过对世界范围内精选案例的解析，详细透彻地介绍了混合使用开发的全过程

就商业综合体的建筑完成度来说，商业综合体在日本、美国及欧洲三个地方为最高。其中值得注意的是，日本商业综合体与城市的整合程度和建造水平均处于全球领先地位，如东京的六本木综合体。美国商业综合体的突出点在于其内部对城市空间的营造、环境场所的人性化和商业策划的准确定位，如拉斯维加斯的City Center。相较之下，欧洲的商业综合体则对城市文脉投以了更多的关注，规模不大但造型细腻。此外在国外的主要建筑期刊上诸如《EL》《GA》《A+U》《Contemporary European Architecture》等都有涉及商业综合体的案例分析和理论探索等。

1.2.2 国内相关理论及实践现状研究

1. 关于轨道交通与城市空间结构

我国于1969年开通第一条地铁，2000年后轨道交通开始急剧发展，伴随着城镇化的膨胀呈现出跨越式的发展趋势。与国外不同的是，国内关于轨道交通的研究大多没有形成严密的理论系统，而是根据实践经验的总结和探讨得出。实践方面，从全国范围来看，除去北京、上海、广州、香港等轨道交通发展相对成熟的城市，其余的城市均处于摸索阶段，相关政策制度也在不断制定完善中。

（1）理论方面

边经卫在《城市轨道交通与城市空间形态模式选择》一文中从土地使用功能、开发强度、沿线价值、城市用地及地区经济活力5个方面阐述了轨道交通对土地利用的影响；分析了轨道交通对城市空间形态的影响，包括引导城市空间结构调整、促进城市发展轴形成、带动城市中心区和副中心区发展3个方面；指出大城市空间形态模式的选择应充分考虑轨道交通的特征，借鉴主轴—网络状模式。

林丽凡和张卫华在《城市轨道交通线网规模的确定方法》中根据综合因素法认为：决定城市轨道交通发展规模主要与城市人口规模、城市面积以及经济发展水平等因素有关。城市只能在经济实力允许的范围内有选择地解决较为严重的交通问题。

（2）实践方面

1999年，上海开展了新一轮的城市总体规划，制定了城乡一体协调发展的方针，以中心城为主体形成"多轴、多层、多核"的市域空间布局结构。同时强调城市轨道交通网络规划与城市规划、城市发展要求紧密结合。

2000年以后，广州逐渐确立了"北优南拓，东进西联"的城市空间发展战略，同时明确"以轨道交通为核心，公共交通设施引导发展城市新区的TOD模式"是城市空间结构发展的基本理念和方法，强调充分发挥轨道交通的枢纽作用。

20世纪80年代，香港通过采取以轨道交通为引导的高密度土地开发模式，解决现有的交通拥堵问题，利用最少的土地资源进行发展。在城市规划委员会的指引下，制定城市规划条例、分区发展大纲，在地产开发中结合轨道交通线路建设商业中心与居住区，对已建城区进行更新，对新建用地进行引导和控制，形成了世界上最高效的土地利用和轨道交通系统。

除此之外，还有一部分学术论文对我国轨道交通与城市发展之间的关系进行了总结和探讨。如表1-4所示。

国内城市轨道交通与城市空间结构相关学术论文　　　　　表1-4

作者	题名	研究内容
陈方杰	城市中心区交通枢纽周边的城市空间形态表征分析与设计研究[D]	从分析交通枢纽在城市中的类型、成因及其未来发展趋势出发，关注城市中心区交通枢纽的界定及其与城市发展的互动作用
高长宽	大城市轨道交通与城市空间结构发展的协调关系研究——以天津市为例[D]	通过对城市轨道交通和城市空间结构发展历史的总结，以及对发达国家大城市轨道交通与城市的规模、形态、布局进行分析研究，讨论城市与轨道交通之间的关系，引导城市形成"中心—组团—网络"的空间布局模式
韩丽	轨道交通对城市空间发展作用的研究[D]	通过对城市空间结构和轨道交通系统互动关系的研究，论证了合理的交通模式对城市空间结构布局的重要性，指出针对我国大城市应发展以轨道交通为导向的多中心轴线式的空间布局模式

2. 关于地铁上盖物业

我国对于地铁上盖物业的研究除香港以外，其他的城市均处于初步探索阶段。在理论方面，由于香港"地铁+物业"模式的巨大成功，因而研究大都以该模式的介绍与引进为主，同时结合逐步发展的地铁上盖物业的实际案例进行分析。

彭莉的《轨道交通与地铁上盖物业联合开发的设想》一文中，通过对我国香港和美国地铁上盖物业开发形式的研究，提出"联合发展"的概念，即在公共实体与私人个体或组织的一些正规、合法的捆绑式安排下，增强房地产发展潜在的或公共交通配套地区的土地价值。

喻祥、李强在《地铁上盖物业开发城市设计》中，通过对地铁上盖物业空间开发模式的分析，指出地铁上盖物业一体化高强度、高密度、混合功能的开发建设有利于土地利用效益的提高和城市空间结构的调整优化，从而谋求社会、经济及环境效益等方面的综合平衡。

辛兰在《一体化视角下的深圳市地铁上盖物业土地开发策略》中，通过对现状问题的总结、实践经验的探索和政策问题的探源的研究，深入探讨了深圳市地铁上盖物业开发相关的土地政策，总结分析了我国内地目前土地法律政策环境对该模式发展的限制与制约，寻找在目前法律环境下推行该模式的突破点，并提出了完善土地法律制度、创新土地开发政策等建议。

实践方面，香港就是一个很典型的例子。"地铁上盖物业"一词原本就出自于香港，也是香港经营地铁特点的真实写照，独特的地貌特征及地权因素决定了香港高密度集约化的城市用地结构，因此以轨道交通高效率的交通系统支撑并引领城市发展是香港的必然选择。随着地铁不断发展，"走廊效应"也在不断扩大，商业和居住区都与地铁占地紧密结合，成为一个大的综合建筑体。"地铁+物业"的成功模式，使香港地铁公司成为当今世界上为数不多的盈利地铁公司之一。据不完全统计，香港地铁48%的收益来自地铁上盖物业，截止到2010年，围绕地铁开发的物业多达600万m²。总体来说，地铁上盖物业是最近几年逐渐兴起的开发模式，还未形成完整的理论体系，相关的政策制度也在制定讨论中。

3. 关于商业综合体

商业综合体虽在我国起步较晚，但在城镇化的推进下，通过十几年的发展已初具规模，并在规划、定位、设计等层面形成了一些较为成熟的研究成果。在相关理论研究方面，如韩冬青、冯金龙编著的《城市·建筑一体化》一书中，通过对国内外大型建筑城市化走向，以及城市建筑一体化理论与实例的阐述，为国内建筑综合体的设计提供了有价值的参考指导。董贺轩的《城市立体化设计——基于多层次城市基面的空间结构》中，讨论了在中国城镇化浪潮的形势下，城市立体化与城市集约化之间的关系。通过对案例的分析总结，得出建筑综合体的开发方式有利于城市立体化系统的建设。王祯栋的《当代城市建筑综合体研究》中，对建筑综合体的历史发展及其与城市发展的暗合关系、建筑综合体各要素之间的关系、当代建筑综合体开发的一般方法和过程等方面展开研究，并对我国城市商业综合体的未来发展方向与前景进行了展望。以上研究大都是在城市视角下展开的，除此之外，还有一些是针对综合体内部本身，如表1-5所示。

国内商业综合体相关学术论文   表1-5

作者	题名	研究内容
张航	城市商业综合体步行公共空间设计研究[D]	通过对商业综合体外部步行公共空间、内部步行公共空间以及环境景观要素等三个层面的设计表达，建构科学合理、系统化的城市商业综合体步行公共空间体系。在对国外先进理论成果的借鉴和实地调研分析的基础上，最终总结出一套较为完整的设计策略及系统的步行公共空间设计方法
汤衡	大型商业综合体底部空间与城市公共空间的整合设计研究[D]	从功能、空间、交通、景观四个方面分析了商业综合体底部空间与城市公共空间的关系，主要表现在：功能上的互补、空间上的相互依存、交通上的结合以及景观环境的配合

作者	题名	研究内容
韩中强	城市中心商业综合体的文化意向[D]	以城市中心商业综合体的文化意象为视角,以回顾商业综合体的发展为起点,通过文化价值的认识和文化意象特殊语境的分析,尝试从时尚、情感、公共、地域四方面来深入表述商业综合体文化意象的内涵,并通过经典的商业综合体实例分析对照当前我国的社会条件,探求城市中心商业综合体的创作途径与方法

除此之外,国内期刊如《建筑学报》《城市建筑》《时代建筑》等均有对商业综合体的零散文章研究。在商业综合体的建设实践方面,主要集中在一线、二线的城市,其中以二线城市的上涨最为明显。在城镇化进程和住房限购令的推动下,商业综合体进入了集聚扩张的跨越发展时期。同时,通过近几年的摸索,一些大的地产商根据市场需求推出了诸如万达模式、万象城模式的商业综合体开发。

1.2.3 研究目标

现今在发达国家,地铁建设已进入平缓时期,城市规模与空间形态均趋于相对稳定的状态。与之形成强烈反差的是,在我国随着城镇化进程的推进,针对地铁站域商业综合体的开发正处于起步阶段。值得注意的是,由于政策制度的限定以及之前建筑工程界对地铁和商业的综合开发认识不足,很长时间内地铁建设并没有考虑两者共存的可能性,大大降低了其经济效益和社会效益。虽然在北京、上海、广州等几个大城市中已经有了相关方面的建设探索,开始出现了一批以地铁站域商业综合体为主要模式的物业开发,但是与国外拥有地铁线路的发达城市相比仍面临着诸多问题。因此本书研究的具体目标有以下三点:

(1)从地铁和综合体历史发展的角度追溯地铁站域商业综合体的发展与转化,使得轨道交通与建筑设计两个专业领域在此相融。

(2)通过这种典型的城市建筑现象的研究,关注城镇化进程下由高密度所导致的城市与建筑之间的连接方式,以地铁站域商业综合体这一点窥探建筑、城市、交通的一体化发展趋势。结合国内土地利用及规划机制,在借鉴国外成功经验的基础上,提出具备可操作性的联合开发模式,从而引导城市建筑的有效聚集。

(3)分别从"点、线、面"三个层次针对地铁站域商业综合体这一建筑类型进行阐释，运用理性的量化分析指导感性上的规划设计，对城市建筑知识体系进行完善的同时，为商业地产策划提供一定的建设性意见，也为相关制度政策的制定提供一定的理论依据和参考。这对提高我国土地利用率，强化相关功能与设施的集约化发展，改善交通环境与城市形态，促进城市建筑整体和谐发展，有实际的参考意义和重要的指导作用。

1.3 创新点

本书主要包含以下创新点：

创新点1：通过对地铁和商业综合体历史脉络的梳理，寻找两者的结合点，提出地铁站域商业综合体的概念，并将其扩充进城市理论的研究范围内。对全国范围内的地铁规划和城市结构发展进行梳理，立足我国目前地铁站域商业综合体的现实情况，以北京、上海、广州三个城市为主，探讨城市结构与项目布局和人流趋势之间的关系。

创新点2：在区域视野下，在宏观调研的基础上分别从北京、上海、广州三个城市抽选出三条线路，探讨地铁站域商业综合体与周边环境的互动协作关系。引入ARCGIS数据整理分析工具，参考层次分析方法，针对地铁站域商业综合体建设构建不同城市线路对应的不同影响因子模型，找出其中的内在规律。

创新点3：微观视角下从上海已建成的地铁站域商业综合体中抽选20个作SD法分析，将人的心理感观进行量化处理，得出使用者最为关注的三个因子，即体验因子、环境因子和氛围因子，为下一步设计建设提出一定的建设性意见。

第 2 章

地铁站域商业综合体的
建立及现状

2.1　商业综合体的演进及"地铁城市"的兴起

2.1.1　商业综合体建筑的发展历程及内涵延伸

2.1.1.1　商业综合体的发展历程

商业综合体建筑的历史发展及内涵特质的演变过程与社会背景和城市发展具有密不可分的联系，可划分为以下六个阶段。

图2-1　卡拉卡拉浴场复原图

图片来源：方晓风. 学习希腊，成为罗马——古罗马建筑的创新路径[J]，装饰，2013（08）。

1. 雏形产生

伴随着早期城市化的漫长进程，商业活动由最初小商小贩以及手工业者在城市空间的简单聚集逐渐演变成与祭祀、演讲、体育活动等公共活动紧密相连的混合体系，产生了与之相适应的多功能建筑混合体。限于当时建造技术水平的发展，建筑混合组织形式多在二维方向上进行演进，并与城市结构进行良好结合，作为商业综合体的最早模式。其中，早期最为成功的多功能商业混合群体当属古罗马的卡拉卡拉浴场（Baths of Caracalla）（图2-1）[①]。该综合体建筑以中心浴场为主题，包含商业、图书馆、演讲、音乐以及室外运动等功能（图2-2），基本容纳当时城市生活的方方面面。公共浴场作为综合商业服务中心，在古罗马占有极其重要地位的同时，其多功能在一组建筑内部混合组合的方式对大型公共建

---

① 卡尔卡拉浴场是卡尔卡拉皇帝于217年建造，可以容纳将近2000人同时使用。主体建筑为一个228m×115.28m的对称建筑物，内设冷、温、热水浴三个部分，每个浴室之外都有更衣室等辅助性用房。结构是梁柱与拱券并用，并能按不同的要求选用不同的形式。此外，室内装饰华丽，并设有许多凹室与壁龛，是十字拱和拱券平和体系的代表作。

筑内部空间组织产生了深远影响。

2. 垂直发展

18世纪60年代，工业革命登上历史舞台，材料的更新和技术的不断进步促使人们在人口膨胀、住房紧张的城市背景下更加关注垂直空间的利用。最早的垂直商业综合体雏形出现于19世纪法国——"walp-up"，即将商业、饭店等其他功能置于建筑底部，将住宅置于建筑的四、五两层，首层临街采用连续拱廊面向城市道路。该方

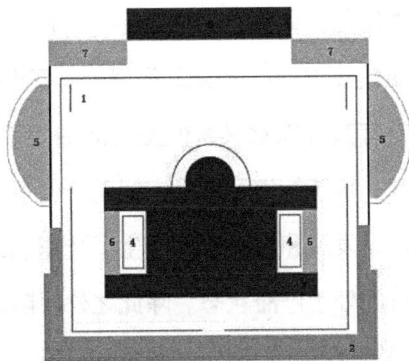

1-菜园；2-商店；3-岸边；4-庭院；5-图书馆；
6-健身房；7-演讲室；8-辅助室

图2-2　卡拉卡拉浴场平面图

式作为早期商业混合体由二维转向三维的关键点，不仅提高了土地利用率，还创造了可观的经济价值，丰富了街道景观，更因其在城市界面的丰富连续性而被沿用至今。

3. 曲折阻滞

工业革命为城市带来质的飞跃的同时，也改变着城市的总体布局和形式。由于当时工业所带来的环境污染问题，使得工业区与城市的其他功能区域严格分割，认为功能块之间只有彼此独立才能最高效，不同功能之间的混合被视为混乱。此类"功能分离"的城市思想在其后的乌托邦运动[①]中得以进一步深化，并被讨论为规划新城的正确方法，其中以霍华德的"田园城市"[②]为代表。到20世纪30年代，《雅典宪章》的诞生将功能分区理念推向高潮，它将城市活动划分为居住、工作、游憩和交通四大类，认为："城市规划四个主要功能要求各自都有其最适宜发展的条件，以便给生活、工作和文化分类和

---

① 20世纪初期技术发展的突破、大都会的发展、第一次世界大战，以及随之而来的俄国和德国革命都给人以新世纪即将出现的警示，圣·西蒙认为组织化的工业将会是世纪新秩序的基础，世界由工业家、科学界和艺术家组成的工业精英来管理。在这个产生乌托邦式理想主义的时代，现代建筑、国际风格以及为了满足工业社会的需要而将新的生产和营建方法结合起来的雄心在此得到张扬。

② 田园城市是为健康、生活以及产业而设计的城市，其基本主旨是"有机疏散"，它的规模能足以提供丰富的社会生活，但不应超过这一程度，四周要有永久的农业地带围绕，城市的土地归公共所有，由专业委员会受托掌管。霍华德对他的理想城市做了具体规划：建议田园城市占地为6000英亩（1英亩=0.405公顷）。城市居中，占地1000英亩；四周的农业用地占5000英亩，除耕地、牧场、果园、森林外，还包括农业学院、疗养院等。农业用地是保留的绿带，永远不得改作他用。在这6000英亩土地上，居住32000人，其中30000人住在城市，2000人散居在乡间。城市人口超过了规定数量，则应建设另一个新的城市。田园城市的平面为圆形，半径约1240码（1码=0.9144米）。中央是一个面积约145英亩的公园，有6条主干道路从中心向外辐射，把城市分成6个区。城市的最外圈地区建设各类工厂、仓库、市场，一面对着最外层的环形道路，另一面是环状的铁路支线，交通运输十分方便。

秩序化。每一主要功能都有其独立性，都被视为可以分配土地和建造的整体，并且所有现代技术的巨大资源都用于安排和配备他们[1]。"这种将城市生活简单化的分析方式固然有其特殊意义，但是功能的过度单一化和独立化，导致了城市发展计划中对于高密度、传统街坊及开发空间混合使用的贬低，在很大程度上造成了整体混乱，对城市的可持续发展和自我更新产生了严重制约。在这种思想的影响下，商业综合体的发展在很长时间处于停滞状态。除此之外，随着私家车的普及和商业建筑的大型化、郊区化，诸如超级市场、购物中心的出现也极大地打击了商业综合体的发展。

4. 异军突起

尽管《雅典宪章》作为现代建筑和规划哲学的纲领性文件被建筑师们不断强化，但在经济大萧条和城市中心衰变的背景下，功能混合的洛克菲勒中心以其独创性及反叛性登上了历史舞台。作为现代商业综合体形态的起源，洛克菲勒中心将大量不同的城市功能聚合在一起，打破了单一物业类型的叠加，功能之间相互依存，示范了各种城市生活形态的相互关联性，展示了其对土地集约化的强大利用能力，形成了一个复杂多样化的"城中之城"（图2-3）[2]，并由此降低了社会成本，成为对当时美国高效都市生活的一种回馈。另一方面，洛克菲勒中心在与城市和街道的融合以及公共领域设计方面都远远背离了现代主义的教条。它通过将大楼的大厅中间的广场、缓冲区等设计成人的休息消费区，并在恰当位置设立下沉广场，使庞大的建筑群彻底成为服务人们的产物。此外，商业中心作为人行系统和周边建筑的连接点，成为冰冷城市中一种充满活力的存在，而迸发出强烈

图2-3　洛克菲勒中心鸟瞰

图片来源：方顿. 独一无二的洛克菲勒中心[J]. 世界建筑，1997（02）。

---

[1] 吴志强，李德华. 城市规划原理［M］. 中国建筑工业出版社，2010.

[2] 1928年，小约翰·洛克菲勒与大都会歌剧院合作开始了此建筑计划。1929年的大萧条，对美国经济造成了毁灭性的灾难，大都会歌剧院撤出投资，小洛克菲勒为了创造建筑的就业机会并提振美国人民的信心，选择继续独自承担起这个计划，限期24年。作为人类历史上最浩大的私人建筑计划，曼哈顿艺术风格的十四栋摩天大楼，于1930年5月17日正式动工，1939年11月1日完成。目前整个中心分为两部分，第一部分是20世纪30年代建造的十四栋古典风格的大楼，另一部分是20世纪60年代和20世纪70年代新建的四栋现代风格的大楼。

的吸引力。除去洛克菲勒中心在建筑史上里程碑的影响力，1939年落成的14栋摩天大楼更是成为美国人渡过1929年经济萧条的象征和骄傲。

5. 历史回归

二战后，伴随汽车时代的来临，郊区化迅速扩张的同时使得城中区的活力被大大剥削，加之能源危机的爆发，引发了一系列经济、政治、心理、文化等各方面的矛盾，有关城市历史文化价值的反思被提上了日程。在这种大背景下，欧美相继出现了多元化的城市回归潮流，如简·雅各布斯的功能混合理论，提倡城市应实现错综性和自我满足性[①]。中心商业区的复兴为综合体的繁荣发展奠定了良好的背景环境，并较好地弥补了区段过细造成的不足，为需要综合解决功能的使用者提供了方便。此时的商业建筑综合体不再只是建筑单体，更多的是从建筑群体，乃至社区城市的角度出发，从而可更好地取得社会、经济和环境效益，其主要形式为早期的历史建筑改造利用以及集合多功能的建筑综合体。

6. 全面城市化

20世纪末期，随着城市经济的发展和建造技术的不断进步，现代生活对于保持高效多样性活力的需求成为商业综合体最直接的催化因素。在宏观上，商业综合体强调从整体环境出发追求建筑环境的连续性，以顺应当今社会发展的需要；在微观上，关注城市中心区步行系统的衔接性，提倡各部分之间的互尊和共享，如日本大阪难波公园等。值得注意的是，在此期间随着城镇化的进程，我国现代商业综合体由早期开发阶段迅速进入井喷式发展，一跃成为全世界综合体开工建设量最大的国家。在当今社会背景下，商业综合体作为各大城市商业中心区的标准化国际模板体系，已成为高品质生活的代名词乃至整个城市财富和实力的象征。

商业综合体历史发展的六个阶段与当时城市发展的社会环境是密不可分的，前两个阶段是在城市化上升的背景下完成的，以建造技术的日益成熟为主要推动因子，形成了商业综合体的建筑类型的基础特征，在这一进程中，主要以综合体的本体为发展核心，建筑与城市关系相对被动单纯，可概括为起源探索期；工业革命的开始导致逆城市化的快速到来，同时由于功能分割的理论长时间占据城市规划和建筑设计的主导思想，使

---

① 简·雅各布斯，著有《美国大城市的生与死》，成为20世纪下半叶对世界城市规划发展影响最大的人士之一。她在书中提倡"功能混合"理论，强调"街区回归"和"城市的自我治理"。以现代需求改造旧城市中心的精华部分，使之衍生出符合当代人需求的新功能。

得商业综合体的发展屡受挫折，尽管如此，城市郊区化的发展却促使了购物中心的衍生，为现今综合体的商业运营模式提供了良好的基础背景，这即是商业综合体第二个进程——振荡过渡期；而后，随着中心区的复兴和旧有建筑的改建，城市功能回归于综合高效的历史轨道，商业综合体因此成为重要的城市建筑，其社会及城市性得到了广泛认同，这一历程是发展阶段的重要转折点，可称之为——再生成熟期；在新的世纪中，商业综合体强调对城市、社会、环境的尊重和互动，同时借助建筑技术和材料的进步而逐步成为立体、共生、多维的高端产品，此外，在多样化需求的推动下衍生出了诸如智慧型商业综合体的新模式，这一阶段可笼统地归纳为繁荣发展期。综上所述，四个历史进程的特征与社会背景可概括如下（表2-1）。

商业综合体历史发展进程与社会背景　　　　　　　　表2-1

历史进程	相对应的发展阶段	标志事件	社会背景
起源探索期（早期~19世纪末）	1. 雏形产生	商业与城市生活的自发性行为，建筑集聚——古罗马浴场	城市化
	2. 垂直发展	"walp-up"——商住综合体的早期雏形	
振荡过渡期（19世纪末~20世纪30年代）	3. 曲折阻滞	功能分割思想的盛行，城市郊区化 商业综合体发展停滞	逆城市化
再生成熟期（20世纪30年代~20世纪90年代）	4. 异军突起	洛克菲勒中心的诞生	城市更新复兴
	5. 历史回归	城市中心区的复兴及功能多样化的回归，共享空间的普及	
繁荣发展期（20世纪90年代~至今）	6. 全面城市化	多种形式及发展模式的产生，建筑、交通、环境一体化的提倡	新世纪下的城市

2.1.1.2　商业综合体的内涵延伸

由商业综合体的历史发展脉络可看到，经过前三个时期的探索铺垫逐渐形成对其内涵影响深刻的正反两条线索：一方面，综合体因其庞大的体量、复杂多变的形体以及光鲜亮丽的外表，成为诸多城市经济实力的象征和现代城市生活场景中的重要标识符号。尽管存在诸多的发展问题，商业综合体却以一种全新的具有城市级别影响力的建筑类型，凝结了城市的抱负和寄托。如作为柏林重建活动中规模最大的项目之一，索尼中心

<table>
<tr><td>（a）</td><td>（b）</td><td>（c）</td><td>（d）</td></tr>
</table>

图2-4　索尼中心

（图2-4）不仅缝补了因政治原因所导致的碎裂空间，更因其在营造过程中对场所创造、文化关联以及社会责任的考量而作为欧洲先进建造技术的代表和经济发达腾飞的象征而存在。美国建筑评论家布莱尔·凯曼（Blair Kamin）指出："索尼中心以为伤痕累累荒芜之地重注新生的方式成为设计典范，是继德国国会大厦改造之后柏林建设的新的里程碑"①。

　　另一方面，受利益驱动的商业综合体为迅速建造，在现代城市的大量复制和无序发展行为，给城市环境带来了极大的伤害。欣欣向荣的商业氛围没有实现，取而代之的是因活力不足而造成的门庭冷落，更有甚者停业整顿。由于商业综合体大都位于城市较繁华地段，其经营不善、定位失败的结果势必会对城市空间构架及传统街区活力造成严重影响。此外，城市环境的强烈异化，地域特色的逐渐丧失，建筑通用的国际表皮均成为现代城市病的主要表现。商业综合体正反两条发展线索集中反映了其与城市之间的联系与矛盾，城市性的渗透促使建筑以正面积极的态度面对环境予以交流，而盲目孤立的发展则损害了城市架构的有机性，引发人们进一步思考，于是现代商业综合体的内涵便在这样的背景下进一步延伸发展。

1. 便捷一体化

　　商业综合体一体化作为城市功能集约所带来高效率和高效益问题的解决办法，改变了建筑的时空观，反映在功能上表现为业态的复合多样；空间上则包含了"建筑空间城

---

① 姜平. 柏林索尼中心评述［J］. 世界建筑，2000（11）.

(a)
(b)

图2-5 拉德芳斯

市化和城市空间建筑化"的交叉互动；交通方面倡导与城市公共交通的无缝对接。由于商业综合体庞大规模和体量对疏散便捷性的严苛要求，以及社会对资源优化重组的提倡，使得建筑本身与城市交通的整合成为当今商业综合体发展的必然趋势。

2. 文脉精神化

商业综合体作为繁华市井的精华浓缩，亦凝结了一个城市的文化，是城市经济发展的强力助推器。综合体竞争力除去有形的部分，文脉精神成为其升华的关键所在，正如卢浮宫代表了欧洲文化历史，拉德芳斯（图2-5）以其充满人文艺术的手掌翻开了综合体发展的新篇章，成为城市发展史中不可替代的存在。60年来，尽管商业综合体有了长足的发展和进步，但拉德芳斯依旧以其完善的交通系统和浓厚的生活特质，作为法国经济繁荣和新城市发展的象征，综合体的城市内涵也因此而有了进一步的延伸。由此看来，商业综合体对于文脉精神的打造不仅可为其本身的发展带来新的突破和提升，更为城市总体格局的改变提供了无限的潜力与可能。

2.1.2 地铁作为城市交通动力的发展脉络

2.1.2.1 地铁起源

19世纪中叶，干线铁路创建50年后，伦敦试图将各自孤立的铁路线连在一起，为城市繁荣和企业生产创造更好的条件，地铁在这种大背景下应运而生。1863年，世界

图2-6　早期的伦敦地铁

图片来源：作者自摄于伦敦交通博物馆。

上第一条用蒸汽机车牵引的地下铁路在英国伦敦建成通车（图2-6）。在此之后，随着地铁的增长累加和自我构建，逐渐形成了与城市秩序相融合的发展态势，同时，地铁也作为一种独特的交通方式登上历史舞台。需要特别注意的是，与其他交通方式不同，地铁并没有随着世纪的延续而

图2-7　"明挖法"

图片来源：作者自摄于伦敦交通博物馆。

演化，之前也没有类似交通体系的出现，无先驱可循，它如同工业时代的许多东西一样——原型即最后的产品。铁路发明不久，地铁便出现在人们的眼前。在1825年世界上第一条客运铁路——"斯多克顿—达灵顿"火车路线通车以后，仅仅过了29年，第一条地铁线路便开始建设。

早期的地铁建设是从上面开挖的，即在现有的道路上开挖个壕沟，然后再盖上，也就是现如今我们所说的"明挖法"①（图2-7）。地铁隧道的通风口与地表直接相连，利于蒸汽和烟雾的排出，于是地铁网络和格局往往以道路为基础，地下的布局与地面的布

---

① 明挖法指的是先将隧道部位的岩土全部挖出，然后修建洞身、洞门，再进行回填的施工方法。具有施工简单、经济快捷的优点，城市地下隧道工程发展初期都把它当作首选的开挖技术。缺点是对周围环境影响较大。

局基本一致，乘客只需要知道头顶上街道的位置，便可直观地得知自己的具体方位（图2-8）。从1818年，马克·布鲁奈尔发明盾构法[①]，到1887年科瑞特在南伦敦使用盾构和气压组合法的成功，使得大型隧道的挖掘成为可能。它促使地铁摆脱具有悠久历史的道路格局，而独立于地面景观和人造城市。地铁可任意选择自己所需要的线路，不仅仅是在规划方面更是在三维空间中。伦敦地铁试图在当时混乱无序的状态

图2-8　地铁与道路的关系
图片来源：作者自摄于伦敦交通博物馆。

中理出一个头绪，而忽略了对舒适度和环境的关注，人们不得不在一个非自然的地下环境中忍受高速运动、高强度噪声和幽闭恐怖。1879年，电力驱动机车研究的成功，使得之前的客运环境和服务条件得到了空前改善，地铁由此而迸发出强大的生命力。

　　区别于其他的交通方式，地铁在建设时，虽然每一段看起来都是独立的，但是到最后却能有效地形成一个整体一致的系统，实现有序的自我连通。与其他城市不同，早期的伦敦地铁并不是来自于君主的指令而是自发而成，没有现如今的网络规划，然而它的出现却为人口密集的大都市公共交通的发展取得了空前宝贵的经验。在此之后，一些著名的大城市也相继开始建造地下铁道。1933年习惯绘制电路图的电子工程师哈瑞·贝克，设计了一幅我们现在熟知的地铁地图的雏形。

2.1.2.2　"地铁城市"的兴起

　　受伦敦地下铁道的影响，美国纽约、法国巴黎、奥地利维也纳等城市相继开始建设地铁。根据地铁的发展情况环境大致将其分为四个阶段：

　　第一阶段：新鲜探索期（1863~1924年）（表2-2）

---

① 盾构法指的是用盾构进行隧道开挖、衬砌等作业的施工方法。盾构是一种带有护罩的专用设备，利用尾部已装好的衬砌块作为支点向前推进，用刀盘切割土体，同时排土和拼装后面的预制混凝土衬砌块。盾构法具有施工速度快、洞体质量比较稳定、对周围建筑环境影响小的优点，适合在软土或含水量很高的地基施工，缺点则是对断面尺寸多变的区段适应能力差，造价昂贵。

新鲜探索期的代表城市 表2-2

代表城市	时间节点	标志事件	社会背景
纽约	1904年第一条地铁南北干线正式通车	波士顿铁路的通车对纽约经济地位的威胁促使纽约开始建造地铁，同时兴建大量高架铁路缓解城市内部交通压力。地铁开通的第一年客运量就达到了2.5亿人次，至1930年地铁网络基本建成，已有超过20亿人次的年客流量，极大缓解了纽约尤其是曼哈顿的交通压力[①]，商业区一半以上的上班族在使用；强调功能，商业依托地铁，行政居住上下互补互动；洛克菲勒中心地下步行街道实现了将主要大型公共建筑在地下连接起来的宏景	伦敦地铁刺激工业革命
		车站数目最多的城市，24小时运营	
巴黎	1900年第一条地铁从巴士底通往马约门	第一条地铁线全长约10km，为举办"凡尔赛展览会"修建。由于当时城市主城区位置偏北并主要沿塞纳河呈东西向发展，巴黎首先建成的三条地铁均为东西向，并位于塞纳河以北，与后来建成的三条线，将城市南北连接起来构成了有机整体，以此解决市区内的主要交通需求。	
		建筑师及艺术家意图改变地下空间给人造成的压抑，有关地铁空间的特殊设计美学、造型和象征艺术纷纭而起	
		每隔500m就有一个地铁站，且具有独特艺术气息	
马德里	1919年第一条地铁开始运营	欧洲第二大地铁系统，最密集的地铁网络	
		装备电子清洁系统	

第二阶段：停滞缓慢期（1925~1949年）

这阶段经历了两次世界大战，各国均着眼于自身的安危，地铁建设处于低潮，但仍有诸如日本东京、苏联莫斯科等少数城市修建了地铁（表2-3）。

停滞缓慢期的代表城市 表2-3

代表城市	时间节点	标志事件	社会背景
东京	1927年第一条地铁通车	日本地铁运营通车的第一天便有约10万人次的客流量，1939年银座线全段通车，与同一时期建设的地面轨道环线共同连接了新宿、池袋、银座、涉谷几个大都市的中心和副中心，成为东京居民出行交通方式的首选；着重开发主要车站及邻近的公众聚集场所，覆盖密度最高	世界大战

----

① 陈必壮. 轨道交通网络规划与客流分析 [M]. 北京：中国建筑工业出版社，2009.

续表

代表城市	时间节点	标志事件	社会背景
东京	1927年第一条地铁通车	注重与周围建筑的综合开发，有较好的经济利益和社会效益； 交通、商业及其他设施共同组成多功能的城市综合体； 地下商业街、步行道的空气质量、照明以及建筑小品的设计均达到了地面空间的环境质量	世界大战
莫斯科	1932年第一条地铁开始动工，1935年通车	地铁承担人防与绝密地下办公设施的功能，至20世纪50年代，莫斯科地铁环线开通以后形成了轨道交通的基本架构，市区内交通速度比之前提高了近两倍，极大地缓解了当时的拥堵问题； 建设速度快且一直没有中断	
		华丽的建筑风格，方便的换乘系统，列车间隔短	

第三阶段：均匀发展期（1950~1974年）

世界大战结束后，地铁建设进入春季，全球呈现出均匀发展的现象。如加拿大的多伦多、意大利的罗马、美国的旧金山、日本的名古屋以及我国的北京等（表2-4）。

均匀发展期的代表城市　　　　　　　　　　　　　　表2-4

代表城市	时间节点	标志事件	社会背景
蒙特利尔	第一条线路于1966年开始通车	地铁的建设为了配合1967年的世界博览会——"地下时空隧道"： 大型商业上面的47层十字塔与地下的双层停车场和火车调度以及边界行人交通，一并组成与地上面积相同的地下28.5万m²的巨构综合空间，成为当时世界上最大的地下空间； 设计灵感来源于巴黎地铁	世界大战结束，经济回暖
		站点风格各异，充分考虑与周围环境的协调； 全长30km的室内步行街网络，独一无二的地铁系统，舒适宜人的地下环境，地铁可与周边作为过道行人自由活动区域的地下一、二层的中层空间实现穿行	
北京	第一条地铁于1969年通车	成为中国第一个拥有地铁的城市； 同年，毛泽东号召北京及其他城市进行庞大的民房隧道和掩体网络的挖掘	
		便捷的导航，世界上最大的客运量，票价便宜	

第四阶段：蓬勃繁荣期（1975年~至今）

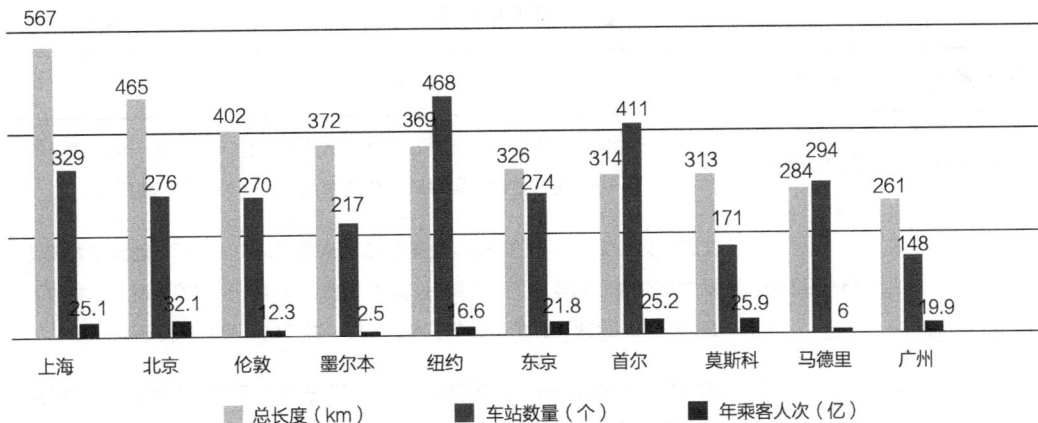

图2-9　世界地铁前十排名城市

随着全球经济化的进程，地铁建设在原有基础上取得了长足的进展，其中以我国最为明显。继北京开通地铁以来，截至2014年，先后有天津、上海、广州、深圳等19座城市开通地铁，累计里程达2074km，中国地铁呈现出跃进式发展。在2014年的城市地铁建设排名中，上海以567km成为世界上地铁里程最长的城市，北京则以32.1亿人次的运输量成为全球最为繁忙的地铁[1]（图2-9）。

2.1.3　商业综合体与"地铁城市"的对接

2.1.3.1　以地下空间为依托的对接

商业综合体与地铁空间的最初对接得益于当时地下空间的发展，早期的地下空间往往是为了满足居住的刚性需要而产生的。此后，伴随着城市的出现、生产力的提高以及人口的增长，特别是大量"奴隶劳动力"的出现，使得大型工程成为可能，于是相继出现了便于存储的地下粮仓，具有防御功能的秘道以及极具象征性的帝王陵墓等。在社会生产力和科技的推动下，地下空间的发展经历一个由自发到自觉的漫长过程，可将其大致分为三个阶段（表2-5）：

----

[1]　数据来源于RET睿意德商业地产研究中心。

地下空间发展时期　　　　　　　　　　　　　表2-5

历史阶段	时间	相关事件
古代利用期	1863年之前	社会生产力发展不发达，城市规模不大，人类利用地下空间处于相对原始的阶段，对于空间的开发也主要以单一功能为主，如地下穴居、陵墓等
生长徘徊期	1863~1924年	文艺复兴和工业革命的到来，使得科技飞速发展，在此期间，地铁作为极具潜力的交通方式登上了历史舞台，极大地推动了地下空间的建设，成为地下空间利用的重要转折点，被学术界认为是"城市地下空间开发的起点"
	1825~1949年	地铁成为发展地下空间的重要动力，期间由于经历了两次世界大战，世界各国忙于战事，地下空间以防御功能为主，多样性的发展被暂时搁置
蓬勃发展期	1950年~至今	得益于和平的世界环境，各国均致力于本国的经济和文化建设，随着城市的扩张，资源的减少和人口的增多，城市矛盾被不断放大，城市被迫在更大的空间资源谋求新发展。城市地下空间延伸到城市的各个方面，注重的是交通-经济-文化全方位的功能复合

　　一方面地下空间作为综合体是和地铁对接的重要节点，起着承上启下的沟通作用，另一方面地铁的大力建设促使地下空间多样化发展，相较于古代单一功能有着本质的改变，同时商业综合体又利用地下空间组织疏导人流，并通过地铁进行有效的疏散。基于以上三点，综合体、地铁与地下空间三者的历史发展脉络不可避免地呈现出某种相辅相成的关系。如果说1932年东京地铁银座线的神田站是商业与地铁结合的最早模型[①]，那么商业综合体与地铁的正式对接则以1940年美国洛克菲勒中心的建成为起点。作为现代城市综合体的雏形和地下城市公共空间的先驱，洛克菲勒中心的成功得益于建筑师、工程师和投资集团的倾力合作。洛克菲勒中心介于42街至52街之间，通过地下网络把各个大楼连在一起，并与潘尼文尼亚火车站、中央车站、纽约公共汽车站以及地铁站进行有效结合（图2-10）。同时，地下步道还承载了商业、餐饮等其他服务功能，让一天超过25万的人潮在此穿梭无虞[②]。

　　20世纪60年代，商业综合体迎来复兴的同时，地铁建设也迈入了重要时期。随着交通枢纽的出现以及地下商业街规模扩大而带来的人流聚集，使得围绕地铁的商业价值和

---

① 刘皆谊. 日本地下街的崛起与发展经验探讨［J］. 国际城市规划，2007（6）.

② 范文莉. 当代城市地下空间发展趋势——从附属使用到城市地下、地上一体化［J］. 国际城市规划，2007（6）.

经济利益逐步提升，人们开始持续拓展地下通道规模，并尝试将商业与地铁、城市基础设施进行结合，城市技能在此得到有效扩充。20世纪80年代，随着能源危机的产生，地铁作为大都市交通中高运量、高安全以及高速度的代表，得到了欧、美、日等国家和地区的青睐，同时，社会的进步使得人们的需求越来越多元化，商业建筑也由最初单一功能的叠加向与城市公共交通结合的趋势发展。至此，地下空间的发展主要在二维方向上展开，人性化的设计理念由此得到关注，如通过地下广场、水景、绿化、雕塑等的设置来提高内部环境品质。在此基础上，地下空间开始逐步

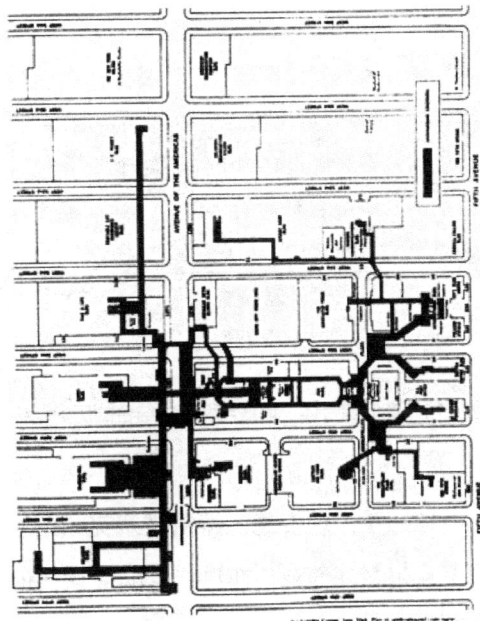

图2-10　洛克菲勒中心地下街

图片来源：方顿. 独一无二的洛克菲勒中心[J]. 世界建筑，1997（02）。

探索与城市空间的联系，尝试对周边进行功能环境的融合，以此来强调城市职能对城市的整体贡献。21世纪，大规模立体步行系统日趋成熟，商业综合体与地铁的组合方式突破原有建筑封闭的状态而演变成一种多层次、多要素的动态开放系统，逐步成为城市公共空间系统的有机组成部分，是现代生活中人们消费娱乐的新载体。此阶段，科技的进步为立体化的交流提供了更多的可能，商业综合体与地铁的搭接也带来了更多人流、物流、资金流和信息流的集聚，将城市公共空间的开发提升至一个新的维度。

值得一提的是，洛克菲勒中心作为商业综合体与地铁搭接的起点，它的出现还是具有一定的偶然性。在此后的一段时间里，并没有出现类似洛克菲勒中心这样具有整体性的对接，而是随着科技的进步和21世纪现代综合体模型的确立，才逐渐形成如今商业综合体与地铁相结合的组合模式（图2-11）。

2.1.3.2　"第一次亲密接触"背后的技术支撑

地铁与综合体的搭接属于城市建设活动中的复杂事件，纵观整个脉络发展，技术对其的决定性和影响力是不可忽视的。如果说第一次工业革命中，蒸汽机的出现是地铁诞生的先前条件，那么在第二次工业革命，内燃机以及电动机的发明则促进了地铁应用技术的飞跃。

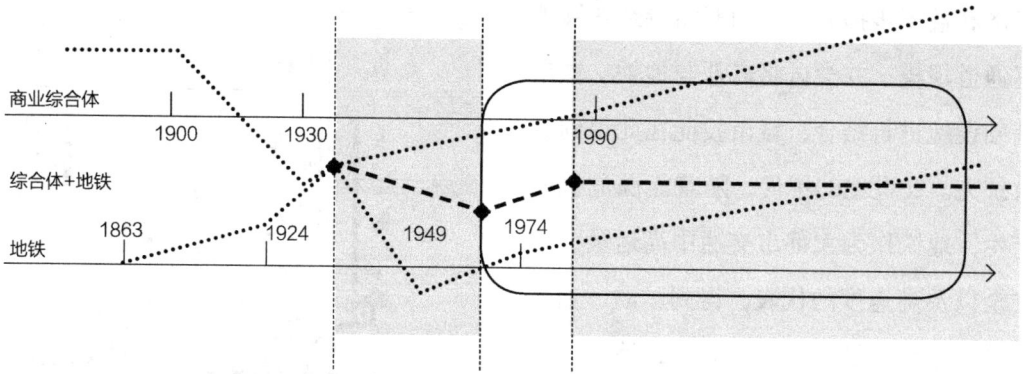

图2-11 商业综合体、地铁与两者相结合的历史脉络图

1804年，理查德·特雷维塞克①设计制造的"新城堡号"蒸汽机车，在特定的轨道上由默尔瑟开往阿伯西昂。它的成功，促使蒸汽机车以轨道行驶的身份登上历史舞台。而后在1825年，英国斯托克顿至多灵顿铁路的通车，宣告了第一条行驶蒸汽机车的永久性公用运输设施诞生，同时也成为近代铁路运输业的起点②。在有轨蒸汽机车的基础上，1863年1月10日第一条由蒸汽机牵引的地下铁路于伦敦正式通车。

1870年，继雅可比电动机发明之后，德国工程师冯·西门子制造出由电动机驱动的车辆，并于1879年在柏林工业博览会上进行展览③。1888年，美国弗吉尼亚州里磁门德市将电力牵引运用到几条有轨马车路线上，成为第一个投入商业运行的有轨电车系统④。此后，有轨电车在世界范围迅猛发展，并于19世纪末步入城市轨道交通领域。1890年，第一条依靠电力机车牵引的地铁在英国通车（图2-12），随后建设的1896年匈

---

① 世界上最早制造出的"在轨道上行走的，用蒸汽机驱动"的蒸汽机车，是英国人理查德·特雷维塞克于1802年左右制造的火车头，当时因为板式轨道承受不了机车的重量断裂，导致机车失去控制撞在路边墙上而失败。而第一个投入实际运行的蒸汽机车是特雷维塞克设计的第二个火车头"新城堡"号。1830年，斯蒂文森修建的第二条铁路即利物浦至曼彻斯特铁路贯通，这一次他驾驶的"火箭"号完全使用的是蒸汽动力，平均时速达到29km，列车运行全程没有出现任何故障。

② 1825年，乔治·斯蒂芬森制造完成"旅行号"，由机车、煤水车、32辆货车和1辆客车组成。1825年9月27日上午9时，斯蒂芬森亲自驾驶机车从伊库拉因车站出发，下午3时47分到达斯托克顿，共运行了31.8km。"旅行"号机车现陈列于达林顿车站，编号为"No.1"，乔治·斯蒂芬森也因此被人们尊称为"蒸汽机车之父"。

③ 列车用电动机牵引，由带电铁轨输送电流，功率为3马力，一次可运输旅客18人，时速7km/h。

④ 1888年，美国人斯波拉格将有轨马车路线改为电力牵引车行驶，并对车辆电动机的悬挂方法、驱动方式、集电装置和控制系统做了改进，采用架空电缆和受电弓供电。

牙利电气化地铁，从根本上解决了轨道内部空气污染问题。

图2-12　电气化机车

图片来源：作者自摄于伦敦交通博物馆。

　　在此之后，两次世界大战的爆发以及汽车时代的兴起，使得许多新科技、新手段并没有运用于轨道交通领域，地铁发展呈现出停滞不前的状态。20世纪下半叶，城市问题的激发促使交通空间的立体式规划被提上日程，加上综合体形态功能关系的复杂多样以及结构设备、防火等技术材料和应用方式的突破，使得以地铁为核心展开的地下空间有了长足的发展。

　　进入21世纪，建筑结构技术日趋成熟，由地铁所引发的商业潜力逐渐被人们所看重。综合体不仅在建筑形态上进行着一次次突破，在与地铁的搭接和对地下空间的处理上面更有着跳跃式的发展，针对其"技术"层面上的解读，可划分为软硬两种。软技术偏重于规划设计观念的改变，综合体与地铁搭接的全生命周期是一个复杂整合的过程，在规划策划和建设开发的层面上，凝结了城市、建筑、管理三方面的问题。两者搭接的过程本身就是一场建筑与城市环境的对话，城市规划的决策在这里面起着异常重要的作用。在经济全球化、土地集约化的大背景下，在立体化规划策略的指引下，设计建设更加注重多工种、多领域的协同合作，趋于"同时规划、同时设计、同时施工"的发展态势，它是两者结合的核心所在。此外，许多国家对立体化建设涉及的内容出台了相关法律规定和技术标准，从而保证施工的顺利进行，达到有法可依、有章可循的目的。

　　另一方面，硬技术则指的是材料技术和施工方法的创新，它作为实现规划理念的支撑而存在。近年来许多国家不约而同地开始重视地下空间的开发以及地铁与综合体结合相关的研究，尤其以日本最为突出。近年来，日本展开了针对盾构机械的多方位创新，如双模盾构机的开发及实用、摆动式矩形盾构机、地中分离母子盾构工法等，为后续搭接创造了有利环境。此外，针对高强、高抗渗、高延性的高新技术衬砌材料[①]，高强、高抗渗性装配式结构及与之配套的耐高水压、高腐蚀的防水堵漏材料的研发，为立体空

① 衬砌材料指的是为防止围岩变形或坍塌，沿隧道洞身用钢筋混凝土等材料修建的永久性支护结构。

间尤其是深层地下空间的开发利用提供了强大保障。此外，综合体"鲜亮"的背后也包含了众多复杂的建设技术，如承重结构的搭接转换、建筑智能控制，以及隔震与减震技术等。地铁与综合体的整体开发建设以技术支撑为依托，专业分工多，综合性强，故而针对其特征的理解也应在此寻找依据。

2.2 "横竖"穿插的立体模式
——地铁站域商业综合体的提出

2.2.1 横向——地铁对商业综合体的"触媒"作用

"触媒"又称催化剂，原指在化学反应中可以改变化学速率而不影响本身质量和化学性质的物质。20世纪末，韦恩·奥图（Wayne Attoe）和唐·洛干（Donn Logan）在《美国都市建筑——城市设计的触媒（American Urban Architecture — Catalysts in the Design of Cities）》一书中首次将"触媒"引入到设计中，他们认为："城市触媒（City Catalytic）是城市塑造的元素，反过来可以促进城市持续与渐进的发展，它可以是城市功能区，可以是某一单独建筑物或公共空间，也可以仅仅是一系列实体"，其作用"不仅表现在经济上的激活，还体现在城市发展面貌上的改善，以及城市生机活力的激活与复兴"[①]。书中"触媒"的载体主要是建筑物，是指既有建筑或规划方案对周边环境的正面影响，即通过城市组成元素的改变对城市发展起到良性推动作用的过程，并以此鼓励决策者、规划师和建筑师从宏观角度出发，充分考虑城市内在的连锁反应能力。区别于

---

① "城市触媒理论"认为触媒的物品并不是单一最终的产品，而是一个可以刺激与引导后续开发的元素。其重点在于提出了如何从目标到实现的途径，其中作用与反作用、原因和结果是构成触媒概念的主要部分。触媒理论并没有为所有的城市地区规划出单独完成目标的方法、一个最终的形式或一个较好的视觉特质，而是描述一个城市开发的必备特征：可激起其他作用的力量。
韦恩·奥图，唐·洛干. 美国都市建筑——城市设计的触媒［M］. 王邵方译. 创兴出版社，1989.
韦恩·奥图，德州大学奥斯汀分校建筑系副教授，执业建筑师，与唐·洛干是ELS（Elbasani and Logan Architecture）的创始人之一，在美国及各地有许多市区计划和主要建筑设计案例。

城市规划由宏观到微观的过程，它更多的是一种自下而上的发展方式，实现手段亦呈现多样化的趋势。如新城市中心的迁移确立往往伴随着诸如奥体中心、文化中心甚至市政府等重要建筑的建设。

2.2.1.1 地铁的"触媒"

依据触媒理论，我们可以推测地铁作为解决现今大都市交通问题的首要选择，不可避免地成为城市环境中重要的良性"催化剂"。地铁以其安全、便捷和强大的输送功能来汇聚人流、激发商业潜力，在城市资源集约的大背景下，促使商业综合体与其进行整合。同时由于地铁建设可为某一区域迅速而长久地集聚人气，故而城市商业布局也因此进行着循序渐进的改变，地铁逐渐成为影响城市构架的重要元素。经济地理学家陆大道[①]院士，在大量区域发展经验的基础上于20世纪80年代提出"点轴"理论，他指出提高区域的可达性是促使社会经济发展的重要因素之一[②]。将"点—轴"理论布控范围缩小与城市"触媒"效应相结合，地铁站作为"点"，连接两个地铁站之间的线路成为"轴"，我们可发现，地铁因其快捷和集聚人流的作用促使商业综合体围绕"点"进行展开，城市资源逐渐向其倾斜，周边地块的价值也随之提升，同时在触媒的连锁反应下，地铁线路被进一步开发，资源进一步得到积聚，有部分"点"借此机会逐渐成为具有较高经济效益和丰富文化娱乐活动的区域核心（图2-13）。

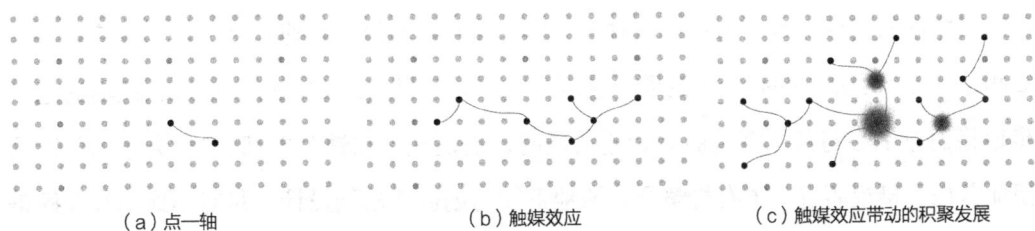

(a) 点—轴 　　　　　　(b) 触媒效应 　　　　　(c) 触媒效应带动的积聚发展

图2-13 地铁的"触媒"效应图解

---

① 陆大道：著名经济地理学家，初步建立我国工业地理学的理论体系，20世纪80年代提出"点—轴"理论。"点—轴"理论：点，指各级中心地，亦即各级中心城（镇），是各类区域的聚集点，也是带动各级区域发展的中心城镇。轴，在一定的方向上连接不同级别的中心城镇而形成相对密集的人口和产业带。点轴理论是关于社会经济空间结构的理论之一，是生产力布局、国土开发和区域发展的理论模式。

② 吴传清，孙智君，许军. 点轴系统理论及其拓展与应用：一个文献述评［J］. 贵州财经学院学报，2007（2）.

地铁触媒效应所引导的商业综合体的开发，其战略意义在于形成了商业集聚效应中心，建立了具有渐进式扩散功效的步行体系，同时，城市发展以此为契机，通过重组、介入区域环境形态与城市结构等手段，协调引导新兴元素和既有元素之间的关系，从而达到激发城市潜在多样性以及空间系统活力的目的。此外，由于地铁建设在城市界面的特殊性，针对商业综合体与地铁的搭接，应当注意其步行系统的可扩展性以及建筑内部公共步道的延展性。只有建立完善的步行系统，才能更好地从共享人流等资源中获益，更好地补充城市地面交通。

2.2.1.2 触媒联动效应的引导

1. 蒙特利尔地下城

蒙特利尔城位于加拿大魁北克省，由于地处几个气候区的交界处，使得冬季严寒夏季闷热的气候特征成为影响人们生活出行的主要问题[1]。针对这种气候条件，地下空间的利用被提上日程，地铁的兴建更是促使车站周边建筑的众多开发商投资修建与其搭接的通道，逐渐形成了以地铁为轴、车站为点，同时联系各大建筑群的商业综合体的地下空间。蒙特利尔地下城的发展可概括为萌芽、发展、巩固、再发展四个阶段（图2-14）。

萌芽阶段（20世纪60年代~20世纪70年代）：1962年维尔·玛丽广场（Place Ville Marie）的正式营业标志着蒙特利尔地下城的萌芽，其地上为47层的塔楼，地下4层则包含了巨大的购物中心和停车场，其中最下层为地铁车站。步行广场布有4个下沉庭院，并通过宽阔的楼梯与地下商业进行联系。作为当时世界最大的建筑之一，商业综合体的面积达到28.5万m²，并有一半的面积被埋于地下。伴随着地铁工程的推进，纵横的地下步道将商业中心与其他零星商店相连的同时，更是把"国铁"总部、"中央车站"以及伊丽莎白女皇饭店进行了有机整合。该地下街的创造性规划设计，是对当地不利气候条件的一种积极回应，为后续发展奠定了良好的基础。

发展阶段（20世纪70年代~20世纪80年代）：1967年世界博览会的举办，为蒙特利尔地铁的建设及商业地产的兴旺提供了强大的助力。由于之前玛丽广场的巨大成功，使得政府在地铁建设过程中更加重视车站作为点的强大积聚性，地下城也因此得到进一步

---

[1] 蒙特利尔位于魁北克城西南约275km，首都渥太华东边190km，平均年降雪量2.14m，年降雨量为897mm。一月日平均气温为-14.9℃，由于冬天常有风，体感温度比实际温度还要低得多，因此当地气象预报常把风力降温的因素考虑在内。历史上记录最低温度为-37.8℃。

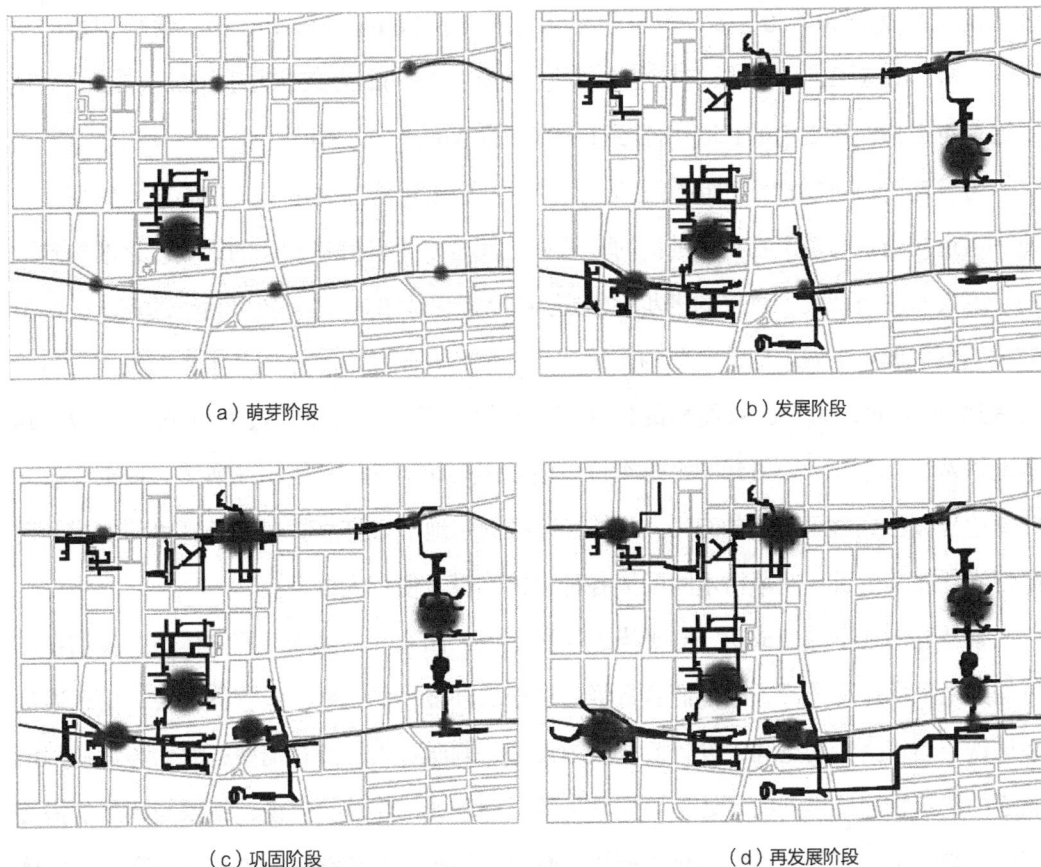

（a）萌芽阶段　　　　　　　　　　　（b）发展阶段

（c）巩固阶段　　　　　　　　　　　（d）再发展阶段

图2-14　蒙特利尔地下城发展阶段图示

扩展，其中享有盛誉的宝娜万特广场（Bonaventure）的开业，更是将当时地铁的触媒效应发挥到极致。地上由饭店和会议中心组成，地下则囊括了两个大型购物中心、一个巨大的展厅、一个国际性交易中心以及众多办公室，并且在环境设计中更加具有人文关怀，每层都设置人造景观。基于这样的环境背景下，整个蒙特利尔市在1967年博览会之前，便有10座建筑与商业区车站进行有效相连。在随后的发展中，公共介入成为不可忽视的元素，20个在此阶段动工的新项目中有7个被授权盖在地铁上。地铁与建筑的搭接不仅可以带来巨大的商业利润，改善城市交通环境，对面对漫长寒冷冬季的蒙特利尔居民也有着巨大的诱惑力。于是，投资商力图将新建筑与已经或者即将和地铁相连的建筑物连在一起的意愿，成为当时一种新的趋势，各楼宇以能与地铁搭接而引以为豪。

巩固阶段（20世纪80年代~20世纪90年代）：20世纪80年代经济增长速度放缓，为发展多种经营刺激经济，投资商与郊区购物中心联合，在市中心建成了3个包含办公和地下购物中心的建筑综合体。与60年代具有综合功能的建筑不同，新项目商业区与办公区的比率达到40：60之多，以罗伊尔山脉大厦（Cours Mont-Roya）、蒙特利尔广场（Place Montreal-Trust）和拉卡斯德尔大厦为代表（Promenades-De-La-Cathedrale）。地下通道也由1984年之前的12km增长到1989年的22km。

再发展阶段（20世纪90年代至今）：伴随着城市经济的发展、多中心概念的提出，地下通道在满足与建筑物相连的同时，彼此之间也发生着潜移默化的影响，逐渐构筑成一个庞大的网络系统。科技的进步促使超大房地产项目的兴起，高出租率的需求，则迫使他们更多地参与城市地铁空间的搭接建设。蒙特利尔地下城经过几十年的发展，目前范围达到36km²，为市区总面积的1/10。30km的地下步行系统联系了约100座大厦、14个地铁站、4个火车站、15000个停车位，诸多图书馆、学校、娱乐场所等，内部所包含的商业份额占到整个城市的35%。此外，蒙特利尔地下城灯火辉煌，长廊里面的树利用电灯光促使其生长，花草树木间配置各种桌椅，以方便行人休息。

蒙特利尔地下城的成功，对于当地居民来说，四通八达的步行网络体系为他们在出行的路上抵御寒冷风雨，给他们营造舒适轻松的环境；对于地产投资商来说，由于通过在地铁与建筑搭接的空间中设置商业娱乐设施，刺激行人的潜在消费，故而与地铁网络联通的建筑物业所得到的好处是显而易见的；对于城市管理者来说，地铁与建筑的搭接有效地减轻了城市主要路段的交通拥堵，减少了停车需求和空气污染，在提高地铁整体运输效率的同时，提升了城市中心土地集约利用效率。

2. 多伦多"PATH"

多伦多作为加拿大的首都，与蒙特利尔一样因其冬季寒冷漫长的气候条件，成为早期地下街开发的源头所在。多伦多的地下网络系统又称"PATH"，作为全世界最大的地下行人通行道和最大的地下购物中心之一，在近30km的长度范围内，联系了超过50座建筑、20个停车场、6个地铁站、一个火车站，以及众多酒店、广场和文化旅游景点，并提供超过1000家的店铺和超过280000m²的租赁面积[①]，每天约有10万人次从此经过。

世界大战之前，在多伦多还没有出现摩天大楼的时候，伊顿家族（Timothy Eaton）便意识到零售百货商店之间存在着经济利益的庇护关系。于是在1917年，伊顿家族修建了5条地下通道以联系周边相关商业。1929年加拿大太平洋铁路（Canadian Pacific Railways）使用类似手法，将车站（Union Station）与街对面的皇家约克酒店（Royal

---

① 资料来源：Urban Strategies Inc. PATH Pedestrian Network，http：//www.toronto.ca/.

York Hotel）进行相连。这也是多伦多第一次将交通方式与周边建筑产生直接联系。

二次世界大战以后，伴随着人口的增长和经济的复苏，多伦多正式进入变革重建期。1954年，地铁环线的建设为金融区地下空间的连续开发创造了机会，很多的地铁站、地铁站厅层与邻近的商务楼、零售店甚至居民楼通过地下街彼此贯通。规划层面上，支持地下空间建设则是由于人口激增导致人行道通行能力下降，汽车增多，公共空间缺失，繁华区缺少休息空间等方面的因素。20世纪60年代，经济的快速发展促进了金融区的大规模改造，各建筑纷纷建造地下空间，为地下空间的发展带来了良机。20世纪70年代，地下通道将里士满阿德莱德大楼（Richmond-Adelaide）、喜来登中心（Sheraton Center）和众多百货商店、酒店、办公楼与地铁站进行相连，逐渐形成城市PATH廊道系统。

1983年，联系加拿大第一广场与阿德莱德大楼的地下步行网络的建立，使人们可以"足不出户"地从联合车站到达市政厅。在以后的十年里，金融区内的步行网络更加完善，PATH作为穿越不同建筑区的交通手段变得更加舒适。1987年，随着PATH寻路系统的发展及其管理和融资要求，多伦多市政府作为一个领导角色对越来越复杂的PATH做出回应。20世纪90年代，寻路系统被用于PATH的整个系统，并随着斯科舍广场的发展而不断补充（图2-15）。

在PATH系统建设的初期并没有大而全的规划，很多通道的建立都是自发而成，后

（a）1978年　　　　　　（b）1989年　　　　　　（c）2010年

图2-15　多伦多PATH发展示意图

期由于城市发展的需要，地铁建设成为推动PATH的主要动力；另一方面，规划师马修劳森（Matthew Lawson）说服了几位重要的发展商兴建地下商场，并确保商城互相联通，由于该规划深受居民欢迎，地下PATH得以不断扩张。现今PATH系统已经超越金融区的范围，形式更加多元，范围更加广泛，注重与建筑内部空间的搭接，成为安全、舒适、系统化、全天候的步行空间。

2.2.2　竖向——商业综合体对于地铁的适应性转变

2.2.2.1　空间开放性与公共性的趋势

步行交通的高效性是检验交通方式有效利用和综合体成功开发的重要标准之一，对于综合体而言，因其主要经济效益来自客流的流动速度和质量，加之地铁为其带来的大量潜在消费者，故为不同目的和性质的个体创造流动和停留空间以达到客流资源的有效利用，搭接空间的公共性与开放性成为成功与否的关键所在。地铁与综合体之间的"搭接空间"既是地铁系统的外在空间延伸，也是建筑空间本身重要的组成部分，具有建筑与城市的双重属性，它不仅可促进城市与建筑之间的有机过渡，缓解两者之间的对立关系，更重要的是为市民提供一个丰富活动的场所，提高城市生活的多样性。

地铁与综合体的搭接空间由最初的"通道式"逐渐向"贴建式"和"包含式"发展，空间也由最初的封闭私有到如今的开放公共，并注重对周边步行网络系统的完善（图2-16）。主要表现在开发综合体内部功能的同时注重与周边建筑的对话，将联系某个或者某些建筑的"通道"打造成可以容纳多样活动的城市步行走廊，从而组成四通八达、层次清晰的网络体系。

2.2.2.2　"多首层"立体发展趋势

地铁与建筑搭接空间的适应性转变，还反映在现今土地集约资源紧张的背景下，在空间开放公共性的带动下，由原来二维平面的延伸发展为"多首层"[①]三维的立体化生

---

① 多首层，是指通过缓坡步道、扶梯等建筑交通元素的布局应用，将一层、二层甚至多层步行街自然贯通起来，将人在不同层次之间传统的垂直动线转化为自然起伏的曲线，达到两个甚至多个首层的效果，扩大步行街聚拢人流的功能，形成连贯的步行街体系。

（a）通道式：上海龙之梦购物中心

（b）贴建式：HIKARIE

（c）包含式：Queen's Square

图2-16　"搭接"空间的公共开放性转变

长。不同的土地使用方式对应着不同的出行发生率，地铁与综合体的复合搭接将原本平面长距离的换乘交通在"搭接"空间甚至是综合体内部完成，使其较好地融入城市步行网络体系，减小了外部出行率，极大地缓解城市交通压力。另一方面，由地铁建设而引发综合体"多首层"式的适应，为其提供了大量消费和过境人群。消费人群基于便捷性优先选择与城市交通结合更为紧密的场所，而综合体则通过内部空间的开放公共性以及立体化的"多首层"模式，激发过境人群潜在的停留和消费欲望，进而提升商业活力。

香港因其特殊的地理环境，使得交通用地十分局促，在这样紧张的背景下，交通与交通的搭接、建筑与交通的搭接成为适应城市高密度发展的主要方向。于是，在香港这个寸土寸金的城市，地铁不仅作为缓解城市交通矛盾的主要手段，关于它所引起的"触媒"效应更是被放大到极致。

20世纪90年代初期，机场核心计划的启动为城市格局带来了巨大变化，九龙站作为沿线最大的站点，设计规划者将它与周边建筑以及其他交通方式进行了最大程度的整合。九龙站始建于1996年，于2010年整体完工，两条地铁线（包含机场快线）、一条铁路干线和一条快速干线在这里交汇，整个地块占地13.5hm²，建筑面积约1700000m²，其中商业用地占44%，住宅用地占56%，地块容积率达到了惊人的1：12①。九龙站作为机场核心最后一期的发展项目，充分发挥了后发优势，多首层的设计理念使周边建筑与地铁等交通方式更好地联系在一起，同时发挥站点的"触媒"效应，使得周边的配套设施得以逐渐完善，从而满足了人们吃喝住行的各种需求，成为城市立体化空间利用的典型案例。由于机场快线的通车是激活该站点周边建筑活力的主要催化剂，于是地铁与建筑的搭接势必作为建设开发的重点所在（图2-17）。九龙站地处城市交通的核心，采取交通先行的开发策略，地下一层主体

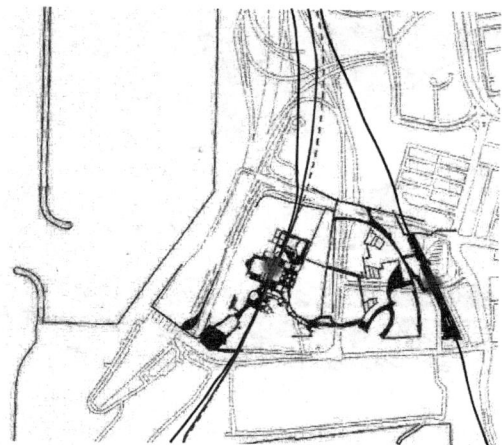

图2-17 香港九龙地下步行系统

图2-18 香港九龙"多首层"立体步行体系

功能为地铁和铁路的通道及停车场，其中为离境旅客设计的步行道位于整个上盖的核心，并贯通各层，周边建筑也通过地下步道紧密相连。地面层摒弃沿街商业的设置，除少量便利店，大部分为诸如公交站场、停车场等功能，相当于一般建筑内部的地下一层。二、三层为步行走廊，可便捷进入各建筑内部。四层则为花园层，为酒吧广场及各分期的发展入口。整个地块中，多首层的设计将人流线和车流线有效分离，并在交通空间与实体功能之间建立起高效的联系网络。此后，随着2003年底西铁线的通车，九龙站地铁效应逐渐东扩，致使柯世甸站与九龙地铁站之间发展出更加庞大的步行网络（图2-18）。

我国的香港地铁之所以能成为世界上最赚钱的地铁，其中最重要的一个因素是在规

---

① 黄敏恩. 轨道交通枢纽城市综合规划探索［J］，规划师，2014（6）.

划阶段交通优先的基础上进行全盘考虑。首先确定地铁作为地块中部的"心脏"位置，其次根据各种不同流线需求规划线路廊道，如内部步行流线、停车流线、换乘流线等，最后赋予廊道周边以不同的功能载体。以地铁为核心的城市设计策略，提高了公共交通的利用率，缓解了城市交通压力，同时因其所带来的大量客流，使得建筑综合体与地铁不仅是空间意义上的搭接，更多的是形成一种自给自足的良性经济循环。此外，地铁建筑联合开发设计所带来的巨大活力，为整个油尖旺地区的自我功能完善掀开了新的篇章。

2.2.3 横竖的整合——地铁站域商业综合体的提出

2.2.3.1 地铁站域商业综合体的概念定义

本文所提出的地铁站域商业综合体并非传统意义上的"以地铁站为圆心，合理步行距离为半径的范围[①]"，而是指以地铁站点为载体的包含购物中心的商业综合体的有机复合整体。同时，人们在由地铁到达商业综合体内部行进的过程中，不会被地面交通所打断。地铁站域商业综合体超越单体的孤立概念，是城市高密度、大规模、巨体量公共建筑单元的代笔。其中，"综合"意指多样化，强调因高效叠合引发的城市功能、空间以及流线的集聚，可由此获得场所24小时持续互补的活动连续性，激发地块活力，为商业开发所推崇。而在此过程中，与购物中心相配套的流动开放空间作为与地铁搭接的最佳"连接部位"，是引导人流及系统整合的重要节点。于是，这里的"综合"指包含购物中心在内，不少于三种以上的多样业态。研究对象以地铁与建筑的搭接方式可分为通道式、贴建式、包含式三种（表2-6）。

地铁站域商业综合体的搭接分类　　　　　　　　　　　　　　　　　表2-6

类型	内容	说明	图示
通道式	综合体与地铁通过地面、地下及空中等立体步行通道相联系	交通疏导能力与宽度、时间、距离等要素相关，因此与地铁应保持一定距离使得交通更加明确稳定；如：上海IFC与陆家嘴站的搭接	

---

① 根据TOD理论，国内外理论经验通常认定的范围半径为400~600m。

续表

类型	内容	说明	图示
贴建式	综合体与地铁紧邻	联系直接，可形成多个水平接口； 如：HIKARIE超高层与涉谷站的搭接	
包含式	综合体将地铁设置在其内部	交通联系便捷，综合体内各功能子系统利用"时滞效应"减少高峰人流，达到"削峰平谷"的效果[①] 如：Queen's Square与横滨未来站的搭接	

地铁站域商业综合体并不仅仅是商业综合体与地铁在形式上的简单叠加，它更是城市在"横竖"层面上的资源整合，属于城市复杂系统的概念范畴，可从三个层面对它进行理解：

（1）从城市空间复杂体系的宏观角度来看，它是一个由众多空间点线交织而构成的特定区域的"复合面"。地铁站域商业综合体构成的网络系统对城市空间结构和功能布局起着潜移默化的引导作用，参与城市公共秩序和整体性的建构。"复合面"的建立，既是客观物质和空间等"硬件"的交接，也是城市复杂系统运行和管理体制等"软件"的碰撞，将城市交通设施、市政设施、公共设施等有机整合在一起，形成一套协调高效的公共服务体系，使城市中"公共—半公共—私密"的空间环境产生共鸣，在发挥自身环境优势的同时进行有机结合，从而达到节约资源、良性循环的目的。

（2）从城市具象空间形态的中观角度来看，它是一个将周边资源进行重组并有效带动地块活力的"辐射线"。地铁站域商业综合体本身就是城市复杂环境中重要的组成部分，是不同功能空间相互整合的结果，两者在本质上是相互依存的。一方面，地铁站域商业综合体通过对周边环境资源的吸收来支持本身的运营，若失去了最基础的功能配置、空间利用等客观资源和条件，以地铁为核心的整合将失去原有效益，交通功能的发挥也会大打折扣。另一方面，周边地块的活力在地铁站域商业综合体的带动下被激活放大，区域功能布局势必会在满足基本需求的基础上针对其发展进行相应的调整与优化，从而达到商业利润最大化。

[①] 胡映东，张昕然. 初探城市轨道交通与建筑综合体的"共生"[J]. 华中建筑，2012（12）.

（3）从自身系统组合的微观角度来看，它是一个包含众多功能，注重与城市的对话，并对城市的立体化空间构成有重要意义的"突破点"。城市空间的立体化发展是当今世界城市空间规划中不可阻挡的潮流，特别是针对我国用地紧张、人口暴增和交通拥堵的现状，立体化的发展思路已逐渐在城市建设领域达成广泛共识。地铁站域商业综合体的建立，不仅将城市在竖向的层面进行有机整合，为人们提供舒适交流的开放空间，更重要的是通过其内部空间的集聚效应，形成城市公共服务设施的核心区域，对促进集中和高效能的城市土地开发具有非常重要的引导意义。

地铁站域商业综合体的核心特征，源自地铁站点与"横向——城市结构"和"竖向——建筑空间"的相互作用关系，这种以地铁为发展点、以商业综合体为突破口向外辐射的城市空间发展模式，体现出更为复杂多样的城市特性，是在满足功能、空间、流线等问题基础上，对城市复杂化、系统化和立体化要求的回应。地铁站域商业综合体带动了城市空间布局结构的深度和厚度方向上的发展，更是在充分利用交通网络的基础上提高了城市的集聚性，是对当下高密度社会背景的适应，因此，可以说地铁站域商业综合体是建筑发展的一种必然结果。

2.2.3.2　地铁站域商业综合体的内涵特点

结合对当代地铁站域商业综合体的分析，其特点可概括为以下三点：

1. 高融合

不管是地铁站域商业综合体与城市之间的协同发展还是自身内部的综合集约，都深刻反映了地铁站域商业综合体与城市之间高度融合的特性。从城市的功能角色和城市形态组织结构特征上来讲，地铁站域商业综合体通过将城市公共活动及交通功能引入内部，使得城市公共活动空间基面成为该体系组织结构的一部分，内外活动在此进行有效衔接。对应来讲，地铁站域商业综合体因其将公共交通与多样城市功能相结合的特殊性，促使城市内外公共活动空间之间的关系需要相应的一体化处理，体系内部的公共基面在联系组织内部各个功能要素之外，还应与整个城市公共空间基面产生连续有机的联系，这种联系既是对公共交通基本需求的回应，同时也赋予了综合体向城市开放的可能性和机会，造就了其高度的城市融合性。地铁站域商业综合体与城市的发展历程密不可分，在迈向融合度逐渐增强的过程中，因牵涉多方面的问题，故参与城市建设的深度、强度及广度都异常突出，带有深刻的现代城市的文化印记，尤其是涉及商业业态、交通流线、环境划分等公共人流集中的空间，必会显示出更加强烈的地域习惯的空间处理方式。高融合性引发地域化的意义在于，提供能构建建筑发展的新的生命力与意义，因此，高融合性成为地铁站域商业综合体最重要的发展动力与方向。

另外，在环境一体化的趋势下，地铁站域商业综合体的高融合性是对城市公共空间和环境资源高效利用需求的积极回应。其一，地铁建设引发的步行网络资源是城市环境空间整合的纽带，为开放公共活动场所提供更多的可能；其二，商业综合体与地铁的整体融合为空间环境之间建立紧密联系提供了平台，打破了空间的制约和束缚；其三，地铁站域商业综合体利用公共空间界面之间的转换形成公共空间网络体系，将城市空间发展中的公共空间和环境的一体化建设进行落实，为环境的整合带来新的契机。

2. 高技术

地铁站域商业综合体是城市中大型复杂建筑类型的代表，包含不同城市功能的整合协调、建筑内部与城市空间的处理以及建筑本身复杂的结构等，回顾历史发展，技术作为推动其发展的一大助力，其主导决定性和内在影响力一直十分突出。不管是形态与结构体系的发展对材料、设备创新和应用方式突破的依赖，还是地铁站域商业综合体内部立体环境品质的塑造，地下步行网络的建立或大规模多首层的联动开发无一不包含众多复杂技术的应用；加之现如今对高品质智能控制和绿色生态技术的追求，更是把建造技术推上了历史顶端，因此，高技术成为理解地铁站域商业综合体的一大重要特征。

在针对地铁站域商业综合体建筑的全生命周期中，其功能关系与城市结构、规划管理与政策引导、建造技术与设备控制、安全保证与工程实施、生态节能与保养维护等各个环节都较一般的建筑复杂多变，专业分工多，要求综合性强。因此在设计过程中，需要较强的专业综合技术基础来平衡各部分之间的关系。当下，面对低碳环保的社会背景，针对建筑能耗与能源、材料循环利用等方面的问题更是要站在高技术的角度，认识组织地铁站域商业综合体的具体技术研究，从根本上影响其与城市的空间融合方式和空间架构。

此外，在建筑同城市的互动中，高技术的特性还展现在对城市建设的决策方面。现代城市越来越多的将其发展与基础设施进行整合，通过技术的引导，城市逐渐演变成一个大的建筑，建筑与城市的边界也逐渐模糊。尽管目前没有专门针对地铁站域商业综合体的技术规定，但仅就有关地铁和综合体分部的相关实施规范来看，高技术是将其转化为实物的必要支撑。

3. 高密度

近百年来，每一次由高密度环境激发的建筑应变与实践都伴随着经济与科学技术的进步、城市扩张与人口膨胀，以及由此而产生的一次又一次的探索高潮。如今从一些新的具有高密度环境特征的建筑应变与实践现象中可轻易发现，那些让它们存在的无法回避却又迫在眉睫的问题，其中最引人注目的莫过于因全球人口增长和城市化水平提高所带来的资源匮乏。城市以及城市中的建筑物无疑是容纳人类生活与生产的场所，在面对当前史上最高密度的环境下，如何容纳更多的人口，创造高质量的城市生活是目前最具有挑战性的课题。地铁站域商业综合体的提出，摆脱了二维上的扩张，而是以三维立体的模式完成各功能和空间之间的连接和组建，从而在密集城市环境中开拓空间，并构筑具有优良品质且各部分协调运作的建造环境，达到便利、高效和资源集中的目的。地铁站点大规模的人流汇集催生了复合化的功能需求，综合体不同功能的协同互动实现了优势互补，于是地铁站域商业综合体形成了"整体大于局部"的高密度结构，产生巨大的聚合力与吸引力，成为现代都市生活的缩影。

　　地铁站域商业综合体是城市高密度环境的衍生结果，是典型的"高密度"产物，不仅在设计理念层面上与现代技术相照应，而且还对消费时代的城市生活有了新的表达。一方面，地铁站域商业综合体可以提高建筑的容量，理论上只要技术允许，便可以不断将二维平面的功能和空间向垂直方向复制拓展，可获得"无限"的建筑空间和功能，人们对空间结构的共识也由此而转变，现代公共开放空间的内涵突破原有权限和属性，整合的手法可发生在不同权属和不同形式的空间，建筑与城市的边界趋向模糊。另一方面，地铁站域商业综合体的高密度性表达，正是对新的生活空间的一种回应，空间类型在原有基础上添加时代技术而演进成新的类型，从不同维度与城市生活紧密结合，提高用地功能的混合程度，引导城市空间与地铁站域商业综合体的公共空间形成整体性发展。

2.3 地铁站域商业综合体现状问题探讨

　　我国自2000年因上海二号线建成通车而在人民广场首次出现地铁复合化功能体的雏形至今，在经济全球化和高速城镇化背景的刺激下，地铁建设和综合体发展均有了长足的进步，由两者结合诞生的现代化地铁站域商业综合体更是自出现以来，借助城市立体化政策的支持和对新材料高技术的依赖，而迅速进入快速发展期。在一片繁荣祥和表象的背后，尽管"大跃进"式的发展让各种问题相继涌现，有关地铁站域商业综合体的理论及规定尚不成熟，其存在环境亦显得杂乱无序，但是由众多客观因素所导致的问题和现象，其表象和主要矛盾皆有迹可循。

2.3.1 策划方面——策划表面化和意志"长官化"

目前来看，国内建设项目的开发大都是以开发商的个体意愿为主导，对业态受众度的盲目决断和城市总体风貌而漠不关心，进行简单策划便开始大兴土木，极少进行详细的实地调研和分析，加上急功近利和以自身经济利益为中心的心态，使得大多数项目在跟风建设后对地块不但没有起到促进作用，反而成了一个个"泡沫"的代名词。放眼全国，伴随着地铁建设的热潮，"无处不综合体"已是房地产行业的最热词，"没有一家机构能提供与地铁搭接的城市综合体的面积和投资数据，只知道这个数额非常惊人"，多家机构研究人士直言。如何决策组织才能适应最广大人民群众的利益，如何明确决策的方向和中心思想才能平衡经济与城市其他功能之间的综合效益而达到共赢，如何完善决策的法制规范化才能最利于市场化的开发模式等问题，都仍处于探索和试验阶段。

此外，除去开发商个人意志的决断性，项目可行性研究的不足也是导致盲目开发的一大推手。我国建筑项目长期以来经济效果不佳，损失浪费严重是基于多方面的因素，然而急于求成、不进行切实的调查研究便乱上项目而造成的时间和经济的损失是最为巨大的。同时，现行的基本程序不够完善，对前期可行性研究疏于重视，计划任务书的制定也缺乏经济、合理及科学性的考虑。地铁站域商业综合体的成功运营依赖城市人口与商业的面积配比和合理商业业态的设定，而错误的可行性决策高估了城市可容纳商业地产的市场空间，使目前很多地方的商业供应面积严重过剩。据世邦魏理仕数据统计，以2011~2012年平均消化量为基准进行静态计算，商业地产在我国很多二线城市的消化周期将超过15年之久，有的甚至长达60年。中国房产信息集团研究总监薛建雄指出："短期内市场上商业地产项目供应量过大，地产商的开发、运营能力参差不齐，有些商业项目将难逃关闭、重组和被收购的命运，特别是二三线城市的新区项目，在当下住宅卖不动的情况下，商业地产也就缺乏足够的人流和消费来支撑"①。对比国外开发商，中国开发商看重的是短期资金的回笼和销售收入，对远期租金和运营则缺乏一定关注，因此大部分建筑项目的可行性研究均局限于经济投资的损益，缺乏对后期运营的预见性，从而导致大量失败建设结果的出现。

另一方面，我国针对地铁站域综合体的策划方面，并未形成相应有效的法律保障和理论支撑体系，大部分策划工作仅仅是某些不具备设计资质的个体打出的光鲜亮丽的旗号，或者是开发商下属的策划部门，一来研究经验和业务能力不足，难以对如此复杂环境加以分析，形成具有说服力的可行性报告；二来管辖范围有限，大都为纸上谈兵，且缺少针对地块项目的有效调研，"复制品"居多，最终留于表面成为"吸金揽财"的又一噱头，而对建设本身并没有实质性的帮助（图2-19）。在当下建筑社会化、城市生活商品化和社会效益与经济效益统一化的世界潮流下，合理的建筑策划应利用对项目所处环境及相关因素进行逻辑数理分析，论证任务书的可行性和科学性，进而引导设计内容。而目前，建筑师依旧在传统模式下按照业主意愿，进行缺乏逻辑性和系统性的被动设计工作，造成规划与设计的断层和建设的盲从性，使得设计不但不能满足人们的正常需求，还因某些投资者独特的偏好而与时代脱节，这不能不说是建筑师的悲哀。

2.3.2 制度方面——管理混乱化和律法缺失化

研究表明，以北京、上海、广州为代表的我国第一轮发生城镇化城市的城镇化率已超过75%，其特点是：新土地供应急剧减少，偏重对地块功能的升级换代。在这样的背景下，第二轮城市的城镇化已拉开序幕，几乎每一个城市的管理者们都借此机会提出各自的宏伟目标。对一些地方政府而言，推动地铁站域商业综合体的发展，不仅可提升周边地价而避免房地产投资增速过快下降，还可以通过商住综合体地块的进账来弥补目前土地财政所带来的亏空。不管最终经营结果如何，单单是项目的开工启动就足以对当地GDP形成巨大的拉动作用。表面上看似乎政府和开发商均可以从中攫取利润，但因对城市容纳能力的错误估计，不断进行重复浪费建设，加上地方政府做了推手却缺乏后续交通、住宅、人口安置等方面的支持，使得大型地铁站域商业综合体最终演变成"烂尾

---

① 张扬. 城市综合体之殇：急速膨胀或成泡沫 [J]. 楼市观察，2013（08）.

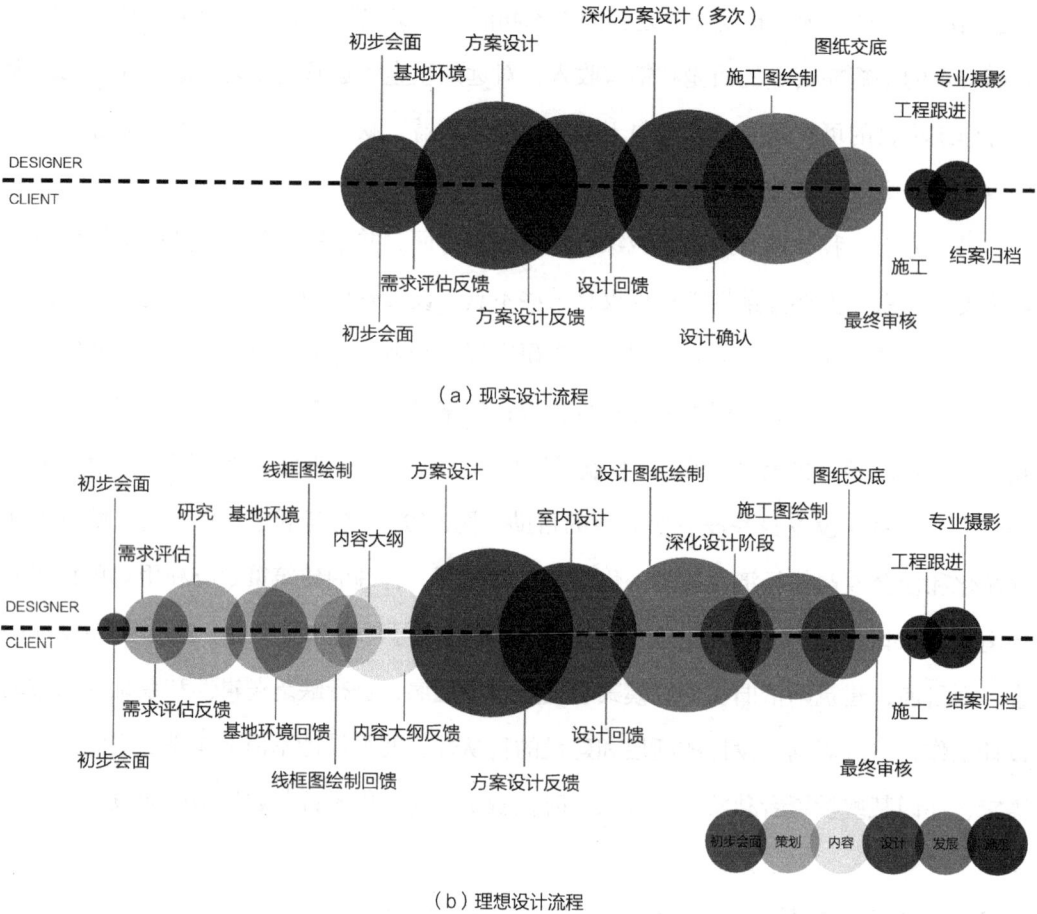

初步会面
基地环境
方案设计
深化方案设计（多次）
施工图绘制
图纸交底
专业摄影
工程跟进

DESIGNER
CLIENT

需求评估反馈
初步会面
方案设计反馈
设计回馈
设计确认
最终审核
施工
结案归档

（a）现实设计流程

初步会面
研究
线框图绘制
方案设计
设计图纸绘制
图纸交底
基地环境
室内设计
施工图绘制
专业摄影
需求评估
内容大纲
深化设计阶段
工程跟进

DESIGNER
CLIENT

需求评估反馈
初步会面
基地环境回馈
内容大纲反馈
方案设计反馈
设计回馈
最终审核
施工
结案归档
线框图绘制回馈

初步会面　策划　内容　设计　发展　满足

（b）理想设计流程

图2-19　设计流程对比

楼"、"空城"的惨淡景象。

地铁站域商业综合体的建立要求管理的专业性、综合性和系统性。我国针对行政管理体制的设置是遵循从中央到地方纵向配置、各级行政管理部门分别依据相关职能规定行使管理权的结构模式，坚持分门别类、各司其职、行业独立的服务纲领。而地铁站域商业综合体作为"浓缩城市"的存在，它的建设开发势必会涉及规划、市政、景观、人防、园林等十余个政府职能部门，各司其职的管理方式虽然保证了管理专业性的需求，但却造成了更多空间尤其是以地下连通部分为代表的开发管理多司共职[1]，甚至出现真空管理和交叉运作的问题。碍于权限设置的限制，面对诸如地铁站域商业综合体此类高

① 如，市政管理部门管理人行过街地道等基础设施类型的地下工程，地铁部门管理地铁工程，交通部门管理地下交通设施，建设部门管理地下管道建设和一般地下工程建设，等等。

度复杂的空间类型，多头管理的现象难以达到合情合理的管理目标，职责、权利、义务之间的关系始终无法摆脱由体制缺陷带来的模糊性和随意性。加上科学管理手段的缺乏，市场运营模式的缺陷和健全法律制度的缺漏，最终导致地铁站域商业综合体的建设运营显得更加不明和条理不清，不利于项目建设的统筹和对城市立体化健康发展的引导。尽管有些地方已经开始重视这方面的情况，提前进行一些预留设计，但在具体实施和执行的过程中，地铁站点连接空间因其灵活性太差，致使商业综合体依旧不能与其进行很好的搭接。加上不同工期预留衔接的错位、不同部门之间缺乏良好沟通等，都极大地削弱了地铁站域商业综合体应有的综合效益。

此外，在地铁站域商业综合体空间的开发利用中，立体化的空间建设是项目的核心关键，而我国现行的法律制度则缺少对城市"空间权"①的法律确认。长期以来，我国以平面控制线的布置作为界定城市空间使用范围的唯一手段，这种方式曾经对城市建设起到了很大的作用，但是，面对如今市场经济地位的提高、建造技术的发展和城市生活活动的复杂，城市用地建设管理体制应满足人的需求而被提高到一个新的层次，然而，即便如此我国对城市土地与空间立体化利用的控制与管理方式研究基本上属于空白，更别说对空间权进行完善的立法研究。目前围绕我国"空间权"规定有三个方面的问题：1. 没有对城市空间所有权的归属问题做出具体明确的规定，对其认识仍处于比较模糊的状态；2. 没有对城市空间范围界定的形式做出能够适合现代城市建设的规定；3. 由于我国土地所有权属于国家或者集体，所以在没有完整的空间法体系建立的条件下，相

---

① 所谓城市空间权，就是对城市空间的利用权，即权利人在法律规定的范围内利用城市地表上下一定范围内的空间并排除他人干涉的权利。空间权的概念产生于19世纪工业革命以后，随着城市土地利用的立体化，空间权具有独立的经济价值，演变成为一项独立的财产权利。20世纪20年代以后，由于城市人口急剧增加，美国进入一个前所未有的城市土地立体开发与利用时期，将土地上下空间的利用从土地地表分离出来，于一定高度水平予以分割，出让、出租某一被规定上下范围的地下、地上空间，以获取经济利益的现象不断发生。例如，齐肯多夫高价购买公园大道与东60号大街的基督教堂和格罗里埃俱乐部（Grolier Club）上方的空间使用权，以兴建可俯瞰中央公园园景的35层大楼，被业界指为进一步推高曼哈顿"空间权"价格的疯狂之举。这种以空中之一特定"断层"为客体而成立的权利，被称为"空间权"或者"开发权"。二战后的50年代末60年代初，日本现代城市中的土地问题开始在各大城市中逐步显现，城市的土地利用方式由原来的平面利用向立体利用转变，空间权的立法问题提上了日本议事日程。20世纪60、70年代，在城市空间立体化开发的宏观背景下，用地较为紧张的中国台湾效仿其他地区也进行了空间权立法。目前较为著名的空间权立法有：美国"俄克拉荷马州空间法"，德国"地上权条例"，日本的民法典，中国台湾的"大众捷运法"等。

关城市有时缺乏前瞻性^①。目前围绕地铁站域商业综合体建设相关的法律法规，多以针对地铁和针对建筑本体的形式分部出现，规章制度之间缺乏联系，相对孤立，在面对同一问题时不同部门（如城市规划、人民空防、土地管理）的规定出入变化大，整体协调性差，造成了开发的大量浪费，对实践指导作用不强。

2.3.3　设计方面——规划无序化和空间消极化

规划阶段是由设计走向实施的重要环节，同时也是地铁站域商业综合体进行搭接所发生空间建设环节矛盾较多的一个阶段。相对于经济和技术条件，真正对整个建设项目活动产生制约的是规划建设机制的问题。从政府机构的运作到法律法规的制定再到城市规划的设计，普遍存在观念滞后、服务不到位和协调运作不得力的现象。我国现行的规划方法对社会经济制度的变革没有做出相应有效的回应，对市场经济时代的适应性较差。首先，由政府为主导的自上而下的运作模式与市场运作模式有出入，其次，缺乏大量可行性分析和逻辑判断的非理性编制过程对城市规划的专业性、科学性和严肃性起到了极大的削弱作用；最后，以物质为基础的平面规划方法阻碍了其应有的社会价值及作用的发挥。在地铁站域商业综合体中，地铁与商业综合体本身的搭接一直是项目建设的重要组成部分，然而由于规划上的缺失以及相应设计监管不力等因素，在后期实施过程中受到来自多方面的阻力，即便最终得以解决投入使用，但现实往往与理想差距甚远，自身作用难以充分发挥，造成不仅没有缓解城市的交通压力，反而带来一定疏散隐患的尴尬处境。针对地铁站域商业综合体这一全新的设计类型，规划部门应结合地铁线路设计，在城市地铁站点建设之初，就要不仅考虑到最基本交通功能的满足，更重要的是要结合周边区域规划对商业、办公等功能的融合进行统一设定，从而使规划在更加紧凑平衡、高效合理的同时最大限度地激发项目活力优势。故而，以地铁站域商业综合体为突破口对填补我国当前规划方法上的空白具有现实意义，对完善城市规划体系和相关理论具有一定的推动作用，并为后续的发展建设提供相应参考。

另外，在面对包含众多功能的复杂建筑类型的地铁站域商业综合体，设计师的素养往往显得力不从心，导致目前建筑与城市交通大都缺乏合理组织，空间的开放性较差，

① 董贺轩. 城市立体化设计——基于多层次城市基面的空间结构［M］. 南京：东南大学出版社，2011.

忽视了与城市的有机融合。单体建设往往在开发商准则的指导下，为实现占地面积最大利用化而侧重内部自己的空间形态设计，各自为政，建设尽可能多的使用面积，导致地铁与商业综合体搭接的部分多为满足最基本功能和布局的需求而形成"通道式"的简单雷同，空间单一呆板，缺少个性，无法与周边建筑和设施融合渗透，周边建筑价值没有得到应有的提高。如上海五角场商圈，与10号线五角场站相连的有万达商城、百联又一城、大西洋百货、合生汇四个著名百货商城，尽管因其位置相对集中而形成新兴商圈，但联通地铁站和建筑本身的空间均为单一式通道，单纯为了连接而连接，建筑彼此之间也缺乏联系，极大地降低了地块潜在商机的发掘，削弱了步行网络活力的带动作用。在建筑内部与城市空间的连接方面，往往受迫于商业利益的驱动，过于强调使用面积和功能而忽视了对整体的把握，内部活动与外部街道的过分割裂造成步行环境的整体下降，从一定程度上减少了公众参与的可能和使用（图2-20）。此外，在立体化的空间处理

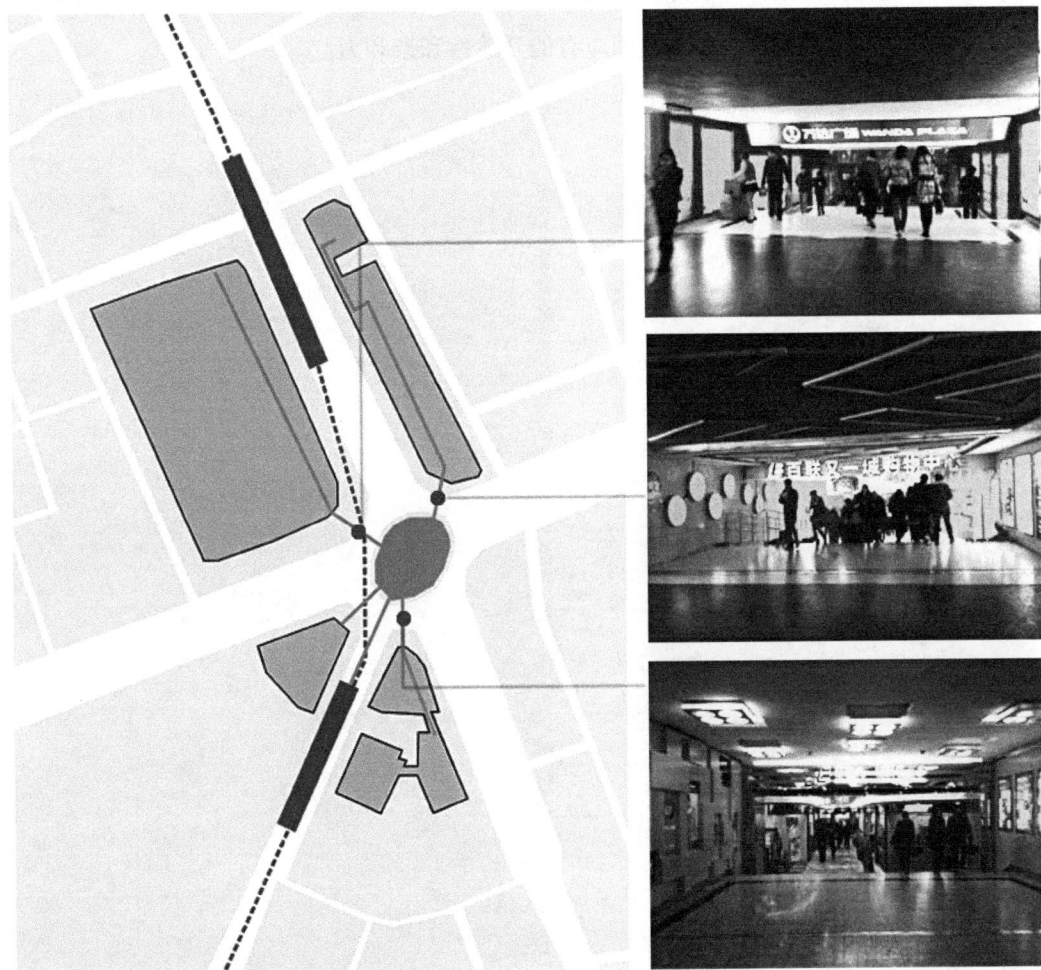

图2-20　五角场地铁站较为单调枯燥的搭接

中，敷衍设计的痕迹较为明显，对具体空间形态考虑不周，因缺少经验而出现的过大尺度室内空间被长期闲置。尽管管理者为了弥补设计所带来的空间浪费会组织诸如展销等公共活动来对其进行利用，带来暂时的人流聚集，但这种突发无序的动态流线却会对交通人流——空间的真正使用者，造成一定的交叉冲突，直接影响搭接空间的正常运转。

另一方面，地铁站域商业综合体因其功能的多样性而往往体型巨大，建筑构件和空间为了满足其使用要求也非常规尺度，于是作为公众使用频率极高的公共空间，应考虑到从"城市"到"人"尺度的转换，以适应人的需求和满足人的舒适度。然而目前很多地铁站域商业综合体并没有很好地做到这一点，与城市街道过大的尺度差别及生硬的转折均无法使原有的城市肌理和和谐的场所感得到有效延续。此外，由于综合体运营对大量人流的依赖，使得项目多处于城市中相对繁华的位置，但开发商为了达到使用面积的最大化，往往在建筑红线边界通过大面积实墙和玻璃幕墙的构筑形成封闭界面，打断了建筑与城市的有机衔接。即便方案中对类似空间有所考虑，也常常因对利益的追求而形成狭小拥挤的空间，失去了公共空间应有的开放性和亲和力。

第 **3** 章

城市层级视角下地铁站域
商业综合体的调配适应

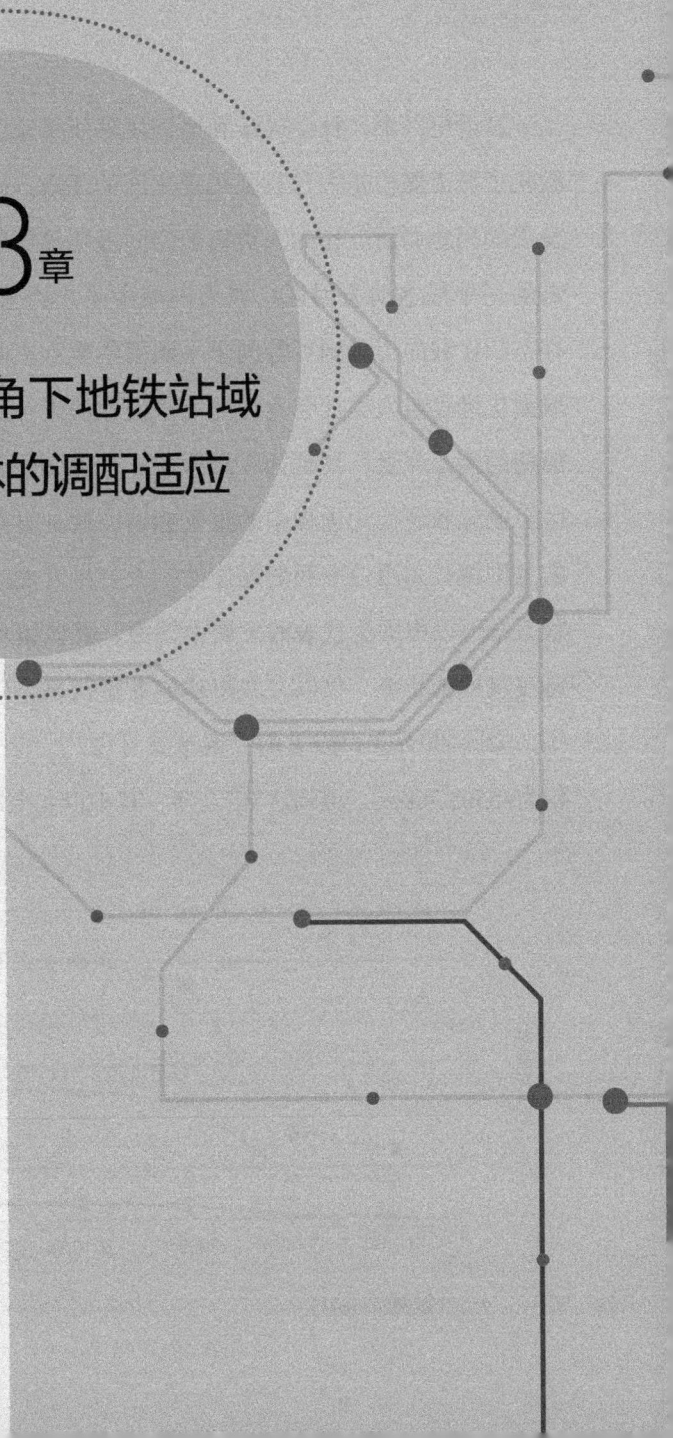

3.1 城镇化背景下的城市层级框架

21世纪以来，社会进步和经济发展所带来的人口急剧膨胀及城镇化水平的提高，激化了城市规模扩大与有限用地之间的矛盾，造成了城市与人类"争夺"赖以生存与发展的用地局面。作为人类拓展空间最明显的特征，城镇化进程要求是对城市空间诉求的一个根本动力因素。如果说城市是人类赖以生存发展的重要介质，那么人类生存空间发展的历史则可等同于不断聚集生存空间城镇化进程的历史。纵观历史脉络，城镇化进程与人类社会自身的经济文化演进一直保持着息息相关的联系，由工业革命前期的悄无声息，到现如今因人口、产业的快速聚集而导致城镇化成为一个国家或地区工业化和现代化进程中的重要标志。这一时期城镇化的主要特征便是城市人口规模的急剧增长和用地空间的爆炸性扩大。尽管发达国家的城镇化进程已处于相对稳定的状态，但以中国为代表的发展中国家，其城镇化进程在现今社会经济的推动下呈现出愈演愈烈的趋势。仅以大城市建成数量及城市建成区面积两项指标为例，截止到2012年，全国100万人口以上的大城市共有127个，比1995年增长了3倍以上。城市建成区面积为45565.76km²，增幅达7倍之多，其中以北上广为代表的巨型城市尤为明显（图3-1、

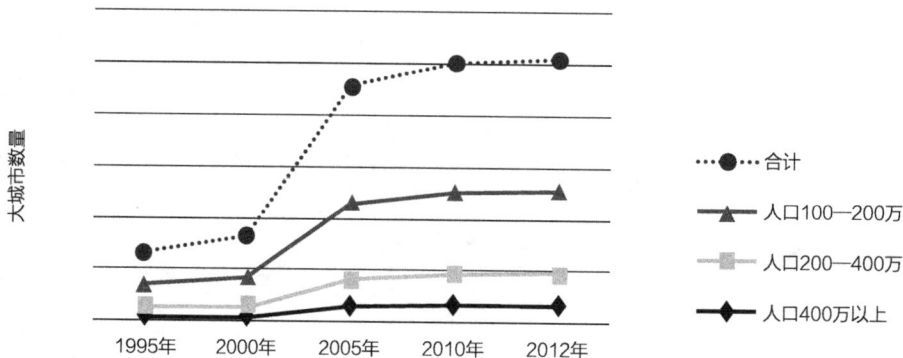

图3-1 大城市数量增长趋势

图3-2），从世界范围来看，中国正经历着人类历史上最大规模的城镇化，正如诺贝尔经济学奖获得者、世界银行前副行长斯蒂格利茨曾宣称："21世纪影响人类进程的两件大事，一是新技术革命，二是中国的城镇化"①。

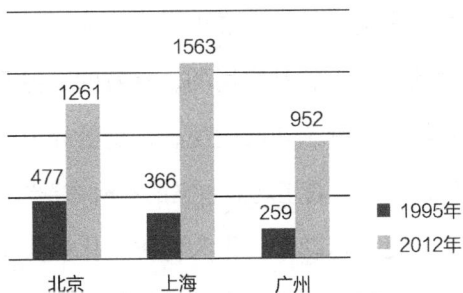

图3-2 城市建成区面积（单位：km²）

3.1.1 城镇化背景下的高密度城市空间

3.1.1.1 城市空间

城市空间多指城市不同功能要素在空间范围内的分布特征和组合关系，常被看作是社会经济结构的投影以及其发展的空间表征。针对城市空间的研究，除去城市规划领域方面的探索，往往还包含了社会学、经济学、地理学，等等。本章所探讨的城市空间更多的是基于城市交通发展背景下，对空间结构的引导和变革。根据城镇化对城市空间的推动作用，可将其发展大致分为缓慢进展阶段、分歧演变阶段和收缩垂直阶段三个时期：

1. 缓慢进展阶段（18世纪50年代之前）

18世纪50年代之前大都被认为是前工业化阶段，此时的城镇化进程大都缓慢且悄无声息，限于当时社会技术水平的发展，城镇大多依山傍水，极大地受到地理环境的制约，城市空间也因此呈现出朴素自然的有机属性，强烈的非正式性成为该时期城镇发展的主要特质。另一方面，鉴于当时特殊的社会环境，城镇大都以厚重外墙围合的形态出现，强烈的封闭性很大程度上限制了经济集聚功能的发挥，加上地理和交通条件的限制，城镇之间的发展往往是相对独立的，在区域范围内呈现点状形态分布。值得注意的是，尽管城镇化引导的城市空间变化相对缓慢，但对不同城镇空间结构的改变却起着决定性的作用，城镇彼此间往往有着自己鲜明的风格和特点，反映出了较大的地域文化差异。埃利尔·沙利宁（Saarinen）认为前工业阶段的城市空间"反映了居民需求，道路

---

① 董春方. 高密度建筑学［M］. 北京：中国建筑工业出版社，2012.

适合慢速运动，发展出了具有非正式、但却令人印象深刻的广场，它是实用的、有效的、熟悉的，最重要的是它给人一种亲切的愉悦感，是世界上最理想的一种城镇设计，一个真正功能主义的有机体"[①]（图3-3）。在随后的文艺复兴运动中，作为物质文化极大丰富下的一场思想变革，它促使城市由单一的防御功能逐步向艺术表现的焦点转变，并开始关注其内在的比例关系计算和相应的尺度空间特征。

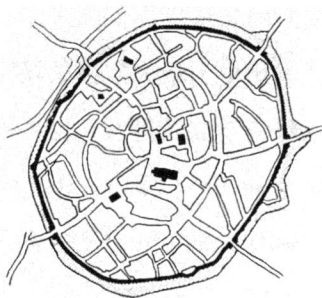

图3-3　诺林根城

2. 分期演变阶段（18世纪60年代~20世纪70年代）

18世纪工业革命的爆发带来了生产力的空前提高，以农业为主导产业的经济逐步向工业转变，人类社会也经历着由封建主义向资本主义过渡的变革，正是在这样的大环境下，城市更多地被意识到是一个充满生活实体的人工制品，被看作是不同时期不同身份阶层的历史象征表达。伴随着社会的发展和诸如电话、轨道交通技术的创新，1870年公共廉价交通系统的建立为城市空间发展提供了新的思路，大尺度空间范围交通通达性的提高以及交通网络的延伸，对空间分散起到推动作用，城市环境恶化和土地扩张促使郊区化成为城市发展的重要环节，并由此衍生出分散主义模式，其中以埃比尼泽·霍华德的田园城市[②]为代表（图3-4）。此后，在机动车私有化的刺激下，分散论逐渐走向顶峰并不断从自身理论与

图3-4　田园城与卫星城

图片来源：朱喜钢. 城市空间集中与分散论[M]. 北京：中国建筑工业出版社，2002。

---

① 劳拉·科尔比. 欧洲城市规划的历史：延续与变迁［J］. 宋壮壮，雷江帆，等译. 城市与区域规划研究，2013（01）.

② 田园城市的目的是建立被绿带（公园）包围的拥有一定比例用地的居住、工业和农田的自给自足的社区。受到乌托邦式小说《向后看》的启发，霍华德在1898年发表《明日之城：一条通往改革的和平道路》。他理想中的模式可以在6000英亩的用地上容纳3.2万的居民，形成包括开放空间、公园以及六条从中心向外放射的宽阔林荫道的向心布局。霍华德设想的一组田园城市是通过公路和铁路与5万人口的中心城市相联系的卫星城，田园城市将是自给自足的，当一座城市人口达到顶峰时，在其旁边再建另一座田园城市。代表城市如伦敦北部郊区的莱奇沃思（Letchworth）。

实践的矫正中向理性与理智的方向迈进，其发展历程可大致概括为：过度集中→疏散分解→适当的分散（对过度分散的控制）→分散中的集中（对适当分散的修正）。尽管分散模式在一定程度上对改善生活质量、缓解空间密度、优化内部环境方面起着积极的作用，但其带来的城市空间的无限扩张、交通需求的剧增及生活成本的提高则成为实践和理论方面的硬伤。

作为分散模式的对立面，集中模式在20世纪30年代得到发展。在面对住房、交通和新城中心的问题上，柯布西耶主张利用交通系统增加密度的方法来消除无序、拥挤和小尺度。他在1933年的《光辉城市》中提出：通过先进的摩天大楼建造技术，用事先规划的宽阔高速道路和开放空间内的高楼街区来替代原有的老城，从而完

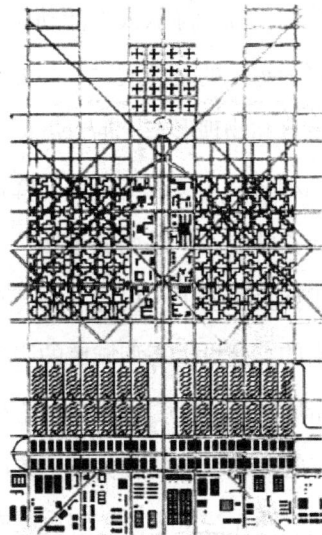

图3-5　柯布西耶的光辉城市

图片来源：柯布西耶. 光辉城市[M].金秋野，王又佳，译. 北京：中国建筑工业出版社，2011。

善土地功能复合①（图3-5）。这种高密度空间结构模式在人口密集的亚洲，诸如日本、中国香港等地区最为明显，为节约土地资源和提高公共交通效率带来了巨大的推动效应。无论是分散还是集中，它对城市空间的影响都不会是孤立存在的，任一方的偏执都只是阶段性的过程而无法持久。值得注意的是，伴随着技术的进步和城镇化的推进，交通要素对城市空间的塑造拥有着越来越多的话语权，正如工业革命带来的轨道交通及汽车对马车的代替，促使城市空间由高度集中转向分散，那么现如今对于环境的思考、节能减排的提倡和对城市交通的改变势必会导致城市空间的进一步转型。

3. 密集紧缩阶段（20世纪80年代至今）

如果说20世纪人们关注的是自身的发展，那么21世纪则更多的是注重整体的和谐。20世纪末面对日益恶化的环境和急剧增长的人口提出可持续发展战略，并在城镇化、改善生存条件和环境以及生态补偿等方面的刺激下逐渐形成了"紧缩城市"的理论。紧缩城市主张遏制城市的蔓延性扩张，通过对公共设施集中设置的可持续利用，减少交通距离所带来的废气排放以促使城市的发展。密集紧缩城市不但可缩减城市对周边生态环

---

① 劳拉·科尔比. 欧洲城市规划的历史：延续与变迁［J］. 宋壮壮，雷江帆，等译. 城市与区域规划研究，2013（01）.

境的侵蚀，降低人类活动对自然环境的影响，
更为重要的是可通过提高城市空间密度、功能
组合和物理形态上的紧凑度，减少对土地的占
用和对私人交通的依赖，降低城市运行的能源
与资源成本，进而满足城市发展的可持续性，
正如克里斯丁·史蒂西在《高密度住宅》中指
出的"建设生态型城市的当前目标，如果没有
密度和重建密度的概念也是不可能做到的"[1]。
尽管紧缩城市的相关理论依旧处于发展的进程
中，还无法从根本上解决高密度空间结构所带
来的环境品质下降等问题，但在人口爆炸和资
源紧缺的今天，密集紧缩理论依旧不可避免地
成为人们广泛关注的焦点（图3-6）。

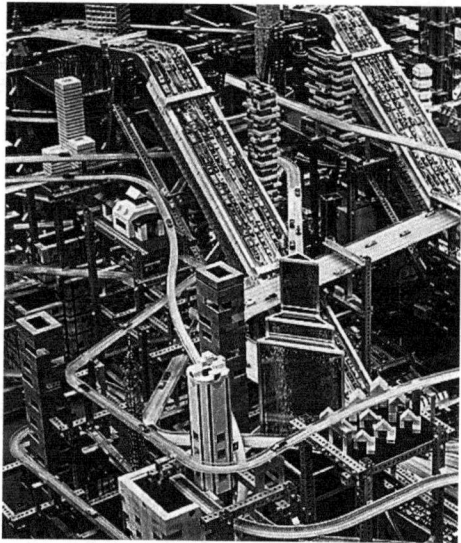

图3-6 未来城市中的交通

图片来源：央视网新闻中心，2012.01.15，http://
news.cntv.cn/20120115/109526.shtml。

3.1.1.2 城镇化背景下的我国城市空间研究

作为当下最激烈"造城运动"的主体，中国的城镇化进程受到了来自全球不同领域
不同阶层的广泛关注。对于欧洲一些人口密度不高的发达国家，城市空间是分散还是紧
缩仍有待讨论，但是面对人口膨胀和资源紧缺两大条件制约下的中国，密集紧缩模式的
空间结构则成为其唯一的生存发展选择。然而在目前城镇化的进程中，我们在得益于物
质极大丰富的同时，已不得不去面对城市化"大跃进"式的发展所造成的人口、土地和
交通等方面的尖锐矛盾。

1. 人口膨胀与城市空间的矛盾

在描述城市因人口急剧增长对人类文明价值所起到的积极作用方面，理查德·罗杰
斯（Richard Rogers）指出"城市从未容纳过如此之多的人口，城市人口也从未占世界
人口如此之大的比例，1950~1990年世界城市的人口增加到原来的10倍，从2亿增加到
20亿，人类文明的未来将出城市决定，并在城市中得到实现"[2]。尽管城市学者预测20

---

① 克里斯丁·史蒂西. 高密度住宅［M］. 高莹，管娴静，邓威，译. 大连：大连理工大学出版社，2009.

② 董春方. 城市高密度环境下的建筑学思考［J］. 建筑学报，2010（04）.

世纪末全球将有40座超大城市诞生，但却没有想到中国仅通过十几年的"城镇急行军"就拥有了39座超大城市，截止到2013年末，更是有88座城市的人口突破500万，其中有13座超过千万。20世纪80年代以来，世界新增城市人口的80%是通过中国和印度来实现的，中国的城镇化率也由1975年的17.3%上升到了2014年的54.77%，相当于每年约有1500万人口涌入各级城市县镇[①]。如果真如联合国人口基金所预测的那样"2030年，发展中世界的城市和城镇人口将占世界城市人口的81%"[②]，考虑到人口总量呈几何级数的递增，那么以中国为代表的发展中国家势必面临着比欧美工业发达国家更为严峻的空间诉求和挑战。众压之下城市空间的表现形式主要是数量的剧增和规模的扩张，并在与人类其他生存资源的争夺中无法避免地保持高密度拥挤的状态。值得一提的是，中国的城镇化率仅用了15年的时间便由30%提高到50%[③]，在这种"大跃进"模式发展的背后，针对城镇化率的统计更多的只是浮于表面的统计意义，而非具有与其相匹配的人文意义和经济意义[④]。

2. 土地稀缺与城市扩张的矛盾

一方面，在城镇化的推动下，因城市人口急剧膨胀而带来的城市空间扩张与土地资源稀缺的基本国情产生了一次又一次激烈的冲突。在过去20年的时间里，已经约有100万公顷的土地被永久地转化为城市建成区，这对一个以不到世界10%的耕地来养活世界21%人口的国家来说是非常严峻的[⑤]。全国人均耕地1.35亩，仅为世界人均水平的37.3%，而在不可撼动的18亿亩耕地红线范围内，中低产田的面积更是达到了70%之多[⑥]。尽管发展是硬道理，但在资源约束、利用和管理等一系列突出问题下，城市用地紧张的现状将在很长一段时间内无法得到根本缓解。触目惊心的数据提醒着我们：相对于城区空间蔓延性的扩展，集约紧缩的发展模式才更为理性并具有现实意义。

除去单纯因人口增加带来城市扩张压力的同时，另一方面对单位人口空间诉求的

---

① 数据来源：中华人民共和国国家统计局，http：//www.stats.gov.cn/。

② 导言，2007年世界人口状况报告，联合国人口基金，2007。

③ 世界城镇化率由30%到50%平均用了50年，英国用了50年，美国用了40年，日本用了35年。

④ 中国社科院拉美研究所所长郑秉文在2013年9月25日于北京举办的"转型期的城市化：国际经验与中国前景"国际学术研讨会上提出。

⑤ 数据来源：中华人民共和国国家统计局，http：//www.stats.gov.cn/。

⑥ 数据来源：央视新闻网，http：//jingji.cntv.cn/。

提高也是造成矛盾激化的众多要素之一。1986年至2000年的15年时间里，中国的城市人口增加了54.99%，与此同时城市规模却以125%的速度增长，城市扩张系数达到2.27：1，其中70%的城市扩张是源自人均对更多城市空间的扩张需求，从1949年中国城市人均居住面积不足4m²到2012年的32.9m²，城市人均居住面积的增长达到

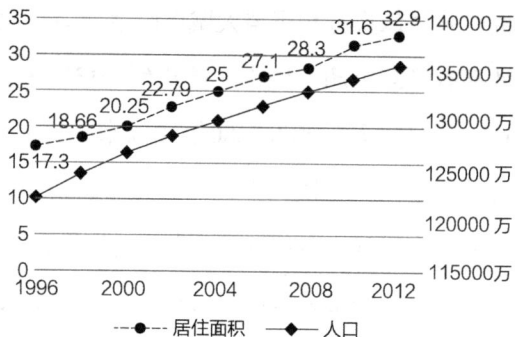

图3-7 人均居住面积与人口指数之间的关系

了823%[1]（图3-7）。城镇化带来的社会进步和物质条件的改善导致个人对更大居住空间的需求，同时科学技术与生产力水平的提高则带动了闲暇时间的增多，于是城市便不可避免地要提供满足公共与私密、集中与分散的空间领域使用，有关中国的灯光指数不仅见证了中国近现代人口膨胀下的城镇变迁过程，同时也展示了因物质财富剧增而导致的对城市空间更多诉求的过程。

3. 高效运转与城市交通的矛盾

城市空间结构从宏观上规定了城市交通的形式和基础，城市交通则在日常高效运转的前提下对城市空间进行一定的约束和反馈。交通方式的进步势必会带来城市发展空间在短期内的迅速扩大，如果说城市的蔓延一定程度上归功于私有汽车的蓬勃发展，那么面对今天高密度、低资源下的城镇化进程，膨胀的人口和持续走高的私家车保有量，则让很多城市交通不堪重负。根据一份《2014年中国主要城市交通分析报告》可得知："部分特大型、大型城市拥堵延时指数均在2以上，即因为交通拥堵，公众出行需花费非拥堵状态下2倍以上的时间到达目的地"，其中上海以拥堵延时指数[2]2.16的成绩排名榜首，杭州和北京位列二、三[3]名。交通问题已成为制约我国城镇化建设中的关键性环节，众多城市对此纷纷出台了相应的政策，如限免、限行、限购以及提高对排污费、停车费的征收等。然而，各种"限"也没有从根本上改变人们对汽车的刚性需求，各种"征"也没有遏制汽车数量的增幅，反而加剧了乱停乱放的不良社会现象。私家车保有

---

① 董春方. 高密度建筑学［M］. 北京：中国建筑工业出版社，2012.

② 拥堵延时指数=交通拥堵通过的旅行时间/自由流通过的旅行时间。

③ 朱志宇. 大数据说：原来"首堵"不是北京！［N］. 中国汽车报，2014.09.19.

量过多和公共交通发展相对滞后，成为困扰城市发展的一大顽疾。此外，在我们还在因交通拥堵而痛苦忍耐时，雾霾则以其"迅雷不及掩耳之势"出现在众人面前并迅速风靡全国。在2012年北京环保局发表的一份声明中，将PM2.5来源的22.2%归功于机动车尾气的污染。各项事实都一再提醒我们，城镇化进程遇到人口膨胀、资源紧缺的基本国情而产生的问题，势必更为尖锐复杂。

综上所述，尽管人口膨胀和城镇化进程均对空间有着更高的诉求，但在资源紧缺的基本国情压力下，高效集约地利用土地和紧凑立体地发展交通是城市空间发展的必然选择。除了符合资源的合理利用外，高密度紧缩的城市格局还对城市成本的降低、公共交通的普及利用以及基础设施投资的节约方面起到一定的积极作用。

3.1.2　我国地铁交通的发展概况及特征

在社会发展和科技进步的带动下，高度机动化和私有汽车的普及已成为不可撼动的趋势之一，然而众多西方国家城市的发展过程告诉我们：高密度饱和的道路网资源永远赶不上私家车保有量的上涨速度，空间和需求的矛盾在这一点上似乎永远找不到理想的天平。面对我国人口膨胀、土地紧缺、经济总水平依旧不高的基本国情，在高密度紧缩的空间范围里通过大力发展公共交通来解决现有的高强度交通需要，是未来一段时间内城市交通体系发展的基本战略选择。在这种情况下，以实现高安全、高效率、高速度的轨道交通迅速成为众多城市的首要考虑对象，尤其是针对濒临崩溃的巨型城市交通，以地铁为主体的轨道交通建设更是成为其发展的唯一方法和出路。表3-1对比了不同出行方式对空间的占地影响。

交通方式单通道宽度、容量、单通动态占地面积比较　　　　　　　　表3-1

种类	方式	单通道宽度（m）	容量（万人/h）	运送速度（km/h）	单通动态占地面积（m²/人）
私人交通	步行	0.8	0.1	4.5	1.2
	自行车	1.0	0.1	10～12	2.0
	小汽车	3.25	0.15	20～30	32
公共交通	公共汽车	3.5	1.0～1.2	15～20	1.0
	轻轨	2.0/3.5	1.0～1.3	35	0.2
	地铁	0/3.5	3.0～7.0	35	0～0.2

资料来源：韩丽. 轨道交通对城市空间发展作用的研究[D]. 南京：南京林业大学，2005。

3.1.2.1 我国地铁发展历史及现状

回顾我国地铁40余年的发展历程，可大概将其分为三个阶段：

1. 萌芽探索期（1969年~1980年）

作为我国第一条地铁，北京1号线的开通具有划时代的意义，这条在当时看来十分"奢侈"的规划决策，在"战备疏散为主，兼顾城市交通"思想的指导下，于1969年10月1日顺利通车，东起北京站，西至苹果园，全长24.17km（包括至今未开放的军用线），设17座车站和一个车辆段。随后天津于1976年开通1号线，成为我国第二个拥有地铁的城市。地铁的开通在一定程度上缓解了城市道路交通拥挤的状况，但相对于当时的社会发展并未起到明显的积极作用，也未形成相应的轨道交通网络。

2. 调整徘徊期（1980年~2000年）

在1980年到2000年之间，以北京复八线（13.6km）、上海1号线（21km）、广州1号线（18.5km）为代表的地铁线路的相继开通，标志着我国正式将地铁划入解决交通问题的战略部署。该阶段的摸索总结为后期地铁飞跃发展打下了坚实的基础，积累了丰富的经验，锻炼了一批地铁建设管理、设计、施工及设备生产的技术人员与队伍。与此同时，在北京、上海、广州巨型城市的带动下，诸如南京、成都、重庆等省会、直辖市也开始纷纷上报建设地铁交通项目。另一方面，由于对社会发展和经济能力的错误估计，地铁建设因其造价高、全进口的"昂贵"身份而备受质疑。在此情况下，国务院于1995年下发文件，要求暂停除上海2号线以外的所有项目，并要求各城市做好发展规划的同时，大力推进地铁的国产化进程。直至1998年，国家计委提出以深圳1号线、上海明珠线和广州2号线作为城市地铁设备国产化项目的依托，地铁建设才又重新起航。

3. 高速发展期（2000年至今）

进入21世纪以来我国各大城市在经济的刺激下，私家车保有量迅猛上涨，仅3年时间便突破1000万辆，城市空间也在私家车增量的刺激下不断蔓延扩展。然而中心城区人口的高度集中及城市结构显著的单中心形态，造就了我国大城市交通严重拥堵，严重阻碍了社会的发展和城镇化的进一步推进。为解决这些问题，各大城市根据自身情况纷纷提出"以公共交通为导向的多中心城市空间"理念，标志着以地铁为主体的轨道交通从单一"解决城市交通"为目的向"解决城市交通，引导空间发展"的建设转型。同时，针对地铁建设，国家推行了积极的财政政策，从资金上给予强有力的支持，先后投入40亿元国债资金，批准包括武汉、杭州、成都等10多个城市的地铁项目，并在"十一五"

规划纲要中提出:"加快轨道交通的规划建设,强化轨道交通在城市交通中的地位和作用,注重轨道交通新技术的应用,在大城市逐步实现以地面常规公交为主体,以轨道交通为骨干的城市交通体系过渡"[①],中国正式步入以地铁为主体的轨道交通高速发展期。2007年到2013年,轨道交通运营里程的年均增长量为22.7%,项目总投资更是达到惊人的1.23万亿[②](图3-8)。

在随后国务院印发的《2013年关于加强城市基础设施建设意见》中明确地指出"鼓励有条件的城市按照'量力而行、有序发展'的原则,推进地铁、轻轨等城市轨道交通系统建设,发挥地铁等作为公共交通的骨干作用,带动城市公共交通和相关产业的发展"[③],更加肯定了发展地铁建设的决心。截止到2014年6月,全国共有19个城市(不含港澳台)开通了轨道交通运输系统,正在建设或已经获得国家批复正进行前期筹备的城市共有13个[④]。地铁建设累计里程达2204.5km,其中上海以576km跃居世界城市地铁运营里程第一(图3-9),北京则以年运输32.1亿人次位列世界城市地铁运输量第一[⑤](表3-2)。

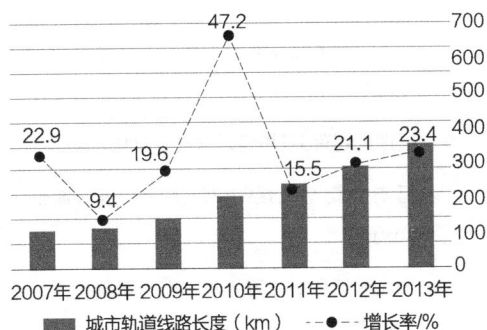

图3-8　城市轨道线路增长示意图

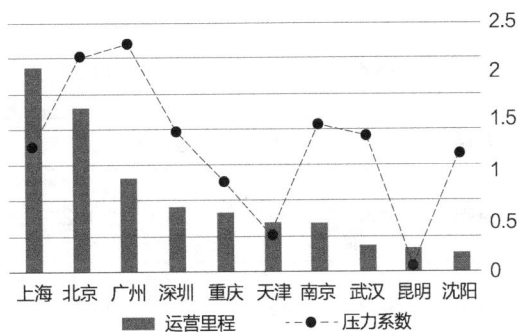

图3-9　运营里程前十名的城市及相应的压力指数

① 张江宇. 中国轨道交通发展与规划[J]. 建筑机械,2007(05).

② 数据来源:中国统计网,《中国统计年鉴》2005~2013。

③ 国务院关于加强城市基础设施建设的意见,中华人民共和国中央人民政府,http://www.gov.cn/zwgk/2013-09/16/content_2489070.htm。

④ 已经开通的城市除了长春、大连以外,其他城市均以地铁为主,正在建设地铁的城市有:福州、南昌、青岛、南宁、合肥、兰州、石家庄、厦门、太原、乌鲁木齐、贵阳、中山、东莞。

⑤ 数据来源于RET睿意德商业地产研究中心。

中国城市地铁交通数据统计（截止到2014年6月） 表3-2

城市	已通车线路					备注
	运营里程(km)	车站总数(个)	线路总数(条)	压力系数	日均客运量(万人次)	
上海	576	329	14	1.25	685	2013年共运送旅客25亿人次，最大客运量为938.1万人次，计划2020年总里程达到808.78公里
北京	463.1	280	18	2.16	1000+	日均客流量超过1000万人次，预计2020年运营里程突破1000公里
广州	257.6	153	9	2.29	590	轨道交通利用率全国第一，峰值压力系数达到3.045，远期规划里程超过750公里
深圳	178.9	131	5	1.4	250	客流量占全市公共交通运输的四分之一，远期规划里程超过700公里
重庆	168.4	96	4	0.89	150	近期规划通车运营里程420.1公里
天津	139.4	95	5	0.36	50	预计到2020年总规模达到1000公里
南京	129.1	74	4	1.46	124	目前大陆唯一盈利的地铁
武汉	73.4	61	3	1.362	100	首条穿越长江的地铁，目前在建线路规模全国第一
昆明	62.4	26	3	0.05	2	近期规划有6条线路，总长度为162.6公里
沈阳	55.0	44	2	1.182	65	历史最高客流量91.7万人次，压力峰值1.667
苏州	52.2	46	2	0.479	25	最大客流量45.3万人次，压力系数最大达0.868
西安	52.0	44	2	1.212	63	最高客流达91.87万人次，压力极值为2.000
成都	49.7	43	2	1.489	74	中西部第一座开通地铁的城市
杭州	48	34	1	0.625	30	国内一次建成运营最长的地铁线路，压力峰值为1.273
郑州	25.4	20	1	0.591	15	总投资1000亿元，最高30万人次，压力峰值1.181
长沙	22.3	19	1	0.762	17	预计2020年通车达234.3公里，届时公共交通占全方式出行量的35%，轨道交通占公共交通出行量的40%
宁波	20.9	20	1	–	–	2014年5月30日1号线开通
哈尔滨	17.7	17	1	0.791	14	最大运量21.84万人次，压力峰值为1.234

续表

城市	已通车线路					备注
	运营里程(km)	车站总数(个)	线路总数(条)	压力系数	日均客运量(万人次)	
佛山	14.8	11	1	–	–	国内首条城际地铁

注：压力指数，每公里载客量压力系数=日均客运量（万人次）/运营总里程（公里），表示地铁系统的利用率。

　　尽管我国地铁在各方面政策的扶持下呈现高速发展的态势，诸如北京、上海、广州等巨型城市纷纷构建出相应的线路网络构架，极大地缓解了城市交通拥堵的现状，提高了地铁运输所在城市出行比例中所占的份额，然而目前的线网密度与国外大城市仍有不小的差距。此外，中区城区的地铁密度过于平均与实际的交通状况以及城市形态不相符合。在世界级的大城市里，地铁在重要城市功能区位往往呈现出密集的分布态势，诸如日本东京站区，密集分布的18条地铁线路有效地将客流输送到周边，并与外区庞大的市郊铁路相接轨，形成著名的首都都市圈轨道交通系统，而相对来说只有4条线路的北京CBD显然不足以满足庞大的交通运输量。目前以北京、上海、广州为代表的地铁线网密度已与世界其他大城市密度大致相当，但在人口压力的现实环境下，地铁的大批量建设依旧不能满足客运量的实际需求。从表3-3中可看出，北京、上海、广州的人均线网密度约为0.25km/万人，而国际其他大都市如纽约则达到了0.48 km/万人，巴黎和东京甚至高达0.89km/万人，如图3-10所示。

我国城市与世界城市线网密度和人均密度对比　　　　　　　表3-3

城市	市区面积（km²）	市区人口（万人）	线网长度（km）	线网密度km（km²）	人均密度km（万人）
北京	1231.3	1742.5	463.1	0.37	0.26
上海	998.75	2021.8	576	0.57	0.28
广州	990.11	1102.3	257.6	0.26	0.23
纽约	786	833.7	373	0.47	0.48
巴黎	105.4	248.3	220	2.1	0.89
东京	13400	3680	3304.1	0.25	0.89

注：由于东京城铁已成为日常生活中与地铁紧密相连的一部分，故数据统计中的线网长度包含城铁长度，面积则为整个东京都的面积。

资料来源：作者根据资料自行整理，原始数据来源维基百科：http://zh.wikipedia.org/wiki/。

另一方面，地铁建设虽被列入城市总体规划以构建城市空间网络，但在城市设计的层面上并没有引起一定的重视。以北京国贸站为例，作为CBD的核心站点目前开通的出入口只有8个，而这些出入口也仅仅是承担了联系乘车人流的作用，作为站点的设计并没有从空间上与周边建筑相互整合。而东京新宿区除了有200个出入口的支撑，在地下还存在2km的隧道与周边建筑相连，对地面交通起到了良好的"替代"作用。

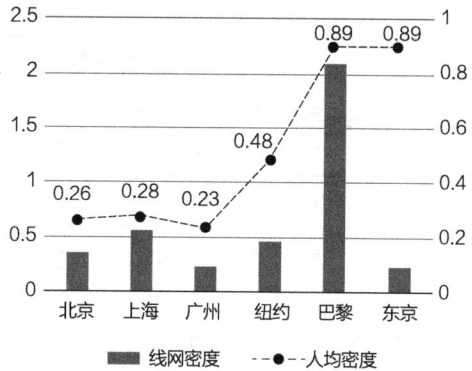

图3-10 线网密度与人均密度对比图

3.1.2.2 我国地铁建设的特殊性

1. 复杂的基础环境

西方发达国家相对稳定的人口及城市规模与我国快速城镇化进程下的人口膨胀、城市空间扩张形成了鲜明的对比。发达国家多集中于城市稳定结构下的区域交通模式探讨，而以中国为代表的发展中国家则更多地关注在解决城市交通拥堵的前提下，交通发展与城市扩张以及新城彼此之间的联系问题。人口急剧膨胀和用地严重紧缩的基本国情造就了高密度的城市空间、较大的生存压力以及负重不堪的交通环境，以地铁为主导的轨道交通因此应运而生并迅速成为解决城市交通矛盾的"救星"。在众多方面的努力支持下，地铁展现出庞大的运输力，2013年北京地铁客运量达32.09亿人次，上海25.06亿人次，广州19.9亿人次，但与其他国家相比，庞大的地铁网络系统在中国巨大的人口基数面前，仍感到无力。北京地铁仅占出行总量的20.6%，上海提出在2020年将中心地铁交通出行的比例提升至20%~25%，广州则提升至22.8%[①]，这与其他分担比例普遍在50%以上的国际大都市仍相差甚远。另一方面，截止到2014年，全国同时开工建设地铁的城市总计34个，尽管车辆设备的国产化及技术水平的提高已大大缩减了政府开支，但庞大的财政投入仍旧令人咂舌。除此之外，建设过程中诸如在建筑物拆迁、住户安置方面的

---

① 数据来源：中华人民共和国国家发展和改革委员会，http：//www.sdpc.gov.cn；中华人民共和国交通运输部，http：//www.mot.gov.cn.

支出，也令建造者苦不堪言。有资料表明，北京地铁建设时期这部分费用占到总费用的10%~15%，有的城市个别路段甚至高达50%~70%[①]。

2. 贫瘠的建设经验

地铁因其高速度、大运量、少占地的特点成为大城市解决交通问题的首要选择，但却也因其造价高、工程复杂、不易改动的特点成为规划过程中需要不断探讨的谨慎选择。然而在我国城镇化的"大跃进"下，地铁建设的"跟风运动"愈演愈烈，营运里程与出行量利用率不成比例，部分线路的设定经不起推敲，似乎仅仅是图面上一条色彩斑斓的线条。世界上第一个建设地铁的城市——伦敦，用了147年修建了408公里，纽约地铁历经106年总线路达到370km，巴黎地铁则用了110年达到了215km[②]。反观国内城市，北京仅用了44年即修建了463km的地铁，而上海更是在短短的18年时间里便以576km的运营里程一跃成为世界之最，创造了世界地铁建设史上的奇迹。然而在快速发展的背后，由于质量问题引起的塌方事故、建设以后某些线路的低利用率以及因标准缺乏而导致的后期运营管理困难，却不断印证着前期规划设计的重要性。相对于我国"高速盲目"的建设，日本严谨的设计理念更值得我们深思。以日本地铁营团南北线溜池山王车站为例，从计划到设计花费了5年时间，车站设计者认真研究各种不利边界条件，通过调研和详细计算，不但解决了各种不利地质条件、近距离高层建筑、与正在运营的既有地铁线和高速公路交叉、狭小建筑空间工序的相互影响等诸多难题，而且结合新旧建筑物以及与周边环境的相互关系，统筹考虑，详尽规划多层地下空间的开发利用，建造全新式样的多个出入口，最大限度地保护环境[③]。

如果说地铁"大跃进"式的发展不能仅仅通过经济上的得失来进行衡量，那么在网线设计上体现出的不尽人意则是不可忽视的问题。理想的线路规划应满足四面八方的地铁于中心汇集后，再分散到各方。通过这种换乘点、重合线路的设计，可有效促进市中心客流的疏散，合理配置资源，提高交通体系的整体运行效率。如每条线路以12分钟的频率发车，中心区却因有4条线路的汇集，而将发车频率降为3分钟，大大减轻了通行

---

① 城市规划记者组. 中国城市轨道交通：步履维艰的行程［J］. 城市规划，1995（01）.

② 中国地铁大跃进：多城市加入地铁俱乐部隐患显现，中国经营网：http://www.cb.com.cn/deep/2012_1023/421602_2.html.

③ 高云胜. 浅谈东京地铁的建设理念［J］. 北方交通，2009（04）.

压力。然而目前国内地铁线路设计对此并没有足够的重视，线路规划依旧缺乏足够的科学依据。如图3-11所示，我们可以清晰地看到，在地铁站设置的总数上与国外大致相当，但作为交通枢纽节点的换乘站均摊到每条线路上，其数量仍存在较大差距。根据表3-4，以国内地铁线路网结构相对健全的北京、上海、广州为例，其平均数量约在2.4个，换乘站数量占车站总数量的13%。对比其他国际大都市，诸如东京线网结构，其换乘站点平均到每条线路为4.3个，伦敦更是达到了6.6个，所占车站总数量的比值也均达到24%以上。另一方面，与线路规划同等重要的站点设计似乎也有些差强人意。以武汉2号线为例，从光谷广场站以东的众多高校和住宅区步行到地铁站需要花费半小时甚至更久，有时还会被堵在地下通道里，很多人被迫改选汽车出行，无疑更加剧了地面的拥堵[①]。

　　除此之外，与对地铁盲目推崇相反，对市郊轨道的过于忽视也成为阻碍城市交通系统建设的一大弊端。同济大学交通运输工程学院教授顾保南认为"在中国市郊轨道的概念还未成熟，但在国外市郊轨道甚至比地铁还重要，纽约地铁总长369km，市郊轨道总长1646km，巴黎地铁215km，市郊轨道1873km，东京地铁326km，市郊轨道3638km，而北京和上海市郊铁路总长分别为77km和97km，即使加上规划中的360km和428km，依旧相形见绌"[①]。因此，针对市民居住生活的郊区，还应在考虑市郊铁路与地铁如何搭接的基础上，完善相应的交通线网规划。

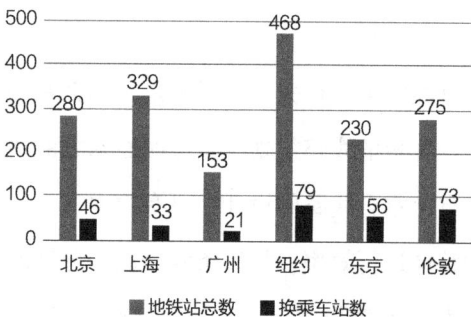

（a）国内外城市地铁站数量与换乘站数量对比　　　　　（b）国内外换乘车站占总车站数量的比率对比

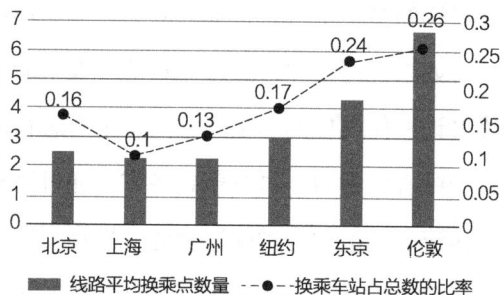

图3-11　国内外城市换乘站数据对比

---

① 肖纯. 地铁城市：不能唯长度论［N］. 长江日报，2014.01.16.

北京、上海、广州与国外部分城市换乘车站数据对比　表3-4

城市	地铁站总数量（个）	站点间距（km）	线路数量（条）	换乘车站数量（个）	双线换乘数（个）	三线及以上换乘数（个）	线路平均换乘站点数量（个）	换乘站占总数的比率
北京	280	1.76	18	46	43	3	2.5	0.16
上海	329	1.82	14	33	32	11	2.3	0.10
广州	153	1.78	9	21	20	1	2.3	0.13
纽约	468	0.84	26	79	45	34	3.0	0.17
东京	230	1.34	13	56	36	20	4.3	0.24
伦敦	275	1.54	11	73	45	28	6.6	0.26

资料来源：根据资料自行整理。

3.1.3　城市层级下地铁建设与城市空间的互动

自古以来城市空间与交通系统之间便存在着复杂的互动关系，一方面城市空间从宏观上决定了城市交通的结构，不同的空间格局必然有着不同的交通需求和系统与之适应，空间格局的改变导致交通设施的供给和线网布局的变化，从而引发整个系统的新一轮变革。另一方面，城市交通对空间的发展起着潜移默化的引导作用，并逐渐成为空间演化的主要推手，线网的合理规划及交通设施的进步对可达性的提高，成为促进空间扩展的基础要素和关键因子。大量研究表明，城市空间与交通系统两者的作用过程呈现出双向反馈的动态关系，彼此之间在相互制约和影响下，逐渐形成一个互动循环的作用环，而以地铁为主体的轨道交通与城市空间之间的互动关系，则以更加鲜明的方式跃然于历史舞台。

3.1.3.1　地铁建设引导城市空间的理论指导支撑

1. TOD模式

TOD模式最初源于美国，是在对私家车所引导的城市蔓延反思的基础上以及新城市主义理论兴起的前提下，将城市现状与传统模式相结合，强调以公共交通为导向的土地混合利用的交通战略。结合新城市主义代表人物卡尔索普对TOD的定义[①]可以发现，

① 卡尔索普认为：TOD是一种土地混合使用的社区，社区边界距离中心的公交站点和商业设施大约400m，适合步行。社区的设计、布局强调创造良好的步行环境，同时客观上起到鼓励公共交通的作用。

由TOD思想指导下的城市空间更多地关注相对高密度的、紧凑混合的开发，优质高效的公共交通，以及与人友好的环境[①]。在宏观层面上，侧重以公共交通为依托、组团节点之间紧密结合的规划方式；中观层面上，侧重以集约高效的规划为指导、土地利用围绕公共交通的开发方式；微观层面上，则侧重以土地利用的高强度、高混合度为原则，综合周边功能并布置良好的步行环境的建设方式（图3-12）。针对我国

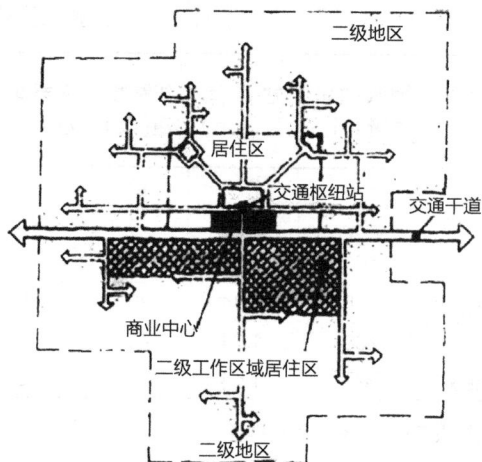

图3-12 TOD及二级地区的功能网络组成

人多地少的基本国情，轨道交通作为大容量、高效率公共交通的代表，是21世纪解决我国超大城市交通问题的首要选择，于是从某种意义上来说，对TOD的研究即是对轨道主导的TOD研究。

轨道主导型TOD的开发战略一方面强调在大力发展高效率、大运量、环境友好的轨道交通的同时，与其他交通系统及步行系统紧密结合，从而减少私家车的使用和需求；另一方面侧重通过对站点及周边地区土地的高密度开发和混合功能建设，最大限度地提高轨道交通对市民的吸引力，从而扩大公共交通在出行中所占的比例份额。图3-13对比了三种不同形式的TOD系统所对应的城市形态，结合我国大城市发展现状，在对原TOD理念理解的基础上，可将轨道主导型TOD模式的特点概括为以下三点：

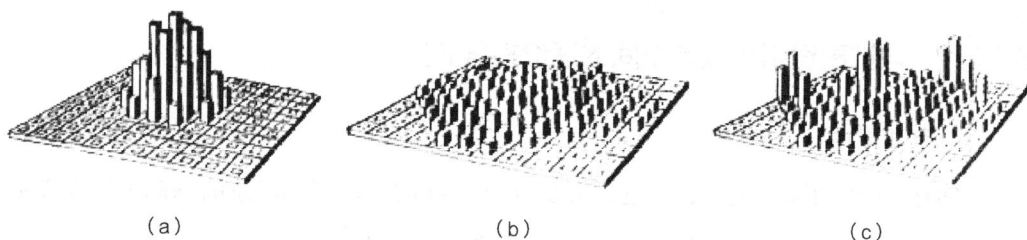

（a）　　　　　　　　　　（b）　　　　　　　　　　（c）

图3-13 马车系统、小汽车系统、轨道交通为主的TOD系统所对应的不同的城市形态
资料来源：赖志敏. 轨道交通车站地域的集中开发[J]. 城市轨道交通研究，2005（02）。

---

① Loo B P Y，Chen C，Chan E T H. Rail-based transit-oriented development: Lessons from New York City and Hong Kong [J]. Landscape and Urban Planning，2010（03）.

（1）轨道交通因其高速度、大运量的特点，极大地改善了城市经济发展的软硬件环境，既促进了城市物质流、能量流、信息流的高速循环又有效降低了各层级之间交易的成本，缓解了城市的交通压力。

（2）以轨道交通为骨干的规划引导可缓和不同阶层之间的矛盾，原有的单中心结构逐渐向多中心组团发展，既避免了摊大饼式无节制的扩张

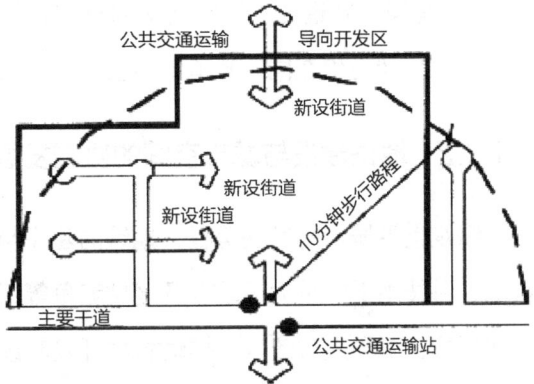

图3-14　TOD开发区的步行系统示意图
图片来源：刘皆谊. 城市立体化发展与轨道交通[M]. 东南：东南大学出版社，2012。

又可以使社会不同阶层以较低的成本享受生活中近似同等的便利。

（3）TOD的核心在于土地利用的高度集约，而轨道主导型的TOD则在强调高效利用的同时还对站点的立体化建设提出了更进一步的要求。通过立体公共空间与慢行交通的设计将居住、商业、办公与轨道交通节点相互整合为邻里单元的24小时功能交混生活圈（图3-14）。此外，多维立体化的布局促使大众运输、轨道交通节点与建筑单体间具有更多衔接的可能，对TOD中零换乘理念的实现具有一定的积极意义。

2. 廊道效应

城市中的廊道根据其生成条件可大致分为自然廊道（如河流）和人工廊道（如道路），包含流效应和场效应两种模式。廊道效应的根本动力源于其所蕴含的经济体，并伴随经济体的扩散，以主干线为中心呈现出由强及弱的衰减态势。由轨道交通建立所产生的廊道效应则更多地偏重于场效应，地铁建设在提高沿线土地可达性的同时，扩大了城市空间范围，提升了沿线土地的经济价值，逐渐形成了以站点为核心，珠链式的城市结构和高强度的开发走廊。此外，地铁聚集的大量人流大大促进了周边商业的繁荣和发展，而商业的繁荣和发展则进一步提高了地铁的利用率，不难发现一个城市的商业廊道与地铁廊道往往具有相当高的重合度，在城市形态上则以高层建筑走廊表现出来。

廊道沿线的地区已成为城市的新增长点，促使城市空间和土地格局随之进行相应调整。值得注意的是，轨道交通针对不同城市性质的用地会产生不同方向、不同强度的作用力，其中对住宅用地和商业用地的吸引最为明显，而对工业用地则具有明显的排他性。另外，由于廊道效应的辐射范围与源头的经济总量、扩张能力和城市规划的导向有

关①，于是同一廊道在不同空间中的衰减趋势也会因土地利用的不同而具有不同表征，如城市地价和房价在同一轨道沿线会呈现出较大的差异等。

3.1.3.2　地铁建设与城市空间的协调发展模式

纵观世界城市的发展历程，地铁的建设与发展受到来自政治决策、社会制度、经济状况、科技水平、重大活动以及区域竞争等不同领域、不同要素的影响，它在促进城市空间形成，引导人口疏散，推动新城开发和改善旧城结构方面起着重要的积极作用。而作为众多要素中的主导因子，城市空间与地铁建设之间的互动关系则表现为非固定时间阶段的单一/混合类型。一方面，作为解决城市交通问题而出现的地铁，势必要适应城市空间结构的发展方向，优化城市布局；另一方面，由于无法忽视地铁为土地利用所带来的巨大改变和刺激作用，城市结构应在地铁建设的引导下，综合其他要素做出相应的调整适应。国外的地铁建设发展较早，以地铁引导城市空间发展的代表性城市有：瑞典的斯德哥尔摩②、日本的东京③、丹麦的哥本哈根④等，如表3-5所示。

轨道交通对城市空间的引导　　　　　　　　　　　　　　　　　　表3-5

斯德哥尔摩	图示	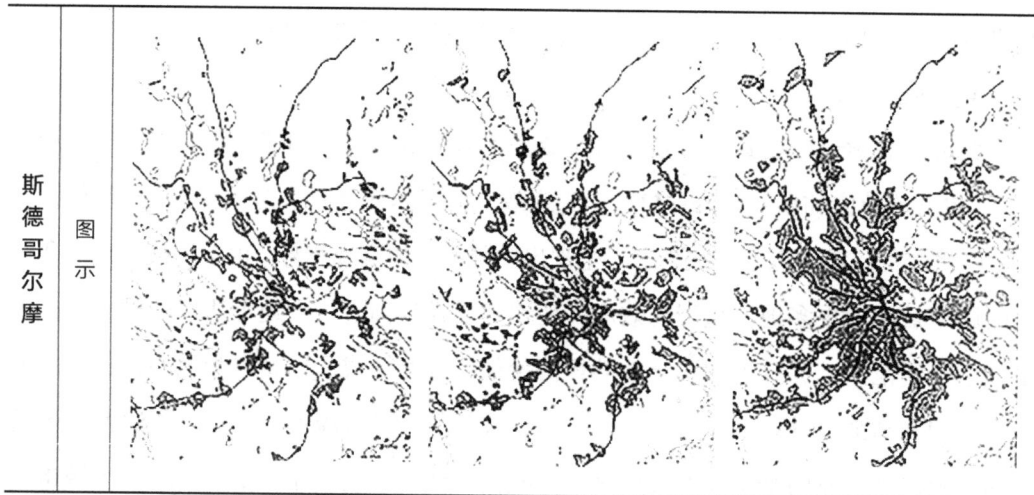

---

① 窦志铭. 深圳湾口岸的泛"廊道效应"的研究［J］. 特区经济，2007（07）.

② 图片资料来源：凌小静，杨涛. 北欧城市交通印象及启示［J］. 中国城市交通规划2012年年会论文集.

③ 图片资料来源：胡宝哲. 东京的商业中心［M］. 天津：天津大学出版社，2001.

④ 图片资料来源：于晓萍，程建润. 哥本哈根"指形规划"的启示［J］. 城市，2011（09）.

斯德哥尔摩	发展	于1950年开通第一条地铁，经过多年建设与改造，形成以内城为核心向6个方向的放射状网络，覆盖沿线26个组群。公共交通占到总出行份额的一半
	结构	1945~1952年明确发展公共交通，配合"小分散、小集中"的城市空间规划，经过70年的发展，通过将新城内居住和就业的平衡让位于新城之间的平衡，新城之间通过方便、快捷的轨道交通服务实现双向平衡的客流，使得系统更加高效、均衡
东京	图示	
	发展	1900年开始修建地铁，1904年中央线部分通车。1919年将周边主要区域连接，城市空间结构基础雏形形成，并开始建设私铁。1980年东京由单中心的"棋盘"结构转变为"主轴—网络状"结构
	结构	目前，东京已形成铁路及城市轨道网维系的多中心结构，主要分为"一核七心"的东京市区域结构和以轨道网络为骨架的都市圈多中心结构。轨道交通为东京形成半径50km的密集城市化地区，并向半径100km地区进行辐射，东京郊区的居民沿着辐射状城市轨道形成区域发展，并在城市轨道交通的终点站产生城市次中心
哥本哈根	图示	
	发展	采用放射型发展模式，从中心向区域5个方向进行辐射，城市发展集中在轨道车站附近，重要功能单位设在距离车站1km范围内，城市活动存在于整个区域内，充分发挥整合优势
	结构	"指形规划"最早于1947年提出，并在2007年正式制定，指出城市应沿轨道交通发展，在完善公共交通的前提下，促使居住用地向交通走廊沿线汇集。手掌部分，即城市核心区，侧重对公共交通的完善；手指部分，即城市外围区，侧重对基础设施的完善，指间则为绿地、农田和开放休闲空间

资料来源：根据资料自行整理。

相对于国外先进的轨道交通网络和成熟的建设体制，以地铁为主导的城市轨道发展在我国尚处于起步阶段，尽管在方针政策的支持和设计人员的努力下呈现出迅猛的上升势头，但从对城市空间结构影响的角度来看，依旧处于不断探索、不断完善的学习期。目前通过轨道交通引导空间结构变化的城市主要出现在网络建制相对完善的北京、上海、广州等城市，城市空间已逐步由原来的单中心集中式向多中心分散式转变。

1. 北京

"形同陌路"期（1954年~1980年）：北京作为我国第一个建设并开通地铁的城市，最初是在借鉴莫斯科地铁的基础上、以战备为目标、在苏联专家的指导下发展起来的。限于当时的技术经验条件，大都采用浅埋明挖的方式，线路走向和规划上多受当时城市空间的制约，提出"一环两线"作为地铁规划网络的雏形[①]，呈现棋盘方格

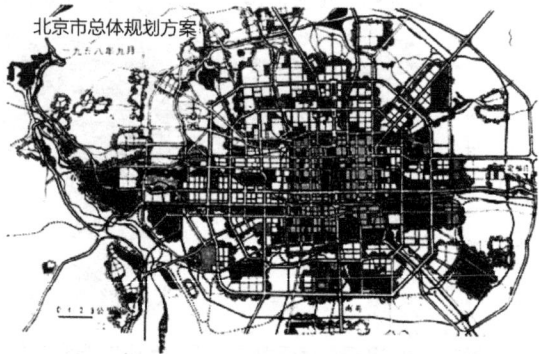

图3-15 1958年北京总体规划
资料来源：http://www.obj.cc/thread-86063-1-1.html。

式的布局。在此阶段，地铁对城市空间结构的影响并不明显，仅是作为日常生活中解决交通问题的方式，并未被纳入整体规划。与此同时，城市空间顺应1957年编制的《总体规划》，强调以旧城为中心向四周发展，呈现出环状与放射线相结合的"蛛网"布局，1958年基于原来基础提出"分散集团式"并增加卫星城的数量的发展模式（图3-15）。尽管此时地铁建设并没有引起应有的重视，但后期对空间结构的调整则有效地避免了"摊大饼"式的悲剧。

"友好共邻"期（1981年~1990年）：十一届三中全会以后，国家做出了重大调整。北京地铁建设由之前的"战备为主，交通为辅"转变为"以安全运营为中心，提高经济效益和社会效益，为首都的现代化建设服务"[②]的战略方针。1982年出台的《北京城市建设总体规划方案》中明确强调：北京应坚持"旧城初步改建，近郊调整配套，远郊

---

① 一环两线：一环即为内城城墙的环线，两线是一线从东郊热电厂经公主坟至石景山，另一线为西直门到颐和园、经青龙桥通向西北山区，全长53.5km。

② 韩林飞，牟巧珍. 北京VS莫斯科——城市轨道交通与城市空间形态的互动发展 [J]. 北京规划建设，2009（04）.

积极发展"的理念为指导（图3-16）。
同时为了更好地服务于经济发展，在
交通建设环节，提出将地铁建设作为
解决交通问题的首要选择，在交通繁
忙、建筑物密集的市中心建设地铁，
尽可能减少对城市环境的干扰，并因
地制宜地选择适合北京具体条件的施
工方法，最终形成以地铁为骨干，公
交车、汽车为辅助的综合交通网络①。

图3-16　1982年北京总体规划

资料来源：http://www.obj.cc/thread-86063-1-1.html。

这是地铁线网第一次作为分项的一部分被纳入城市总体规划，提出了"四横，三竖加一
环"的八条地铁线路方案（图3-17），成为线网系统的最初雏形，对后期发展起着深远
的影响。值得注意的是，碍于技术及资金等方面的限制，尽管在规划层面已开始关注地
铁建设与城市空间之间的关系，但落实到实践上，仅有1、2号线的部分路段顺利完成，
通车里程为40多千米。

　　"携手共进"期（1991年~2003年）：1992年《北京城市总体规划（1991年至
2010年）》编制中在确立北京为首都政治、文化中心城市性质的同时提出两个转移
方针，一方面主张由规模上的外延扩展转移为内涵上的发展塑造，另一方面强调由
市区的重点建设转移为广大郊区的设施部署（图3-18）。同时计划在20年内初步形

图3-17　1982年北京地铁线路规划

图3-18　1992年北京总体规划

资料来源：http://www.obj.cc/thread-86063-1-1.html。

---

① 张文良. 首都地铁规划建设60年回眸，执政中国，第二卷［M］. 北京：中共党史出版社，2010.

成以轨道交通为骨干，多种交通方式互相配合的综合交通网络。同年出台的地铁线路规划由于建设处于停滞的尴尬状态而并没有进行有效落实，随后1999年在之前的基础上出台的13条地铁线网布局引导城市向北发展，呈现出中央棋盘末端放射的状态，为后期的发展奠定了良好的基础（图3-19）。这一时期主要完成的地铁建设有1999年通车的复八线和2003年通车的13号线及八通线，通车里程达113.5公里。

"荣辱与共"期（2004年至今）：进入21世纪，面对城市规模的蔓延和中心功能的聚焦，2004年颁布的《北京城市总体规划（2004—2020年）》中提出"两轴-两带-多中心"[①]的空间布局和"中心城-新城-镇"[②]的市域城镇结构（图3-20）。轨道交通作为连接中心城和新城的重要纽带，要求在2020年前初步完成以地铁为主导，轻轨、市郊铁路为辅助的快速网络系统，形成"三环、四横、五纵和七放射"的网络格局。现今北京地铁建设网线已与城市空间紧密结合，符合总规"分散集团"的优化要求，有效促进核心区的适度聚集，并对边缘集团功能的完善起着巨大的推动作用。此外，四通八达的地铁建

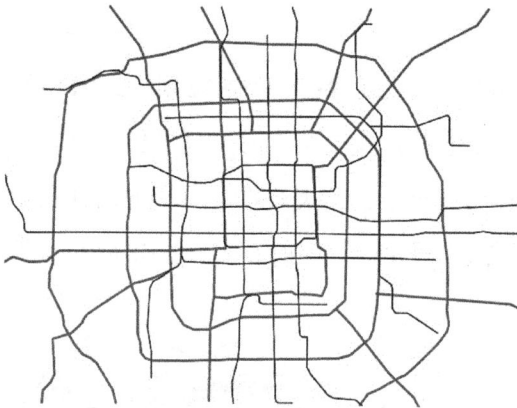

图3-19　1999年北京地铁线路规划

图3-20　2004年北京总体规划

资料来源：http://baike.baidu.com/item/北京。

---

① 两轴：沿长安街的东西轴和传统中轴线的南北轴；两带：包括通州、顺义、亦庄、怀柔、密云、平谷的"东部发展带"和包括大兴、房山、昌平、延庆、门头沟的"西部发展带"；多中心：在市域范围内建设多个服务全国、面向世界的城市职能中心，提高城市的核心功能和综合竞争力，包括中关村高科技园区核心区、奥林匹克中心区、中央商务区（CBD）、海淀山后地区科技创新中心、顺义现代制造业基地、通州综合服务中心、亦庄高新技术产业发展中心和石景山综合服务中心等。

② 新城市在原有卫星城的基础上，承担疏解中心城人口和功能、聚集新的产业、带动区域发展的规模化城市地区，具有相对独立性。规划新城11个，分别为通州、顺义、亦庄、怀柔、密云、平谷、大兴、房山、昌平、延庆、门头沟。

设在提高新城与中心城区互动，增强区域
辐射作用的同时，对旧城空间结构的调整
和人口的有机疏散也起着不可忽视的作用
（图3-21）。在地铁实际建设方面，相对于
之前的"谨小慎微"，2004年后则一直处
于井喷式的加速发展，尤其是北京奥运会
的举办更是为地铁建设带来了巨大的推动
效应，仅2008年一年地铁通车里程便增加
188.8km，截止2013年底累计通车里程更
是达到576.5km。北京的城市空间结构已

图3-21 2020年北京地铁规划线路与中心城、边缘
集团及新城的关系

由单中心结构转为同心圆+轴向形态的模式，并在以地铁为主导轨道交通的推动下，呈
现出更加强大的周边辐射力和轴向延展力（图3-22）。

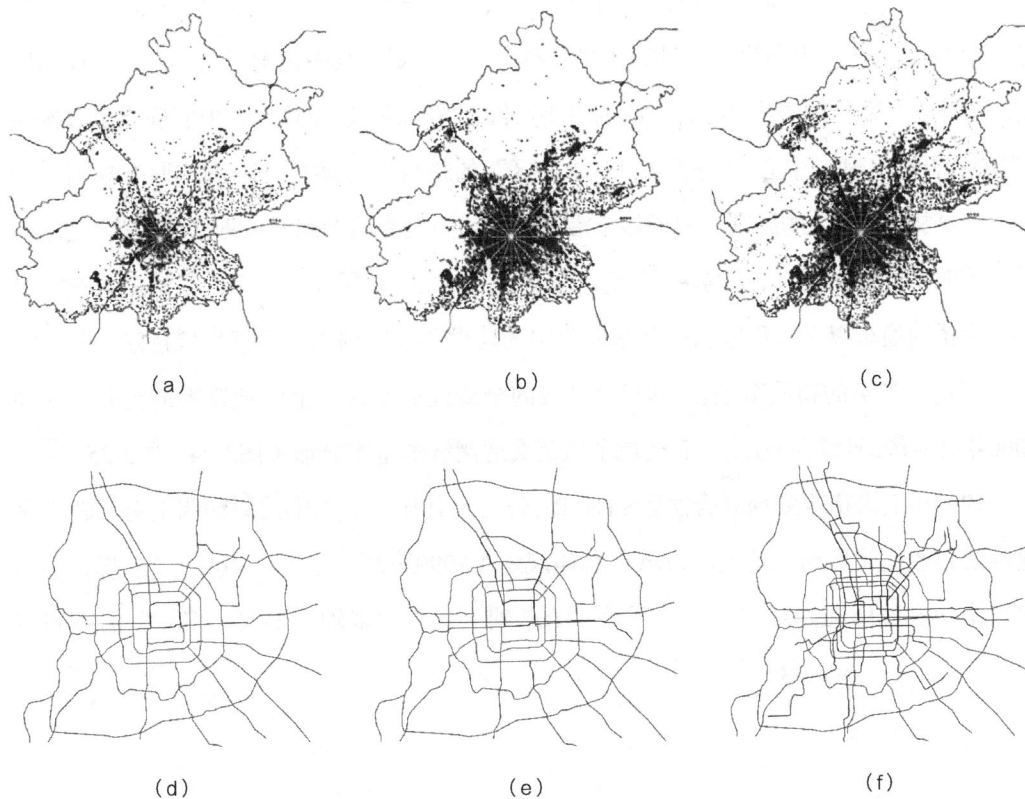

（a）　　　　　　　　（b）　　　　　　　　（c）

（d）　　　　　　　　（e）　　　　　　　　（f）

图3-22 1954~1990年、1991~2003年，2004年至今北京空间结构和地铁建设对比图

资料来源：（a）~（c）图：张学勇，沈体雁，朱成元. 大城市空间结构与形态演变机制研究——以北
京市为例[J]. 城市发展研究，2014（02）；（d）~（f）图：作者自绘。

2. 上海

早在1956年，上海便开始着手地铁建设的前期准备工作，同苏联专家及各领域专业设计单位针对网线设计、造价估算和实施措施等方面进行了多方位论证，在"平战结合，以战为主"的指导思想下，因其特殊的软土地质而采用300~350m的深埋方案，尽管当时做出"三线半一环"的初步设计，但如此深度的建设无论是从功能要求上还是从经济技术上都不甚理想。上海地处长江三角洲前缘，地层属于第四纪巨厚河（湖）——滨海相沉积层，地铁埋设的70m内浅地层特点为：大空隙比、高含水量和高压缩性；饱和含水流塑或软塑黏土层，土的抗剪强度低、含水量高，且具有较大的流变性。为了攻克这一难关，上海先后进行了塘桥试验和衡山公园试验，之后被中止。同期的上海空间结构则开始由单一中心发展为群体组合，在旧市区得到极大改善的同时，周边10个近郊工业区和7个卫星城也初具规模。

十一届三中全会以后，随着改革开放的发展和社会经济的进一步提高，"乘车难"逐渐成为阻碍城市发展的一大关键要素。1983年8月，上海市基本建设委员会再次组织国内外专家及相关单位开展地铁的可行性研究。1986年国务院批复的《上海市总体规划》（图3-23）作为上海第一个具有法律效益的总体规划，其中包含了《上海市地铁网络规划方案》。基于当时以中心为核心的单中心圈层结构现状，《总规》中明确指出应按照"多心、开敞"和"中心城-分区-地区-居住区"的结构进行调整，强调"形态规划结构和道路结构相结合"的原则，根据城市沿黄浦江轴向发展的形态，规划南北快速干道[1]。尽管该时期的地铁建设是以解决城市交通为目标，在规划层面并未引起足够的重视，但三座大桥的通车以及内环线和多条重要道路的建设和改造则为其后续发展搭建了基本框架和奠定了坚实的物质基础。1995年1号线的全线开通实现了上海地铁零的突破，并同2000年开通的2号线和3号线一起构成了轨道交通网线的基本雏形（图3-24；图3-25）。

1999年上海市规划局联合法国SYSTRA公司及其他专业人士共同编制上海市轨道交通网线，经优化后纳入《上海市城市总体规划（1999—2020年）》。其中，《总规》中明确提出中心城应在延续"多心、开敞"的基础上建立"多轴、多层、多核"的空间布

---

① 张雁. 上海：城市轨道交通系统战略［J］. 北京规划建设，2007（03）.

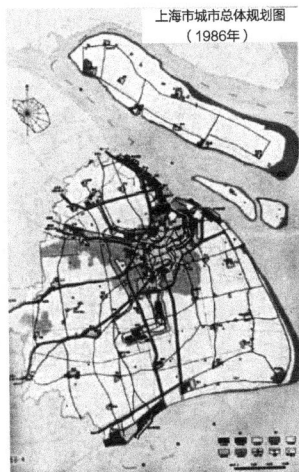

图3-23　1986年上海总体规划　　图3-24　2000年上海用地现状图　　图3-25　2000年上海地铁建设

资料来源：图3-24、图3-25，陈琳. 基于城市转型背景下的上海城市空间格局评估与战略思考[J]. 中国软科学，2011（02）。

局，在市域层面上形成"中心城-新城-中心镇--一般镇"的四级城镇体系[①]（图3-26）。确立"功能分级、枢纽锚固、网络编织、资源共享"的指导思想作为线网规划理念，将17条线路有效分为市域快速轨道、市区地铁线以及市区轻轨线三个等级。轨道交通建设的重要性第一次在上海总规中被明确提出，并在2001年国务院针对该规划的批文中再次强调："要加快大容量城市轨道交通和高速公路的建设，加强对外交通和市内交通的联系，进一步完善中心城道路系统。要坚持公共交通优先的政策，形成以轨道交通与公共汽（电）车密切结合、各种交通方式协调发展的城市综合交通体系"[②]。2010世博会的到来为上海市地铁建设带来了巨大的推力，以平均每年35km的速度迅速扩张。截止到2013年底，全市通车里程达576.5km，成为世界地铁发展史上的奇迹（图3-27）。16条线

---

① 中心城是上海政治、经济、文化中心，也是上海市城镇体系的主体，以外环线以内地区作为中心城范围，人口控制在800万人，城市建设用地600km²；新城是以区（县）政府所在城镇，或依托重大产业及城市重要基础设施发展而成的中等规模城市。规划新城11个，分别是宝山、嘉定、松江、金山、闵行、惠南、青浦、南桥、城桥及空港新城和海港新城。新城人口规模一般为20万～30万人；中心镇是由市域范围内分布合理、区位条件优越、经济发展条件较好、规模较大的建制镇，依托产业发展而成的小城市，人口规模为5万~10万人；一般镇由现有建制镇根据区位、交通、资源条件等适当归并而成（现状约有170个），规划约80个左右的一般镇，人口规模一般为1万~3万人。

② 国务院关于上海市总体规划的批复，http://baike.baidu.com/item/国务院关于上海市总体规划的批复/22272831。

上海市城市总体规划图

图3-26　2001年上海总体规划　　　图3-27　2010年上海用地现状图　　　图3-28　2013年上海地铁建设
资料来源：图3-27、图3-28，陈琳. 基于城市转型背景下的上海城市空间格局评估与战略思考[J]. 中国软科学，2011（02）。

路编织而成的网络骨架，确立了轨道交通在中心城公共交通的骨干地位，在促使城市空间由单中心向多中心发展的同时更加注重网络化的构建（图3-28）。

通过将2000年（图3-24）和2010年（图3-27）上海的用地现状与同期对应的1986年和2001年上海的总体规划进行对比，可发现后十年上海用地的实施现状与总规出入相对较大，发展速度呈指数化增长。加入世贸组织、世博会的召开以及全球化背景下的多元建设投资均给上海带来了强大的推动力，在这里作为基础设施——地铁的建设对城市发展的支撑和引导起着不可忽视的作用。截止到2013年底，上海地铁网络已基本覆盖重要建设区域，带动中心城外围土地利用的同时，进一步促进了副中心的发展，如五角场、花木地区，同时对老城区的改造提升也有着一定的加速作用。

3. 广州

广州早在1958年便提出筹建地铁的想法，1984年将"战备为主"的指导思想转化为"交通为主，兼顾人防"的规划理念，并依据1989年批复的《广州市城市总体规划（1986—2010年）》，将地铁线路布置在主要客运交通走廊中，由横竖两条线路组成。"十字形"的线路结构符合《总规》中关于自西向东（旧城中心、天河及黄埔）三大组团的空间构想，尤其是横线的设计更是配合城市空间角度，有效满足第一组团和第二组团的交通需求，为第三组团的延伸预留出足够的可能。尽管"十字形"的布局忽略了对空间整体覆盖的考虑，但其将地铁线路与城市主要交通走廊相结合的理念，为现今广州地铁线网规划带来了深刻的影响，成为网线骨架的最初雏形（图3-29）。随后在1996年，广

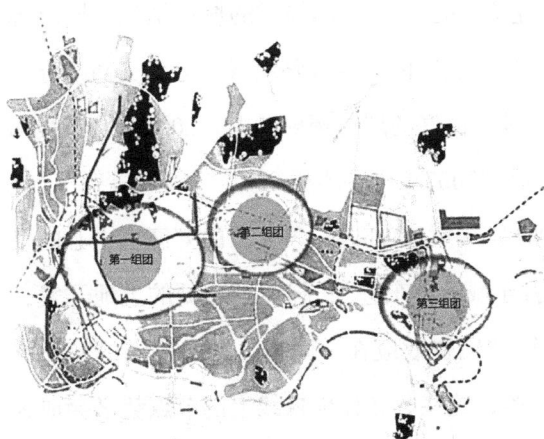

图3-29　1989年广州规划三大组团与地铁线路的关系

图3-30　1996年修编后的空间结构与地铁线网的关系

州在原有基础上对规划进行修编，强调在旧城的依托下建立多组团、半网络式的L形空间布局，将原有的三大组团调整为市中心组团、东翼组团和北翼组团，轨道规划调整为由7条线路组成的放射型布局（图3-30）。尽管该时期开始注重地铁网络与城市总体规划的耦合作用，但仍旧把缓解交通压力作为首要关注点，并未将轨道交通对空间结构的引导思想提升到战略高度。在地铁建设方面，1997年开通的1号线不仅是广州第一条地铁线，更重要的是它在解决启动资金的问题上有效借鉴了我国香港地铁的建设过程，开创了政府、地铁公司及房地产三方联合筹集建设运营资金的新思路。

　　进入21世纪，广州利用番禺、花都撤市建区的机会，对全市空间结构做出了重大调整。2005年国务院对《广州市城市总体规划（2001—2010年）》做出批复，确立以"南拓、北优、东进、西联"[①]为空间发展的基本战略，城市形态由L形向长条形演变，以

---

① 南拓：南部地区具有广阔的发展空间，未来大量基于知识经济和信息社会发展的新兴产业、会议展览中心、生物岛、大学园区、广州新城等将布置在都会区南部地区，使之成为完善城市功能结构，强化区域中心城市地位的重要区域；

北优：北部是广州主要的水源涵养地，应该优化地区功能布局与空间结构，由于新白云国际机场在花都，在保证贯彻"机场控制区"规划的前提下，可以适当发展临港的"机场带动区"，建设客流中心、物流中心；

东进：以广州21世纪中央商务区的建设拉动城市发展重心向东拓展，将旧城区的传统产业向黄埔-新塘一线集中迁移，重整东翼产业组团，利用港口条件，在东翼大组团形成密集的产业发展带；

西联：西部直接毗邻广州市直接吸引区——佛山等城市，应加强广州市同这些城市的联系与协调发展，加强广佛都市圈的建设，同时对西部旧城区进行内部结构的优化调整，保护名城，促进人口和产业的疏解。

"山、城、田、海"为基础，沿珠江水系打造多中心组团、网络式的城市结构。同时提出"双快"道路配建交通网络骨架的思路，轨道线网由14条线路组成，分为交通疏导和规划引导两类，向心的同时又交织在一起，具有良好的周边辐射能力。2003年轨道线网编制根据需要提出"网格+放射"的结构，后在2007年进一步提升为"环形+放射"，促使空间由圈层蔓延向点轴跨越进行转变，加快与中心核心区竞争互补的郊区副中心的发展。如果说地铁8号线和5号线的开通积极引导城市"东进"，强化了新城的土地开发，那么3号线和4号线的运营则充分显示出地铁的辐射效应在"南拓"轴向节点的带动作用。大学城、琶洲岛、番禺南沙、深水港口等，这些分布在地铁线上的节点势必会成为广州未来的城市次级中心。另外，广州亚运会的举办也为地铁的建设带来了巨大的推动作用，该时期的通车里程达223.6km。

2012年住房城乡建设部对《广州城市总体规划纲要（2011—2020）》进行批复，强调在"南拓、北优、东进、西联、中调"的方针指导下，建立"一个都会区、两个新城区、三个副中心"的多中心网络空间结构①，同时，充分发挥轨道交通点轴跨越的作用，围绕空间规划构建以"环+放射+十字快线"为骨架的线网布局。至此在规划层面，轨道交通与城市空间呈现出明显的互动引导作用。轨道交通的建设，一方面有效促进了城市空间的结构转型，尤其是对新城开发的大力推动，致使空间形态由之前的单中心圈层结构逐步向多中心网络模式演变。另一方面，地铁的规划和建设对沿线土地利用也起着一定的引导作用，如住宅区的郊区化扩散、单一商贸区的多元化演变等。总体来说，相对于北京、上海两座城市，广州轨道交通对于城市空间格局的引导作用更加明显，具有更高的规划意识和更好的执行度。

相对北京、上海、广州这三个巨型城市，中国其他地区虽起步较晚，还没有形成相对健全的地铁线网骨架，但随着地铁为城市带来的巨大商机和对交通问题的有效缓解，各级政府纷纷上报国务院出台地铁建设的相关规划，2013年国家发展改革委对地铁审批权的下放，更使全国范围进入新一轮的地铁批复高峰。为了遏制"大跃进式"的建设步伐，国家发展改革委于2015年1月6日发布《关于加强城市轨道交通规划建设管理的通知》，提出"量力而行、有序发展"的方针，要求"拟建地铁初期负荷强度不低于每日

---

① 一个都会区，两个新城区：东部山水新城、南沙滨海新城；三个副中心：花都副中心、从化副中心、增城副中心。

每公里0.7万人次，拟建轻轨初期负荷强度不低于每日每公里0.4万人次。项目资本金比例不低于40%，政府资本金占当年城市公共财政预算收入的比例一般不超过5%"^①。这是我国在2003年出台有关地铁建设审批的条件后，第一次从客流及资金方面进行量化规定。虽然大多数地区的地铁建设依旧处于"理想阶段"，但在规划层面的重视程度则不可同日而语，地铁对城市空间的引导可圈可点，本书选取了天津、深圳、重庆、南京、武汉为代表城市，整理后如表3-6所示。

地铁建设骨架已初具雏形的城市与未来规划线路和城市空间结构的关系　　　表3-6

地铁线网现状与城市建成区关系（截止到2013年）	地铁线网规划与城市空间结构关系

天津

在天津最新的规划中提出以"双城双港，相向拓展"的思路作为城市发展的主导方向，通过两者的辐射作用带动海河中游地带，该阶段的轨道线网主要围绕中心城区呈环状放射式布局。尽管目前离线路完善有很大的距离，但连接两城的地铁的通车为空间格局的演化带来了巨大的带动作用

深圳

深圳在多山、多丘陵以及广深港区域经济轴的影响下形成目前"带状轴向延伸，圈层递进"的空间结构，轨道交通的建设与城市形态呈现出较高的耦合程度，远景规划力求在加密内部线网的同时，注重特区外主要生长点的发展，以此来促进多中心组团格局的形成和稳定

① 孙丽朝. 发改委对地方地铁大跃进刹车 中小城盛宴恐泡汤［N］. 中国经济报，2015.01.24.

续表

地铁线网现状与城市建成区关系（截止到2013年）	地铁线网规划与城市空间结构关系

<table>
<tr><td rowspan="1">重庆</td><td></td><td></td></tr>
<tr><td></td><td colspan="2">两江四山的格局将重庆主城区空间结构确定为"一城五片，多中心组团式"，现有轨道交通的设定满足了不同组团之间跨越的需求，尤其是南北组团的纵向跨越。然而单纯依靠地铁建设来带动多组团中心建立的做法，目前来说并没有起到理想的效果，地铁似乎单纯地成为弥补城市交通缺陷的工具</td></tr>
<tr><td rowspan="1">南京</td><td></td><td></td></tr>
<tr><td></td><td colspan="2">南京在新近的总体规划中提出要打造"城市中心-副中心-新城"的空间体系，摆脱大饼式的蔓延，发展江北、东山和仙林为三个新中心。目前的地铁建设已将城中心主要用地进行沟通，并在青奥会的推动下有效连接城市重要交通枢纽及长江两岸，为城市空间的转型奠定了良好的基础</td></tr>
<tr><td rowspan="1">武汉</td><td></td><td></td></tr>
<tr><td></td><td colspan="2">2010~2020年武汉市规划中明确指出，要充分利用地形，依托快速路、骨架型主干道和轨道交通组成的复合交通走廊，构建轴向延展、组团布局的城镇空间，打造"主城为核，多轴多心"的空间结构。虽然目前的地铁建设仍以解决主要区段交通问题为主，但其发展潜力巨大，其中2014年底国家发展改革委批复的地铁建设估算投资达1100亿元，志向打造"国家综合交通枢纽"示范城市</td></tr>
<tr><td>说明</td><td colspan="2">上述城市的地铁线网建设均已初具雏形，国内余下有地铁通车的城市，除去佛山、哈尔滨、宁波、长沙、郑州、杭州、大连仅有一条线路外，剩下的长春、成都、西安、苏州、沈阳均为两条线路，呈"十字形"布局，昆明名义上有三条地铁，实际2号线与1号线相衔接成为一条线，通车的6号线暂时孤立，未来势必会与前两条线相交形成"十字形"布局，故在此不再一一阐释</td></tr>
</table>

资料来源：作者自绘，底图均为谷歌地图2012年城市建成区情况，空间结构及规划线路均参照各城市规划局网站。

　　综上所述，我国地铁建设与城市空间之间的关系大都为滞后发展，除去北京、上海、广州的线网骨架已初具雏形外，其他城市仍在大力建设中。地铁发展多从缓解交通的源头出发，沿城市主要节点进行"十字形"布局，由于起步较晚故对城市空间的引导作用大都不够明显。而在北京、上海、广州这三个线网建设相对完善的城市中，则较好地利用了地铁对城市空间的引导作用，在带动周边土地开发的同时，加快了城市由单中心向多中心转型的步伐，也为其他城市的规划和发展提供了良好的借鉴案例。

3.2　地铁站域商业综合体在城市设计层面的调整适应

　　伴随着地铁在我国的大力建设和因城市多元化需求而导致的综合体的大力发展，商业地产在全国范围内迅速风靡。地铁所带来的大量客流和商业综合体的立体化需求，决定了两者共生的必然性，地铁站域商业综合体作为地铁上盖中功能混合度最高、交通出行能力最强、发展潜力最大的高效物业形式，通过"一站式"的布局来满足人们多元化的物质需求，充分发挥整体大于部分之和的激励作用。与单一的建筑类型不同，地铁站域商业综合体因其特殊的整体性、开放性和城市性而将建筑设计与城市设计有效相连，它既是城市形态空间的重要组成节点，又在职能体系的扮演中占有举足轻重的位置。在城镇化的大力推进和高密度城市土地开发效益的带动下，地铁站域商业综合体势必会成为城市立体化发展的一种趋势，其对空间格局的影响也应从规划层面引起重视。

3.2.1　我国地铁站域商业综合体的概况及特殊性

3.2.1.1　我国地铁站域商业综合体的概况

　　地铁站域商业综合体是伴随着地铁的建设和商业综合体的发展而产生的，由于我国当时的特殊国情，早期的地铁大都在"备战"的前提下附带解决城市交通问题，受资金和技术的限制，无论是从功能还是从规模上都较为单调，其中以1969年开通的北京地铁为代表。建筑方面，我国现代商业综合体从20世纪90年代开始兴起，并将1990年开业的北京国贸中心和上海商城视为最初雏形，在此阶段的建筑并没有与地铁产生任何联系。伴随着社会的发展及建造技术的进一步成熟，地铁对商业的带动作用逐步被人们所重视，自2000年上海1、2号线交汇处人民广场站出现的内部商业配套，到各家商户为了利用地铁所带来的大量人流纷纷建立"通道"，再到以上海打浦桥站为代表的综合体与地铁的无缝对接，我国地铁站域商业综合体的建设经历了一个由萌芽产生便瞬间高起的发展环节，各大城市的商业地产也均以连接地铁为"荣耀"。

截止到2013年，针对开通地铁的19个城市进行数据统计（表3-7），调查表明已开业的商业综合体总面积由2004年的864.61万m²增长到2013年的13534.21万m²，地铁站域综合体则由之前的468.39万m²扩张到3700.11万m²。数量方面，在综合体以平均每年40个增量迅速蔓延的份额里，地铁站域综合体便占到其中的1/4（图3-31）[①]。全国范围内城市综合体呈现出全面开花的状态，二三线城市蔓延趋势加快，地铁站域商业综合体的增长也随之愈演愈烈。尽管地铁站域商业综合体的增速与商业综合体相比，无论是从面积还是从数量上均处于"劣势"，但随着近几年国家政策对地铁建设的扶持以及各级政府开发商对地铁商业的重视，地铁站域商业综合体势必会展现出其强大的活力和增长力。

地铁站域商业综合体和商业综合体对比   表3-7

时间	面积（万m²）		数量（个）	
	地铁站域商业综合体	商业综合体	地铁站域商业综合体	商业综合体
2004	468.39	864.61	13	32
2005	601.09	1076.22	17	40
2006	745.19	1489.81	23	55
2007	908.69	1976.21	28	72
2008	1021.99	2599.51	33	99

---

① 数据来源：基于2013 CRIC原始数据调研所得，针对已开业综合体进行研究统计。

续表

时间	面积（万m²）		数量（个）	
	地铁站域商业综合体	商业综合体	地铁站域商业综合体	商业综合体
2009	1140.39	3484.90	36	128
2010	1825.07	5878.98	54	187
2011	2212.58	7709.29	67	237
2012	3247.91	11132.11	98	335
2013	3700.11	13534.21	111	413

注明：基础数据来源于CRIC 2013报告，后经整理调研所得。

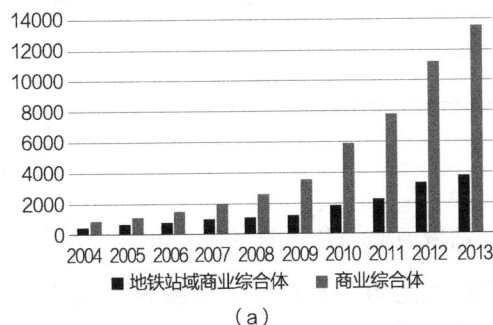 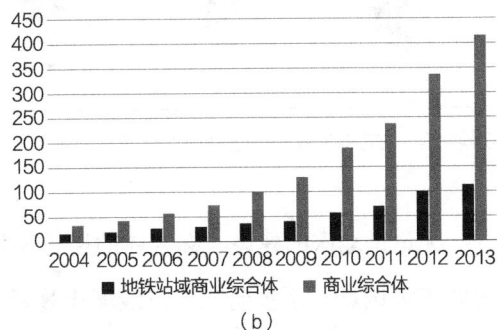

图3-31　近十年商业综合体与地铁站域商业综合体面积、数量的增长情况

值得注意的是，地铁站域商业综合体的发展与地铁网络的完善程度有着密不可分的关系，这里根据地铁网线的建设情况将已开通地铁的21个城市分为两个等级，一级为地铁网线相对健全的城市，包含北京、上海、广州、深圳、南京、天津、重庆、武汉；二级为含有不超过两条地铁线路、网线建设仍处于雏形的城市，包含成都、昆明、沈阳、苏州、西安、长春、大连、佛山、哈尔滨、杭州、郑州。如表3-8所示，在网络相对健全的城市里面，尽管地铁站域商业综合体以平均每年7个的速度开业，但其在商业综合体总数中所占的份额（按数量）却由2004年的43.3%降至2013年的32.3%。而网线相对不健全的城市，则以每年3个的速度增长到2013年总量的25.6%。这里需要说明的是，在网线相对健全的城市中地铁站域综合体所占份额呈现下滑趋势并不是说地铁站域综合体不受重视或发展缓慢，而是由于一方面综合体郊区化趋势的加重，导致地铁发展与综

合体建设相对脱节，形成大量新区已开业综合体远离地铁的局面。另一方面我国城市的地铁建设大都从市中心逐渐向外延展，无论是网络的完善还是线路的建设都需要大量的时间作为缓冲，加上近几年综合体在全国范围的"大跃进"，无疑间接导致了地铁站域综合体步伐上的"跟不上"。值得一提的是，尽管目前新区综合体与地铁并未形成良好搭接，但在其所建设的区域内大都与城市明确的地铁线路规划有一定的联系，相较而言，在线网建设不完善的城市中，地铁站域商业综合体有着更大的发展潜力和建造空间。

地铁站域商业综合体占综合体总量的份额变化 表3-8

一级线网建设城市			二级线网建设城市		
2007	2010	2013	2007	2010	2013
45.1%	36.7%	32.3%	0	10%	25.6%

资料来源：在CRIC 2013报告基础上作者调研所得。

无论是地铁的建设、综合体的增长还是地铁站域商业综合体的兴起，均是一个以一线城市为试点，逐步向二、三线城市蔓延的过程。然而在一些政策的带领下，"用力过猛"的现象屡见不鲜。在线路相对不完善的城市中，尽管政府和开发商看到地铁的商业价值而给予其极高的重视，但在建设上却过高估计了地区的消化能力，导致地铁站域商业综合体的规模呈现出缺乏理性的扩张。在网线还未完善的城市中，已开业地铁站域商业综合体的平均面积达到42万m²，其中成都更是达到了68.67万m²的高度，远超北京、上海、广州等发达城市[1]。此外，对综合体建设的市场风险等级进行分析（考虑到北京、广州、上海的特殊情况将其去除在外），设定城市风险指数=人均综合体面积/人均GDP×10000（10000为指数修正数），由图3-32可看出昆明、成都两座城市的风险指数最高，项目爆棚、体量过大导致市场阶段性消化力面临高压。

---

[1] 已开业的地铁站域商业综合体的平均面积：北京为37.19万m²，上海为24.8万m²，广州为36.6万m²。数据来源：基于2013年CRIC原始数据调研所得，针对已开业综合体进行研究统计。

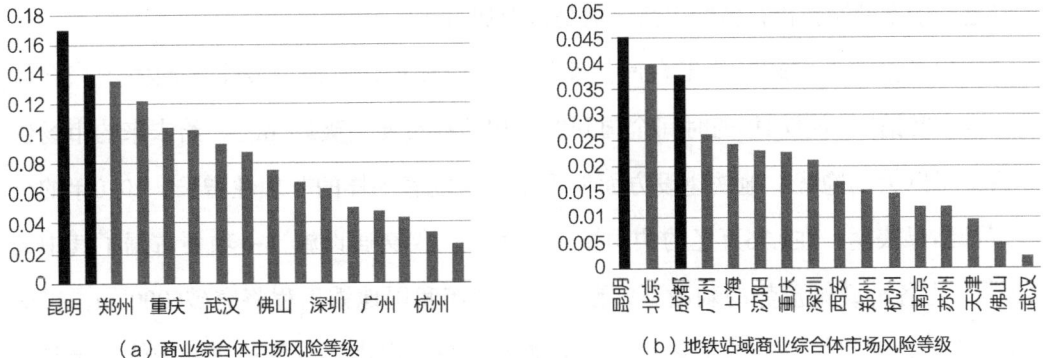

（a）商业综合体市场风险等级

（b）地铁站域商业综合体市场风险等级

图3-32　市场风险等级评定

资料来源：原始数据来源于各地市统计局，后经整理分析得出。

3.2.1.2　我国地铁站域商业综合体的特殊性

与其他国家循序渐进的发展节奏相反，我国无论是在综合体建设还是在地铁施工的进度上都不断向世界刷新着"中国速度"。在高密度的都市环境中，地铁站域商业综合体相对于其他综合体有着更高的立体性和城市性，有效推动城镇化建设的同时提升了周边土地的利用价值，带动了城建投资方向的转变，激发了人们对于空间塑造的潜力。然而在我国"大跃进"的发展模式下，一些独有的"中国特色"势必产生：

1. 政策导向引发的盲目建设

如果说导致楼市低迷的限购令引发了商业地产的火爆，那么促使城市空间转型的城镇化则是推动综合体郊区化的根本所在。虽然我国地铁从开始发展到急剧增长仅过了短短的20年，但交通建设已由早期的"客流追随型"转向"规划引导型"，地铁系统除了发挥交通工具的基本职能之外，还在对空间结构的调整发展和城市土地的集约利用方面起着重要的引导作用，并激发了空间塑造的发展潜能。随着地铁所带来的诸多额外收益得到各界的认可，各级政府纷纷围绕地铁建设出台相应的线网规划，"大刀阔斧"地描绘一幅幅宏图远景。考虑到地铁的巨额投入和施工难度，应对此抱有长远的设想，20年、50年的网线蓝图屡见不鲜，然而当线路还在图纸阶段未纳入开工范畴时，在中心城区寸土寸金难以见缝插针的情况下，诸多开发商打着地铁的旗号纷纷在新区建立起一个又一个的巨型大盘。从理论上说，综合体围绕地铁建设是未来的一种趋势和潮流，地铁站域商业综合体占综合体总数的比例在逐年提高，但在实际中，由于新区地铁铺设速度需要长时间来缓冲，导致综合体大都远离地铁，基础设施的配套与预定标准相差甚远。除此之外，线路的走向不断发生着"修正"，无疑更加剧了新区综合体投资的风险性，尤其是对于不断刷新排行榜的大盘，更是雪上加霜。

2010年住宅调控政策的出台间接刺激了商业地产，进而引发了各地关于综合体的"豪言壮语"，仅仅4年的时间全国开发面积的存量便突破3亿m²[1]，给未来的市场供需留下了巨大的隐忧。地铁建设方面似乎也在重复着同样的非理性增长，2010年的全国审计结果表明：在1.76万亿的中国城市债务中，仅交通设施这一项便占据了其中的22%[2]，在各种政策形势的刺激下，预计到2020年我国地铁里程将突破6000km，投资达4万亿元，触目惊心的数字毫无疑问增加了人们对现代化步伐过快的担忧。于是，当地铁遇上综合体，当"地铁上盖物业"被众人所熟知，当城市空间转型迫在眉睫，大量新区综合体便毫无例外地如雨后春笋般破土而出，时刻等待着"地铁站域"的蜕变。值得注意的是，在地铁站域商业综合体与商业利润等假象的背后，以线路网络不完善的二线城市为代表的新区大盘的急剧增长，又一次加剧了市场消化能力的压力和风险。

2. 爆棚发展暴露的内忧外患

地铁站域商业综合体与普通建筑相比有着本质的区别，对投资开发、管理运营以及层级协调方面都有着极高的要求，而我国开发商普遍是在宏观政策的影响下由住宅转变而来，对商业规律不甚了解，虽不断进行国外考察，但大都"按图索骥"、盲目照搬国际概念，忽视对市场的调研主观决策业态组合，动辄几十万甚至上百万的超大项目，为后期正常运营埋下巨大隐患。资金方面，地产开发过度依赖银行贷款而自有资本比例偏低的情况，与商业地产回款速度慢、投资回报期长形成鲜明对比，一旦资金断裂便直接导致项目的失败和破产。除此之外，浮躁环境下的"甲方独大"和对专业人员的漠视，使得本就因项目集中开发而产生的人才短板问题更加突出。地铁站域商业综合体的服务对象很大一部分依赖于交通所带来的人流，然而综合体的新区化发展则注定短期内无法享受地铁这一"福利"，加上综合体本身严重的同质现象，非专业指导下对于区域经济、消费能力的错误预估，以及爆棚增长带来的非合理性布局和滞后的规划，由区域市

---

① 来自莱坊的统计数据显示，全国综合体开发面积存量巨大，2014年上半年全国主要城市商业综合体存量面积超过3.0亿m²。至2015年，这一数字将达到3.6亿m²，2016年以后则突破4.3亿m²。与此同时，2014年国内主要城市综合体个数达885个，较2013年增长24.47%；2015年主要城市的综合体数量将突破1000个；至2018年，商业综合体的年供应量将维持在1200个左右。

② 数据来源：米尔社区，美关注中国基建新重点，http://www.miercn.com/。

场竞争过度而引发的恶性竞争和项目倒闭闲置的案例在全国范围并不鲜见。相比其他类型的建筑，尽管地铁站域商业综合体有着更加鲜明的城市性，对城市结构和空间有着更加强势的引导性，但是其在资源配置上的不可逆却严重影响着整个区域系统的进程和秩序，故而失败导致的不仅仅是项目本身的损失和企业的重创，更重要的是破坏了市场的氛围及城市文脉的延续。

3. 协调冲突导致的消极空间

地铁站域商业综合体是一个极其复杂的项目，涉及不同领域、不同专业的相互协调，但往往由于立竿见影的经济收益和事不关己的责任推脱，导致我国当前建筑与交通各自为政，普遍缺乏系统整体的大局观。如上海2号线的陆家嘴站，最初便是由于沟通不畅，使其硬生生地与人气火爆的正大广场分离，让人倍感遗憾。设计层面上，地铁与建筑缓冲的区域作为地铁站域商业综合体所独有的特色空间，应成为有机联系建筑与城市的"桥梁"，是空间营造的亮点所在。然而事实是，建筑的设计与地铁空间的设计往往是两套不同的体系和团队，彼此之间的信息共享本就是操作难题，加上在各种规则的制约下，最终多以消极的步行通道作为两者之间的联系，极大地削弱了城市与建筑要素之间的整合效应，导致个体最优而无法带来整体最佳。尽管由于近几年的普遍重视而得以改善，但针对空间系统建构的底子薄、基础差，造成与城市进行有机融合的成功案例少之又少。建设方面，土地供给作为地铁站域商业综合体发展的前提，是目前制约系统完整建立的重要因素之一。与日本不同，我国地铁建设作为城市基础设施是公益性的，土地可无偿划拨给地铁公司，而综合体用地则属于经营的范畴，需要经过"招拍挂"的形式取得。"招拍挂"的程序不仅增加了开发成本导致中标单位的不确定性，更重要的是对地铁与物业之间原本紧密的发展起到了一定的阻碍作用，由此引发投资方面和设计方面的诸多问题。另外，综合体新区化作为当前城市建设的潮流，"准"地铁站域综合体的建设相对于地铁的铺设速度势必会超前脱节，在自身利益最大化的基础上，开发商纷纷选择预留孔洞等地铁建设后再以通道的方式进行连接，不得不说是一种无奈。

3.2.2　地铁站域商业综合体对城市空间的引导

地铁站域商业综合体作为一个由不同要素、复杂结构和多种层次构成的有机系统，它的发展实际上是一个城市节点不断演变的过程。从城市的整体脉络出发，地铁站域商业综合体对空间结构的影响是以地铁网线的建设为依托，通过与站点空间的对接将线路交通系统和城市功能紧密结合，改变区域空间内涵的同时进而对整体结构产生很重要的现实意义。

3.2.2.1　地铁站域商业综合体与城市空间的互动关系

实践表明，地铁的发展能够大幅度提升周边土地的利用价值，对城市空间的引导和集聚产生深远的影响。地铁站域商业综合体作为这种巨大影响力的触发点和媒介点，依托联系空间将集聚效应有效放大，进而拓展到区域周边的空间领域。在当下城镇化的背景下，与城市空间的互动关系主要表现为以下三个方面：

1. 结构的引导转变及制约

地铁站域商业综合体往往作为效应激发的核心，以同心圆的扩散模式对周边区域产生不同程度的影响，与其相结合的步行系统和公共空间则更多地采用"线面"带动的方式，围绕"节点"展开空间布局，进而对空间的整体结构进行引导。地铁站域商业综合体区别于其他建筑最大的不同，即是其开放性导致的对城市公共空间的有机整合，加上庞大的体量规模，使得其在外形上更加注重建筑布局的合理和环境设置的宜人。除此之外，地铁与商业综合体地下衔接空间的设计对分散空间的整合也起到了一定的推动作用。现代社会的城镇化进程和土地开发政策加速了城市土地的片段化趋势，在利益的驱动下开发商将目光过多地凝聚于自身项目，而忽略了城市整体尤其是周边地块的有机联系。衔接空间作为建筑与城市的中介空间，相对于地面环境有着更大的灵活性和建设性，它犹如一个将不同片段相连的蒙太奇工具，把不同空间进行重组整合，从而为周边地块的更新和发展注入新的活力。众多城市空间发展的实践表明，城市不同功能空间都有向交通联系紧密、步行系统发达并有良好景观的公共活动场所靠拢的趋势，这种空间的自觉集聚势必带来形态上的调整和分化，从而对结构的进一步转变起到极大的推动作用。

地铁站域商业综合体是城市空间系统的重要组成因子，自身的发展与变迁必然会受到城市空间结构格局及目标的制约。从对地铁站域商业综合体发展的影响角度来看，有相当一部分是城市结构的转变要求通过区域空间的形态布局传递过来的，诸如新商圈的建立，多中心的调整及高新区的发展等，都是针对空间转变的适应。此外，以城市传统风貌为代表的历史文脉和肌理特征是在转变中需要保护继承的重要财富，无论是地铁的走向还是大体量商业综合体的建设均会受到严格的限制和制约，可见，城市结构的转变在特定情况下能够影响甚至左右地铁站域商业综合体的发展。

2. 功能的布局优化及反馈

地铁站域商业综合体是将公益性设施建设的地铁与遵从市场经济原则开发的综合体有机相连的典型案例，相较于城市其他建筑具有更加鲜明的城市性和社会性。地铁站域商业综合体一方面要对空间发展的需求有所适应，通过对功能布局的优化引导来弥补规划与实际的脱节，另一方面要受制于市场这只"无形的手"，通过对土地价值的最大化提升来满足投资商对商业利润的追逐。不同的功能对应着城市不同的交通空间及运营时间，于是地铁站域商业综合体势必会围绕地铁的交通枢纽及客流疏导能力进行相关资源配置，并依照城市功能不同的侧重点进行优化调整，以适应交通体系发展的整体格局。如在诸多新区地铁站域商业综合体的建设中，往往在规划层面便涉及结构转型和功能优化的相关问题，故而针对"人口外迁"政策下的资源配置，除去基本的商业、办公，还包含了一定量的公寓和大面积的住宅。不同的功能纷纷依据自身的特点及需要选择合适的区位，并在空间整合的带动下逐步聚拢优化，进而满足城市功能与交通功能高度匹配的需求。

地铁站域商业综合体不仅对城市功能布局起到一定的优化作用，他的建立和配置还表达了对区域主体功能的反馈。由于不同的功能主体对应着不同的空间特征，地铁站域商业综合体从建设模式到空间容量再到运营时间，都必须围绕人们的使用方式做出相应的调整和适应。如位于商业圈的地铁站域综合体，往往通过空间共享及步行网络系统的完善来满足大量的通勤活动需求，并由此提高商业利润的潜在可能，典型的案例有南京新街口片区、上海徐家汇片区、广州体育西路片区等。综上所述，当代城市规划理念已由之前的单中心独立分割向多中心复杂混合的方向发展，然而无论是哪种功能主体，对以地铁为主轨道交通的依赖均呈现与日俱增的趋势。反之，功能多元的基本需求作为地铁站域商业综合体发展的基础条件，促使其以更加开放广泛的联系，在满足不同使用需求的同时，对功能主体的布局进一步优化。

3. 空间的集约立体及高效

在城镇化进程的背景下，面对我国人多地少的基本国情，怎样合理利用土地资源成为城市发展的热门话题之一。地铁站域商业综合体因其联系地铁与建筑的特殊模式，成为影响城市空间集约度的重要内容，无论是空中还是地下，都对空间形态产生一定的导向作用，并极大地促使城市由"水平延展"向"垂直立体"的方向转变。相较于城市里的其他建筑，交通的立体化组织是导致综合体垂直建设的直接要素，而内部不同功能之间的区位差异则为立体化提供了相应的形态基础和理由基础。地铁站域商业综合体是目前城市中最具立体开发潜力的代表，为城市土地的集约利用带来极大促进作用的同时，也为城市活动提供了多维多层次的展示平台，促使城市环境具有更强的适应性和应变性。

土地资源的集约利用程度作为衡量现代城市可持续发展的重要指标之一，是推动城市立体化发展的根本动力。地铁站域商业综合体在一定程度上推动集约城市建设的同时，势必会受到来自城市空间利用效率的影响，当效率达不到较高水平时，则会导致衔接空间的客流量难以维持包含交通在内多种城市功能的运营，进而阻碍可持续发展的步伐。如我国很多开发商只关注于眼前利益，对城市空间的开发强度预估不足，忽略了立体空间的建立和完善，严重影响了综合体的整体运营。此外，因为城市空间利用率低，客流量不高导致公共交通无法得到有效利用，经营回收的困难又进一步加剧了交通设施完善和整合的难度，以致本应发挥促进作用的优点演变成"上不去，退不得"的鸡肋。

3.2.2.2　我国地铁站域商业综合体与城市空间的互动

地铁站域商业综合体作为城市空间结构的要素因子，承载着城市的公共职能和交通职能，而商业作为要素中最为活跃的部分，在将不同系统紧密联系的同时，又对空间结构的反应起着最为直接的反馈作用。于是，在地铁网络相对健全、商圈发展较为成熟的城市，商业结构的变化势必会与地铁站域综合体产生一定的联系。

1. 北京

城市的消费需求是城市经济发展动力的关键所在。自2006年，北京消费率超过投资率，于2010年达到56%，超过投资率12.8%，实现内需拉动经济的同时改变了区域经济的增长方式。其中2008年奥运会的召开，更是为投资消费带来了进一步的发展，在经济技术和城市发展方面掀起了一个巨大的高潮。在此期间，无论是地铁网线的完善还是综合体规模的扩大，都有了质的飞跃，而地铁站域商业综合体则借此机会依托两者的发展有了新的突破。表3-9汇总了2004～2013年北京商业综合体开业情况。

2004年~2013年北京已开业商业综合体面积、数量　　　　表3-9

时间	面积（万m²）			数量（个）		
	地铁站域商业综合体	地铁周边商业综合体	剩余商业综合体	地铁站域商业综合体	地铁周边商业综合体	剩余商业综合体
2004	102.31	32.51	175.71	3	2	4
2005	102.32	32.51	294.42	3	2	7
2006	128.31	82.54	366.41	4	3	10
2007	277.81	172.56	411.42	7	5	11
2008	574.82	179.43	278.13	13	6	10
2009	589.23	282.51	263.22	14	10	10
2010	655.68	282.51	351.21	16	10	13
2011	749.08	319.56	408.66	19	11	15
2012	787.58	372.55	491.34	21	13	20
2013	787.58	392.55	535.72	21	14	24

资料来源：作者统计。

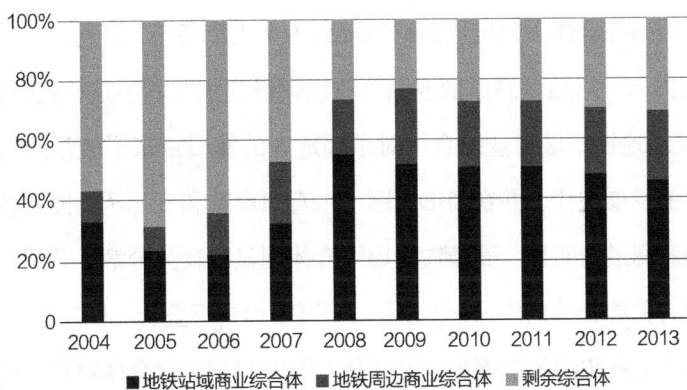

（a）综合体面积所占比重

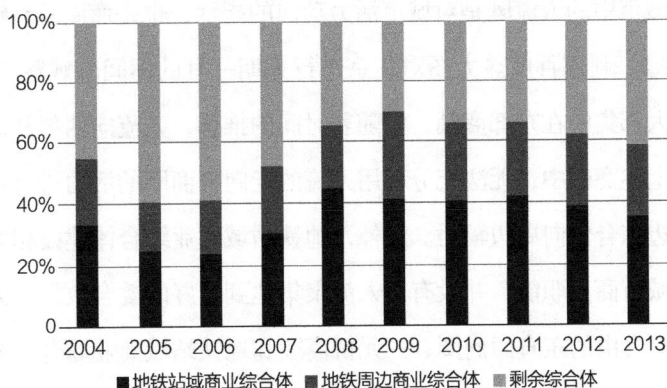

（b）综合体数量所占比重

图3-33　北京综合体面积、数量所占比重

　　由图3-33可看出，地铁站域商业综合体在2008年前后呈现出急剧增长的态势，并于2008年达到顶峰，占总体份额的55.6%，在此期间，除去后开业综合体针对地铁联系的考虑，大部分综合体均是在原有基础上对其进行改建，利用通道形式联系空间引导人流。2010年后，由于新城综合体的兴起和地铁建设的相对滞后，地铁站域商业综合体在总体份额中呈现下降的趋势，从数量和面积两个角度来看均维持在40%左右，但围绕地铁而建的商业综合体依然控制在50%以上，处于综合体中的主导地位。这段期间，北京商圈的发展配合相关政策在浪潮的推动下，由传统西单、王府井商圈，发展为包含中央级、区域级和社区级三个层次的多级商业圈。其中中央级商圈以西单、王府井为代表向全市范围辐射；区域级商圈以CBD、崇文门为代表，向区域内部辐射；社区级商业圈又称"一刻钟商业圈"，主要针对周边群众进行服务。值得一提的是，由于某些区域商业圈所承载的城市职能，如中关村、CBD等，其辐射范围也相应扩大。由图3-34（每个商圈至少包含15家商户）可发现，不同环路之间，二环路区域的商圈最为成熟，三环、四环的商圈具有较大的发展潜力。而同环对比中，则以东部商圈的发展强度最为明显。配合商圈的发展，地铁站域商业综合体及地铁周边综合体（距离地铁站500m以内）大都建于二环与三环之间，并以东部商圈为主要发展方向。对地铁站域商业综合体以建设面积为着手点，进行Kernel密度分析法（图3-35），发现地铁站域商业综合体对东部地区的发展带来了较强的刺激，符合东部商圈结构较完善的发展规律，并在CBD商圈、东直门商圈和三元桥商圈有较明显的集聚现象，其中以CBD商圈最为明显。而地铁周边综合体则显得较为分散，并没有很明确的建设重点。将与地铁有关综合体的Kernel分析图与商圈结构进行叠合（图3-36），不难看出，所有的综合体均处于商圈辐射的范围内，尤其是地铁站域商业综合体对东部商圈的发展起到一定推动作用的同时，借助东部商圈进行自我优化整合，从而促使功效的最大化发挥。

　　另一方面，城市中的人流既是对城市活力动向的指示，也是商圈及地铁站域商业综合体运转的基础支撑。利用百度热力图对北京进行为期一月的不间断观察（图3-37），可以发现，尽管人流大都集中在东部商圈，但随着时间的推移，人流向西部和北部商圈流动的趋势没有出现在上述商圈中，无法充分利用人流的走向将商圈的活力进行带动，仅利用散落的几座地铁周边综合体向周边辐射。此外，地铁站域商业综合体建设相对发达的CBD商圈，因其特殊的城市商贸职能，并没有与人流聚集达到良好的叠合效果，无法形成较强的聚集斑块，但相对自由的东直门商圈、三元桥商圈和地铁站域商业综合体的建设则与人流聚集趋势形成良性呼应，三者的叠合势必会对彼此的发展产生一定的促进作用。

　　综上所述，北京地铁站域商业综合体的发展符合城市商圈的发展规律，均在东部以

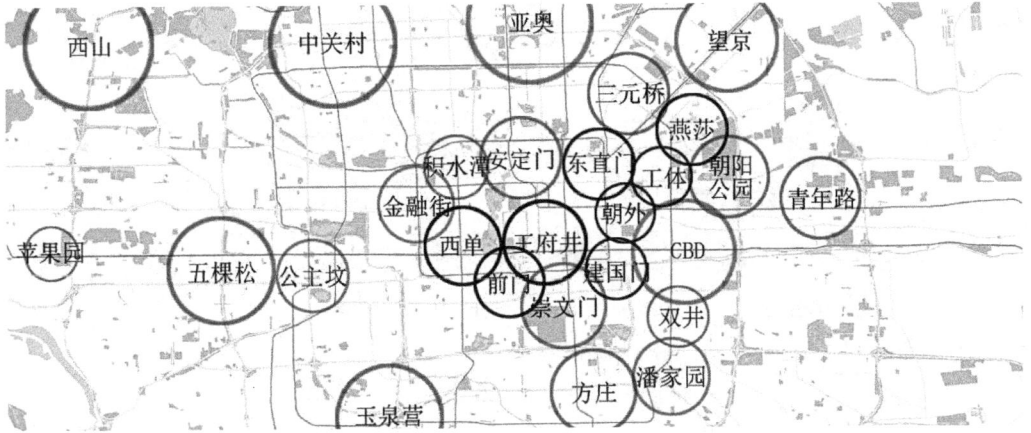

图3-34　北京商圈布局（灰色商圈至少包含15个商户，黑色商圈至少包含20个商户）

图3-35　北京地铁站域商业综合体Kernel图

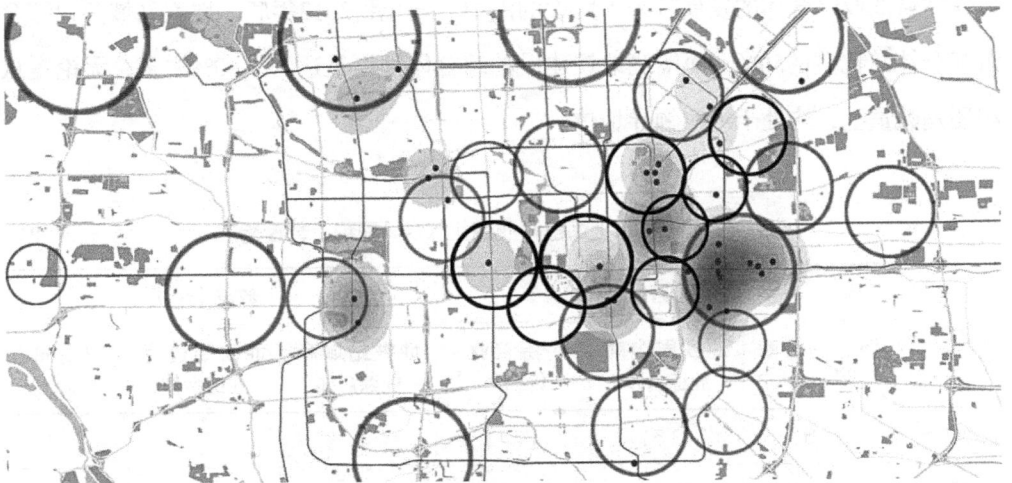

图3-36　北京商圈结构与地铁站域商业综合体Kernel叠加图

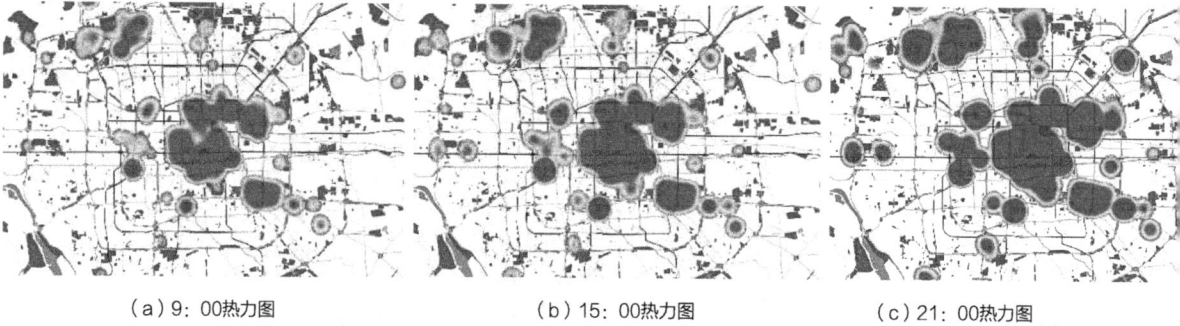

（a）9：00热力图　　　　　　　（b）15：00热力图　　　　　　　（c）21：00热力图

图3-37　北京9：00、15：00、21：00热力图平均态势

成熟态势聚集，但西部及北部人流重点聚集的商圈和片区缺乏相应的带动力。无论是在商圈结构还是在综合体的建设上，东西部的不平衡发展均形成鲜明对比，但从人流的聚集度和流动态势上来看，东西之间并没有形成严重的两极分化，因而从某种程度上来说，商圈的规划分布合理性不足，开发建设存在一定的盲目性。

2. 上海

上海作为我国商业最发达的城市之一，自开埠之初便以繁荣著称于世，现今更以国际商业中心自居。地铁作为推动城市空间转型的重要交通设施和刺激地块活力的主要幕后推手，早在1、2号线最初建设时，便有意联系了当年主要的徐家汇商圈、人民广场商圈及静安寺商圈，相应的建筑综合体也由此展开进行布局建设。对2004年到2013年已开业的商业综合体的面积和数量进行统计分析（表3-10和图3-38），可看出，地铁站域商业综合体所占比重呈现曲折上升的趋势，尽管在此期间商业综合体的大兴建设降低了其中的份额，但2010年世博会的召开为地铁网线构架完善带来极大推动作用的同时，也为地铁站域商业综合体的发展带来了巨大的潜力。截止到2013年底，地铁站域商业综合体占综合体总比重的50%，而围绕地铁建设的综合体则更是达到了80%之多，无论是从面积还是数量上，均处于绝对领导地位。

2004~2013年上海已开业商业综合体面积、数量情况　　　　　　　表3-10

时间	面积（万m²）			数量（个）		
	地铁站域商业综合体	地铁周边商业综合体	剩余商业综合体	地铁站域商业综合体	地铁周边商业综合体	剩余商业综合体
2004	37.51	43.51	14.41	2	3	1
2005	72.42	43.51	25.41	3	3	2

时间	面积（万m²）			数量（个）		
	地铁站域商业综合体	地铁周边商业综合体	剩余商业综合体	地铁站域商业综合体	地铁周边商业综合体	剩余商业综合体
2006	110.55	63.55	101.52	5	4	4
2007	121.55	95.42	86.11	6	6	3
2008	121.55	95.42	155.12	6	6	6
2009	121.55	116.42	155.12	6	8	6
2010	238.91	139.44	131.22	11	9	5
2011	238.91	139.44	171.32	11	9	7
2012	482.15	299.46	184.87	20	15	8
2013	583.97	308.76	184.87	23	16	8

资料来源：作者统计。

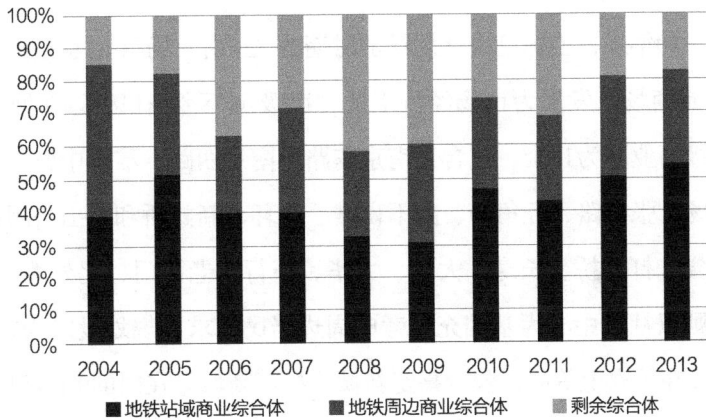

（a）综合体面积所占比重

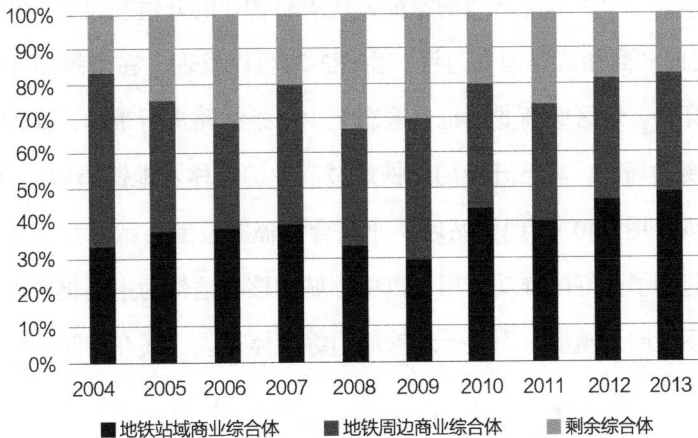

（b）综合体数量所占比重

图3-38　上海综合体面积、数量所占比重

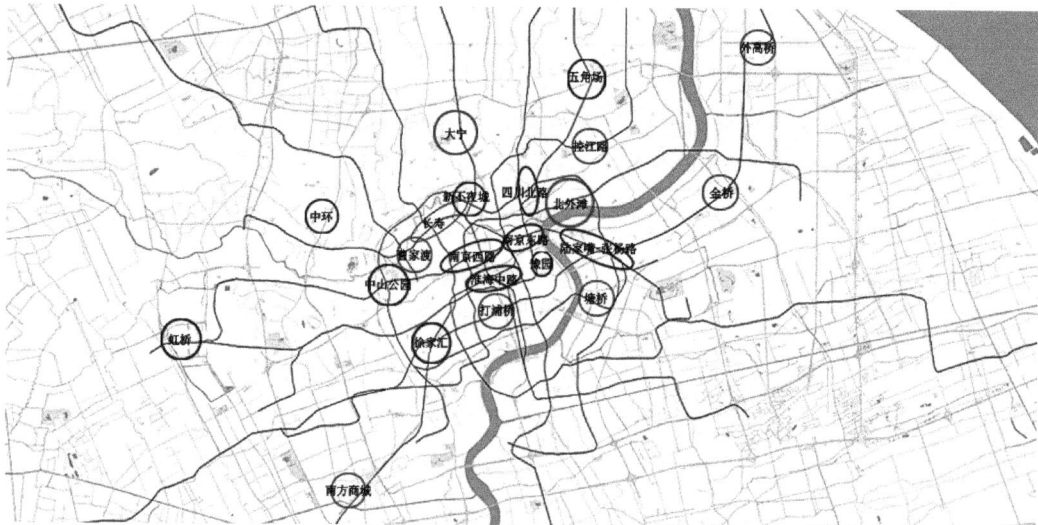

图3-39 上海商圈分布图（黑色为市级商圈、浅色为部分地区级商圈）

对于商圈，30年来，上海已由计划经济时期的"三街一场"（南京东路、淮海中路、四川北路和豫园商场）发展为市场经济下的"市级-地区级-社区级-新城级"多中心体系。其中，市级商业圈为12个，包含：南京东路、南京西路、淮海中路、四川北路、徐家汇、豫园商场、张杨路、五角场、新不夜城、中环、新虹桥和中山公园；地区级商业圈为22个，包含：打浦桥、长寿、大宁、大华、庙行、老西门、北外滩、南方商城等；社区级商业圈则以社区中心为基础充分考虑周边居民需求，规划设定为102个；新城级商业圈与地区级在层次上等同，包含嘉定新城、松江新城等在内的9个商业圈[①]。商圈的完善离不开人流的支持，而作为承担公共交通的主要对象，上海地铁早已超脱了交通概念的范畴，它作为一个黄金经济线的象征，代表着物业的升值和昂贵的租金，并逐渐从"一站式"消费向"商圈式"消费过渡。由图3-39可以发现，在市级商业圈中均有两条以上的地铁线穿行，地区级商业圈也普遍有至少一条线路进行带动，商圈在城市布局中呈现出较为均衡的局面。将已开业的地铁站域商业综合体及地铁周边综合体进行Kernel密度推定法发现（图3-40），地铁站域商业综合体辐射范围与城市商业空间结构发展相符，彼此之间起到了良好的推动作用，以中心城的核心地带为主要集中地，结合政策引导和区域发展逐渐向外疏散。而对于地铁周边综合体来说，其在空间的辐射范围与地铁

① 上海社会科学院部门经济研究所. 上海百年商圈［J］. 上海经济，2011（Z1）.

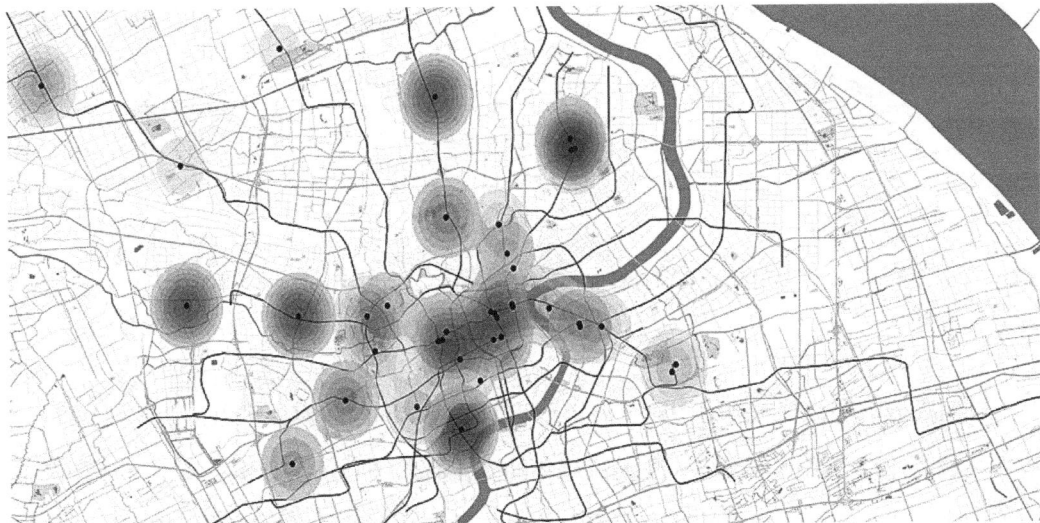

图3-40　上海地铁站域商业综合体Kernel图

图3-41　上海商圈结构与地铁站域商业综合体Kernel叠加图

站域商业综合体相比有着较大的不同，疏散趋势更加明显，两者结合较好地弥补了空间上的"漏洞"。将Kernel密度图与商圈图进行叠合（图3-41），不难看出市级商业圈与地铁站域商业综合体的辐射范围有着极高的重合度，每个商业圈均有一定数量的综合体与其对应，其中所带来的推动力和促进作用不可小觑。而对于地区级商业圈来说，尽管内部有线路穿过，但无论是地铁站域商业综合体还是地铁周边综合体，与其吻合度都较差，商业潜力有待进一步挖掘。

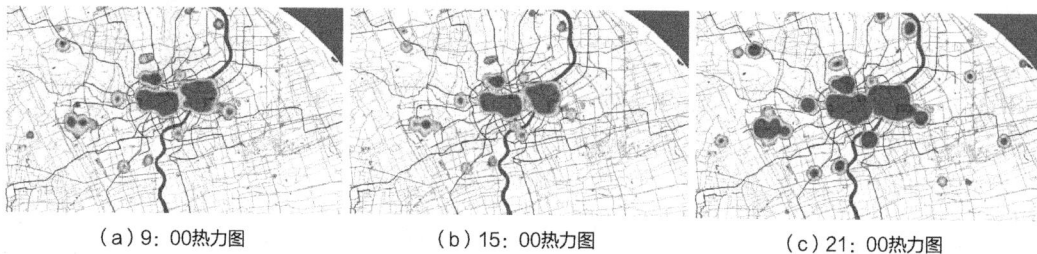

| （a）9：00热力图 | （b）15：00热力图 | （c）21：00热力图 |

图3-42   上海9：00、15：00、21：00热力图平均态势

　　针对人流趋势，利用热力图对上海进行为期一月不间断观察，可以发现（图3-42），地铁站域商业综合体的建设与一天人流趋势的变化有着极高的吻合率。重点商业片区是人流最多区域，包含的地铁站域商业综合体也是最多，不难推断出地块活力在彼此的带动下得以最大化激发，形成较好的良性循环。而对于地区级商业圈来说，既没有相应的综合体刺激带动，也缺乏一定的人流保障，故而商业价值远逊于市级商业圈。

　　综上所述，上海商业圈与地铁的结合在地铁站域商业综合体的整合下堪称"完美"，对"新中心"的形成起到了极大的推动作用。但值得一提的是，在围绕地铁新兴的商圈中，除去五角场、中山公园稍有作为外，其他的仍与传统商圈有较大差距，投资商依旧青睐于诸如徐家汇、人民广场、淮海路等商圈。究其原因，主要是规划方面的经验缺乏，如作为浙江进入上海重点门户——莘庄广场的尴尬和位于内环线拥有四线换乘——世纪大道的迷茫等，都说明了地铁与商业结合的不足导致本该形成商圈的黄金地带至今仅作为交通节点而存在。除此之外，从城市空间发展的角度，尽管上海地铁网络已相对完善，但就远距离运输方面仍属于薄弱环节，地铁对郊区新城的引导发展被距离中心城更近的城镇组团"截流"，加剧了中心城向外蔓延的趋势。另一方面，上海建设用地占比过高，已逼近维系城市生态安全50%的空间底线。据不完全统计，从1997年至2010年，城市用地增长334km²，相应的人口增长了142.85万，意味着每增长1万人便需要2km²的建设用地与之平衡，这种以资源低效利用为代价、建成区"摊大饼"式的发展特征应在下一步的空间规划引导中进一步改善[①]。

3. 广州

　　广州作为华南地区人流、货流、信息流及资金流的重要枢纽，强大的辐射能力使其

---

① 上海市规划和国土资源管理局. 转型上海规划战略［M］. 上海：同济大学出版社，2012.

成为南方最大的超级城市，是周边地区主要的金融经济中心，同时也是对外政治文化交流的核心所在。在国家扩大需求的发展背景下，"千年商都"将围绕"南拓、北优、东进、西联"的总规方针强化空间整体布局，为世界级商圈的诞生做准备。

相对北京、上海爆棚式增长的综合体，广州的速度则稍显缓慢，地铁网线的完善也与前两座城市有一定差距。尽管如此，围绕地铁展开的综合体建设依旧占到总体份额的60%以上。由表3-11和图3-43可看出，2010年之前地铁站域商业综合体的建设大都处于停滞不前的状态，而亚运会的开办为广州带来商机的同时也极大地刺激了地铁网线的进一步建设，并由此带动了地铁沿线的发展，该时期围绕地铁站建设的综合体无论是在数量还是在面积上均达到了总量的80%以上。随后，由束缚于老八区"小广州"向全域设区"大广州"的转变预示着多中心结构战略的进一步强化：新城的发展成为下一步工作的重点，综合体的建设也逐渐由中心转向郊区。在没有了像"亚运会"这样强心剂的推动下，地铁的发展逐渐步入正轨，工期长、难度大势必会导致"准地铁站域商业综合体"的尴尬，故而从2010年至2013年围绕地铁开业商业综合体的所占份额出现缓慢下跌的情况，但即便如此，地铁站域商业综合体仍保有总量一半的份额。

2004~2013年广州已开业地铁站域商业综合体面积、数量情况　　　　表3-11

时间	面积（万m²）			数量（个）		
	地铁站域商业综合体	地铁周边商业综合体	剩余商业综合体	地铁站域商业综合体	地铁周边商业综合体	剩余商业综合体
2004	99.39	43.72	46.28	3	1	2
2005	113.63	43.72	32.04	4	1	1
2006	113.63	43.72	56.54	4	1	3
2007	113.63	43.72	56.54	4	1	3
2008	113.63	43.72	68.64	4	1	4
2009	113.63	43.72	68.64	4	1	4
2010	296.32	55.83	63.74	8	3	2
2011	336.94	55.83	118.72	9	3	3
2012	402.93	55.83	208.73	11	3	8
2013	402.93	65.11	262.35	11	4	11

资料来源：作者统计。

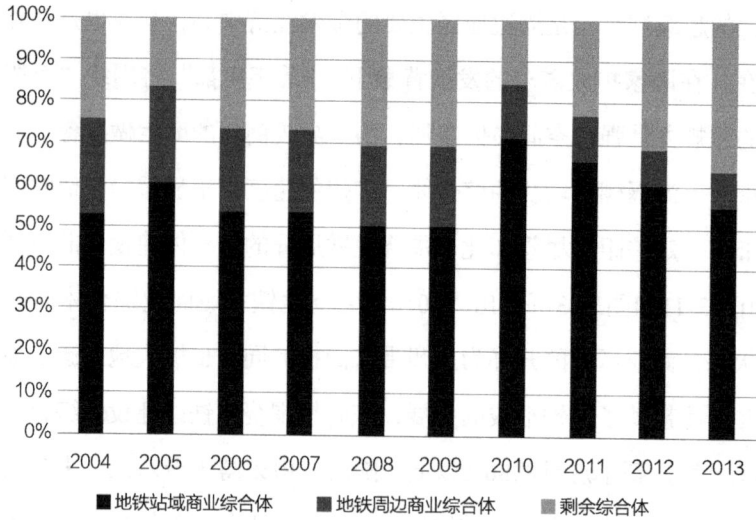

（a）综合体面积所占比重

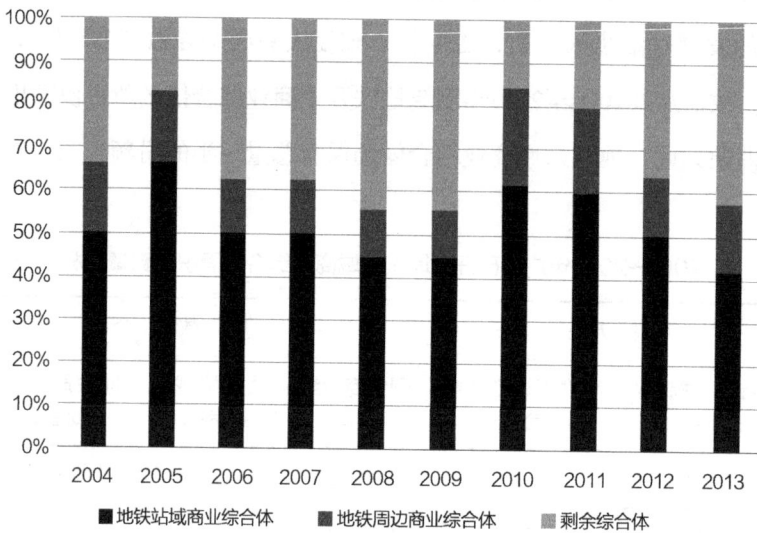

（b）综合体数量所占比重

图3-43 广州综合体面积、数量所占比重

　　广州作为"千年商都"，主要由3个都会级商圈——天河路商圈、北京路商圈、上下九商圈和7个区域级商圈——珠江新城商圈、环市东商圈、东山商圈、白云新城商圈、广州大道北商圈、江南西南商圈和万博-汉溪商圈构成，空间分布主要呈东西线型布局，南北方向延展较弱（图3-44）。十个商圈均有地铁从中穿过，其中一号线的连通带动了天河路商圈、北京路商圈、东山商圈和上下九商圈的成熟，三号线的贯穿则将天河路商圈、珠江新城商圈、广州大道北商圈、万博-汉溪商圈进行有机相连，形成现代商业的汇聚带，把由西向东的商业格局转变为南北扩展。对已开业的地铁站域商业综合

体及地铁周边综合体进行Kernel密度推定法发现（图3-45）：地铁站域商业综合体的辐射影响呈单中心放大式，并在天河区过渡集中，除该区之外，剩余的部分对周边地块带动作用极为有限。对于地铁周边综合体来说，尽管与地铁站域相比在辐射范围上有所区分，南北方向表现良好，但对于多中心建设的发展仍属于杯水车薪。将Kernel密度图与商圈图进行叠合（图3-46），围绕地铁而建的综合体大都处于商圈的覆盖之中，然而作为都会级的上下九商圈，却没有相应的综合体与之对应，此外，约有一半的商圈缺乏综合体的带动吸引。

　　对于人流趋势方面，利用热力图对广州进行不间断观察发现（图3-47）：除去珠江新城商业圈稍显人气不足以外，剩余九大商业圈均有较好的人流支持，值得一提的是，以万博-汉溪商业圈为代表，不同时间段人流量差距较大。缺少地铁站域商业综合体促进的江南西南商圈、万博-汉溪商圈、上下九商圈、环市东商圈和广州大道北商圈仍存有较大的商业潜力。

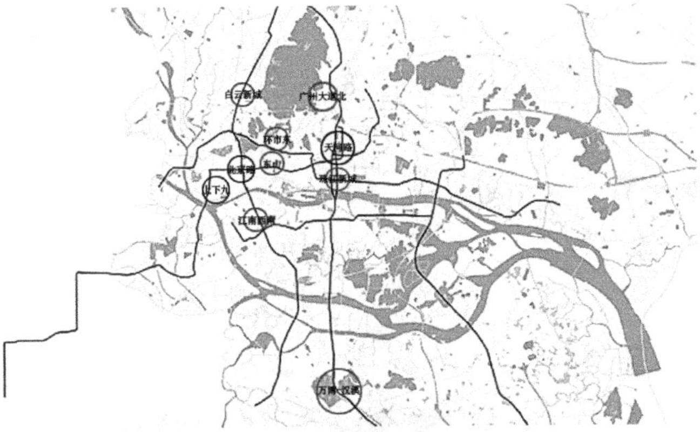

图3-44　广州商圈分布图（黑色为市级商圈、浅色为部分地区级商圈）

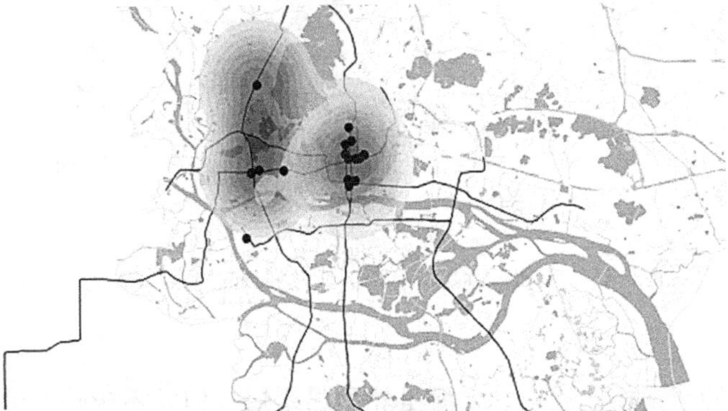

图3-45　广州地铁站域商业综合体Kernel图

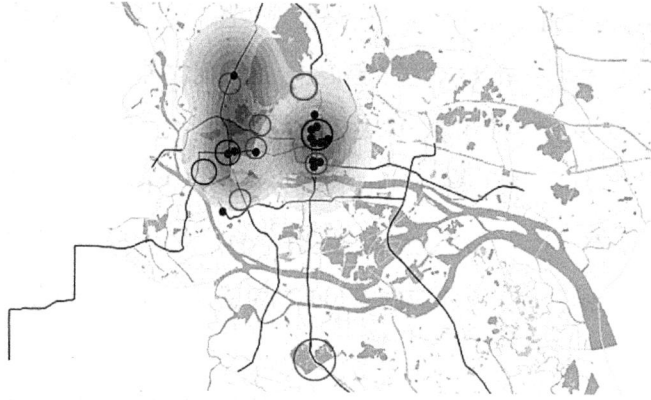

图3-46　广州商圈结构与地铁站域商业综合体Kernel叠加图

（a）9：00热力图　　　　　　　　　　　　（b）15：00热力图

（c）21：00热力图

图3-47　广州9：00、15：00、21：00热力图平均态势

　　广州综合体的建设相比北京、上海虽然稍显缓慢，但并不影响井喷式增长的到来。据不完全统计，金沙洲近三年内商业项目的总面积将达到65万m²，在建和规划中的总

量为130万~140万m²，比最繁华的天河路商圈还大，而萝岗片区目前在建的综合体为8个，总面积超过378万m²，诸如大壮国际广场（168万m²）、绿地中央（60万m²）、萝岗敏捷广场（45万m²），这样的大盘屡见不鲜[①]。尽管综合体的大量建设有利于商圈的带动和成熟，但建筑与地铁工期的矛盾势必会导致人流量不足，时间的等待无论是对开发商资金的运转还是对城市空间结构的塑造都会带来极大的挑战。

3.2.3 空间结构视角下地铁站域商业综合体与城市融合发展的趋势

3.2.3.1 城镇化背景下的选址定位

经济的发展不可避免地会带来城市的扩张和延展，多中心组团作为诸多实践下最有利的有机疏散方式，成为当下城镇化进程空间结构的主要发展趋势。如北京的"两轴-两带-多中心"，上海的"中心城-新兴边缘城市-综合新城-产业新城"，广州的"一个都会-两个新城区-三个副中心"，杭州的"一主三副六组团"等。越来越多的迹象表明，在城镇化进程的推动下，我国正逐步形成多个以特大城市为核心或多个城市相结合的大都市圈层结构，其中以地铁为主导的轨道交通建设在对中心区与外围区的联系中发挥着不可替代的重要作用。地铁站域商业综合体作为受制于地铁和城市空间双重压力的存在，它的选址、运营和对周边地块的巨大影响力，既是对方针政策的反映，也是城市交通引导规划的关键节点之一。

一方面，无论是从"多中心"的规划角度还是从中心建成区的逐渐饱和来看，地铁站域商业综合体的郊区化已逐渐成为发展的主要趋势。将2011年到2013年的数据对比（图3-48），可以看出，位于城市新区综合体的比例呈现逐渐扩大的趋势，并以与地铁搭接综合体数量的递增最为明显，截止到2013年底其所占份额达到总量的23%，无轨道交通搭接的新区综合体占到总份额的17%。尽管地铁站域商业综合体最近两年在所占总量的份额中呈现下降的趋势，造成现实中大量新区综合体远离地铁的局面，但在规划上许多城市已为新区做出了明确的地铁网线计划，加上铺设速度的缓慢和彼此工期间的矛盾，故相信"准"地铁站域商业综合体的存在只是短暂的。另一方面，新区、副中心本

---

① 林婉清. 商业地产硝烟四起，广州成交商圈成新战场［N］. 地产周刊·商业地产，民营经济报，2014.06.27.

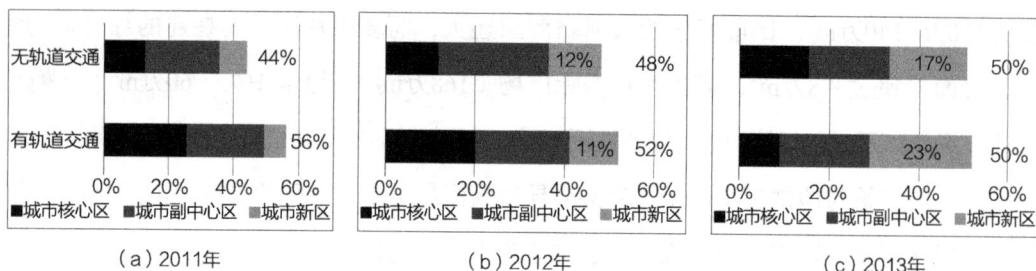

<table>
<tr><td>无轨道交通</td><td>44%</td><td>12% 48%</td><td>17% 50%</td></tr>
<tr><td>有轨道交通</td><td>56%</td><td>11% 52%</td><td>23% 50%</td></tr>
</table>

■城市核心区 ■城市副中心区 ■城市新区　■城市核心区 ■城市副中心区 ■城市新区　■城市核心区 ■城市副中心区 ■城市新区

（a）2011年　　　　　　　　（b）2012年　　　　　　　　（c）2013年

图3-48　综合体区域属性与轨道交通情况（按数量）

图片来源：克尔瑞2013中国城市综合体发展报告。

身的定位需要项目以综合体的形式结合地铁来完成盈利需求。究其原因主要有：地铁带来的大量客流弥补新区购买力不足的同时，为综合体后期运营提供了交通上的保障和潜在的客流支持；而不同的功能复合则保证了不同时段、不同的活力的提供，如酒店和住宅的晚间、周末人流对商业的活力，办公和会议的日间、工作日人流对住宅的溢价等。地铁站域商业综合体在地铁发展内在需求的推动下，将交通的载体意义转化为空间节点与城市有机结合，并随着地铁线网的建设和交通一体化的完善，发挥出承上启下的衔接作用，奠定了其在城市空间结构引导层面的核心地位。

3.2.3.2　高密度需求下的立体整合

伴随着城市立体规划的提出和垂直城市概念的兴起，具有得天独厚优势的综合体建设逐步呈现高层、高密度的发展趋势，并通过多元功能的混合设置提高地块容积率以分担高昂的土地成本，发挥其应有商业价值。应该说城市立体整合理念的重视得益于地铁站域商业综合体的带动和发展，它并不是将空间由上及下简单地进行1：1：1划分，而是根据不同的空间特性及现实运作在整体框架下对彼此间的效率与协调进行不断平衡。面对我国人多地少的严峻国情，资源的集约利用成为可持续发展指导下的主要战略，地铁站域商业综合体作为联系高层、地面和地下的空间纽带，必然会将立体整合的发展思路推高到一个新的层次。

从垂直角度来看，地铁站域商业综合体在实现自身盈利的需求过程中将底层地铁客流及地面层城市人流运送到高层的不同功能区块中，通过不同高度的"多首层"空间设计既提高了项目不同层面的可达性，又丰富了城市路径组织，完善了"慢行"交通系统，形成了"主动"式的立体。从水平角度来看，要充分发挥地铁站域商业综合体对周边地块的活力带动作用，不能仅限于项目的本身，而必须有整体性的发展思路。无论是线路规划还是项目建设抑或是周边配置都直接影响着综合效益的发挥和资源的集约利用，尤其是在面对地块与交通的整合问题上，更是与系统的同步协调息息相关，以期通过"被动"式的整合来达到地块活力的最大化发挥，如上海的五角场、广州的天河路、南京的新街口等。值得一提的是，地铁站域商业综合体之间整合的结果在一定程度上更容易刺激商圈的形成，从而引起空间结构的改变，反之，商圈的形成对地铁站域商业综合体的整合也起着推波助澜的作用，两者的发展是相辅相成的。

3.3　地铁站域商业综合体对原有城市层级的穿刺

地铁作为高效快捷的现代运输方式，不仅可突破传统"摊大饼式"的扩散方式来引导城市空间发展、优化资源配置、建立时空分割却联系便捷的新生态城市结构，更关键的是可以通过诸如地铁站域商业综合体的建立，将城市职能转换为空间核心节点来产生巨大的综合效益，其中主要包含：交通环境改善导致的交通效益，土地价值提升导致的经济效益和能源消耗降低导致的社会效益。

3.3.1　地域穿刺——地铁站域商业综合体的交通效益

3.3.1.1　交通效益

地铁站域商业综合体的交通效益主要是指地铁为城市交通系统所带来的改善和以商业综合体为介质进行公共交通整合而带来的相关利益，受益主体由使用者和城市交通系统两部分构成。对于使用者来说，交通效益主要表现在出行效率的提高，出行成本的节约及舒适安全的保障等等，而对于交通系统来说，地铁站域商业综合体的效益则更多地表现为通过公共交通结构的改善及空间的整合缓解交通堵塞，同时利用城市不同职能之间的复合激发潜在的客运量和地块价值。交通效益作为所有效益的基础，是地铁建设所产生的最为直接、核心的部分，面对我国人多地少的基本国情，特大城市在坚定发展轨道交通决心的同时，更加注重交通效益的最大化发挥。截止到2013年，从全国范围看地铁占城市客运量的份额已由2009年的3.19%上升至现今的8.51%，其中地铁线网相对健全的北京出行比例占到总量的20.6%，日均客运量达876万人次，最高达1106万人次；上海地铁出行份额则为39%，日均为775万人次，最高为1028万人次，全年更是有27天单日超过900万人次的记录①。

如果说大运量的交通效益主要是因地铁自身条件而导致的，那么将其与城市公交及慢行系统的有机整合则是地铁站域商业综合体义不容辞的责任。从规划上来看，地铁呈"线"状，公交呈"面"状，慢行系统是连接"线""面"的"毛细血管"，面对使用者便捷实惠的客观需求，"无缝换乘"将是未来两者所追求的最好存在状态，结合城市职能的多元化需求，地铁站域商业综合体势必是此类介质的最好扮演者。除此之外，综合体的开发往往会给地块带来一定的连锁反应，在推动区域更新加快交通设施改造的同时，对潜在客流的增加也起到了一定的提升作用。

3.3.1.2　交通效益与经济、社会效益的因果关系

1. 交通效益与经济效益

地铁站域商业综合体作为推动区域交通结构改善的重要节点，在联系城市空间、整合传统交通的同时，对加快城市结构转型及经济效率的提高起到了重要作用。对于交通效益与经济效益之间的因果关系主要存在两个方面：

一方面，地铁线路的建设、公共交通的整合和慢行系统的完善在为使用者带来实惠便利的同时，对周边区块条件的升值进程起到一定的推动作用。于是土地承租者为了攫取高昂的利润，势必会利用区位优势抬高土地价格，投资商在资金压力下抱着尽快回本的目的难免会将开发方式集中于住宅和商业两大部分，经济价值不言而喻。相反地，商业和住宅活力的激发离不开大量的人流支持，两者不可避免地带来更高交通需求量的同时也为交通建设带来了新的压力。据相关资料显示，住宅方面，北京5号线仅立水桥商圈方圆3km的住宅面积便多达1500万m²，居住人口更是超过百万，商业方面，以营利闻名的香港地铁一开通即为周边物业带来了近50%的升值红利，地铁站附近的

---

① 张媛. 城市交通客运量大2014城轨交通客运比例将突破10%. http://www.qianzhan.com/analyst/detail/220/140613-e46bba9c.html.

房租更是比周围高出两倍之多①，住民的增加无疑为周边商圈带来了一定的保障和支撑作用。

另一方面，地铁建设导致城市劳动力在空间位置上的快速移动，势必会促进经济效率的整体提升，相反地，经济效益要满足现有需求又离不开较高的交通效益作为保障，于是彼此之间的互惠互利以地铁站域商业综合体为节点进行放大，使得系统发展呈现出良性循环。

2. 交通效益与社会效益

一方面，随着地铁公交的整合和慢行系统的完善，越来越多的使用者倾向于选择公共交通作为出行首选，从而在一定程度上降低了交通带来的能耗需求，提升了土地空间价值的潜力，减少了大气污染物的排放。交通效益在促进城市生态改善的同时，必然会伴随环保要求的逐步升高而不断进行"自我突破"。除此之外，无论是地铁建设还是商业综合体建设均会为社会带来巨大的效益红利。将其从规划到运营所涉及的诸多产业和部门考虑在内，以重庆为例，几乎每投资1亿元便可增加2.63亿元GDP，提供8466个就业岗位，综合贡献率达6.2倍②，而诸如北京、上海线网相对发达的城市，投资成熟度更是达到了惊人的1：8～1：12（即投资1亿元可增加GDP 8亿~12亿元）。

另一方面，地铁带来的可达性加快了城市格局的转型和优化，地铁站域商业综合体作为效应的放大环节对城市空间的改善起到了极大的推动作用，其中典型的当属上海的五角场商圈。反过来说，城市骨架的优化尤其是特大城市的转变，需要诸如地铁要素的拉动，而这种需求又会对交通效益提出新的需求，故地铁与城市空间之间也存在着一定的因果关系。

3.3.2　时间穿刺——地铁站域商业综合体的经济效益

3.3.2.1　经济效益

地铁站域商业综合体的经济效益是由地铁建设和综合体开发共同为经济发展带来促

① 朱鸽. "地铁红利"与城市经济发展［J］. 中国集体经济，2014（10）.
② 桑瑜. 成都地铁的社会效益分析与评价［J］. 经营管理者，2009（08）.

进作用的效益，受益主体包括：地铁运营企业、综合体项目开发企业、间接企业及城市经济系统。对于地铁运营企业来说，城市地铁项目建设为企业带来的运营收益中最直接的当属票务收益，另外还包括空间租赁收益及其他相关服务收益。对于综合体项目开发企业来说，主要收益除去建筑本身带来的经济效益以外，还包含地铁客运人流所带来的潜在商业收益。对于间接企业来说，地铁站域商业综合体的建设势必会导致周边地价的提升，空间的高强度利用及用地类型的调整等，巨大的经济溢价由此产生，区域的经济系统也在此过程中得到进一步完善。对于城市经济系统来说，一方面地铁站域商业综合体在发挥交通职能、加快使用者移动效率的同时，还因功能的多元化需求引发了经济要素空间配置的改变，从而对劳动力的升值和经济水平的提高起到一定的促进作用；另一方面地铁站域商业综合体项目本身对资金、技术便有着较高的要求，作为经济系统的发展要素，无论是投资的引入还是技术的提升都对其发展起到了积极正面的推动作用。无数国内外的经验证明，地铁建设对沿线地产物业起到了极大的带动作用，并通过站域综合体集中表现，"地铁一通，黄金万两"已逐渐成为房产界的金科玉律。美国费城地铁带来了附近房产7%的增值，韩国地铁站周边200m内土地价格是周边的10~11倍，北京、香港站点400m内住宅年平均涨幅高达24.3%，上海、广州等沿线商铺出租率则近乎100%。诸多数据表明，相对其他物业，地铁站域商业综合体有着极高的投资价值，即便是市场低迷期，也有较好的抗跌能力。

3.3.2.2　经济效益与社会效益的因果关系

地铁站域商业综合体经济效益与社会效益的因果关系主要包含两个方面：

一方面，地铁站域商业综合体所带来的各种经济效益导致了城市生产总值及就业岗位的增加，对社会的稳定和发展起到积极的作用。另外由经济效益所带来的地区财政税收的提高加大了政府对教育、卫生、医疗等方面的扶持，加快了诸如地铁项目等城市基本设施建设的速度，经济与社会之间由此形成一个大的因果循环。然而值得注意的是，从全世界范围的角度来看，地铁建设作为公共基础设施建设项目，所需要的资金大都源于国家政府补贴，能够自负盈亏的地铁企业少之又少，于是我国香港以其"地铁+物业"的盈利模式成为众多城市竞相学习的对象。尽管不同的地域对应着不同的情况及政策，但诸如地铁站域商业综合体模式的跨界搭配却不断以一个个吸引人眼球的数据证明着其价值所在，利用物业开发回收的增值弥补地铁项目上的资金缺口，从而实现合理的收支平衡。据不完全统计，在过去的30多年里，香港地铁公司已开发超过1000万m²的地产项目，其中按可出租楼面面积计算包含了21.33万m²的零售、4.09万m²的办公以及1.43万m²的其他用地，2013年度仅物业和管理业务的总收入便达37.78亿港元，沿线商场及相关楼层均维持着近100%的出租率[①]。

另一方面，经济效益的提高势必会加大财政在生态环保方面的投入，从而促进环境的改善及优化。反过来，城市环境的优化会在无形之中对投资的增加和旅游的发展起到一定的带动作用，并从侧面引发经济效益的提升，于是经济与环保之间形成一个隐性的因果循环。除此之外，地铁站域商业综合体作为一项庞大的建设工程，涉及诸多领域和专业，在带来经济效益的同时也带来了巨大的建设量和蓬勃朝气，无论是施工期间还是建成运营，地铁站域商业综合体都对区域地块活力起到一定的刺激作用。

值得一提的是，地铁站域商业综合体经济效益的发挥得益于地铁网线的完善，当前情况下除去北京、上海、广州相对骨架健全的城市以外，其他的均处于高速建设期，社会效益往往大于经济效益。在城镇化的推动下，伴随着人口的增多和路网的增加，地铁势必会吸引越来越多的人流，成为公共交通的首选对象，因此从远期投入来看，考虑到其效益的放大性，围绕地铁有关的物业资产必然具有较高的投资价值和升值潜力，经济效益不容小觑。

3.3.3　空间穿刺——地铁站域商业综合体的社会效益

3.3.3.1　社会效益

地铁站域商业综合体的社会效益是指在其建设和运营期间为社会经济和城市发展所带来的积极作用，受益主体包含：环境系统、空间结构及城市居民。对于环境系统来说，地铁站域商业综合体的建设是资源整合下的集中表现形式之一，公共交通的融合及慢行系统的优化减轻了地面交通压力的同时，刺激了地铁在出行比例中份额的提升，并从侧面改善了因交通导致的生态环境恶化的局面。若每吨CO_2造成温室效应的损失为20美元，那么与汽车相比，单位释放量仅为汽车1/26.7的地铁，其所带来的环境效益便瞩目共睹。对于空间结构来说，地铁站域商业综合体在设计建造中势必会在现实环境的制

---

① 陈颐. 香港地铁为何能盈利 [N]. 经济日报，2014.07.19.

约下形成空间上的立体化，带动周边地块建立地上、地面、地下的空间连锁反应，推动城市土地资源的集约利用，并从规划的层面对城市空间结构的转型起到一定的引导作用，如前文所提到的城市商圈变化以及轨道线路对多中心结构的支撑等。对城市居民来说，地铁站域商业综合体无论是建设还是运营都会带来大量的就业岗位。按照国家通用的测算方法，仅地铁公司每公里便可解决60~90个居民的工作问题，故而从侧面一定程度上保障了社会的稳定①。另外地铁站域商业综合体因其特殊的地位和职能大都成为区域形象的代言，不仅是城市景观的重要组成部分，更是区域文化和经济实力的象征，有利于片区乃至城市知名度的提高和活力的增加。综上所述，对于社会效益的指标可概括为：资源节约效益、土地集约效益、就业带动效益和活力提升效益。

3.3.3.2　社会效益与交通效益、经济效益的依存关系

地铁站域商业综合体的效益由交通效益、经济效益和社会效益组成，为了保证综合效益的稳定有序，三方在整体系统下呈现出不同的功能结构和依存关系。

作为综合效益的基础部分，交通效益的良性循环是经济效益和社会效益实现发展的根本。如果说综合效益的提高主要通过经济水平的增长和空间结构的改善而表现出来，那么针对当下城镇化进程的大都市而言，这一目标的实现除去财政对基础设施的投入建设，更多地依赖于交通效益对高效率的提高。作为综合效益的主体部分，经济效益的良性循环是保障交通效益和社会效益发展的关键动力。无论是交通设施建设还是社会体系的建立都离不开对经济的投入需求，换句话说只有经济效益得以提高，交通项目和社会效益才能在此支持下实现更好的建设。作为综合效益的延伸部分，社会效益的良性循环是交通效益和经济效益的最终目的，两者对其的依存关系主要体现在对劳动力、环境优化和区域知名度提高的需求上。交通效益、经济效益和社会效益三者互为发展要素，又互为聚集结果，从时间纵轴上呈现出动态上升的发展过程。当综合效益内的子效益在某一时间达到层次功能上的平衡后，不同效益间的短暂稳定又会被新的需求所打破，于是各子效益会随着地铁站域商业综合体系统的不断优化而提高，进而带来更高水平的综合效益。

---

① 桑瑜. 成都地铁的社会效益分析与评价［J］. 经营管理者，2009（08）.

第 **4** 章

区域复杂环境视角下
地铁站域商业综合体
的有机融合

如果说将城市框架看作一个具有完整功能的开放系统，那么地铁站域商业综合体便是其中一关键子系统。从宏观角度来看，地铁站域商业综合体作为城市框架的构成要素，为空间布局引导和骨架结构转型带来一定积极作用的同时，也为城市发展和社会经济带来了可观的综合效益。从中观角度来看，无论是系统的运转还是子系统的相互协作都离不开对周边环境的依赖和适应，而包含众多结构组成的地铁站域商业综合体系统要获取自身更好的发展，势必要在周边环境的良性支持下，满足与自然、经济、社会等环境因素之间的平衡。本章从"线"的角度，以地铁网线相对健全的北京、上海、广州三条地铁线路为例，探讨相关地铁站域商业综合体与区域环境之间的有机关系。

4.1　地铁站域商业综合体与周围环境的融合

伴随着我国城镇化的快速进程，地铁站域商业综合体建设在带动城市经济发展的同时，也对周边环境的改造更新和人气活力的激发促进起到了巨大的推动作用。从系统论的角度，地铁站域商业综合体作为城市框架内部的子系统，与周边环境存在着空间、物质以及信息上的对话，两者间的有机适应是维持彼此稳定持续协作关系的关键因子，也是保障环境性能综合提升的核心内容。

4.1.1　空间对话——高密度背景下的三维立体

建筑不是孤立的个体，而是城市的构成，作为承载自然演变、见证人类文明进步的媒介，空间的对话成为高密度环境生存下协调共生的基本反应。高密度的表征和多元化的需求推动建筑空间逐渐由单一的平面维度向多重的竖向维度转变，将建筑空间模式与城市结构趋向进行混杂，促使两者以"杂交"的方式协调"共生"。从方法论的角度，无论是空间补偿还是杂交共生，基于平面的行为模式分类和从剖面角度对环境质量的解决均不再有效，取而代之的是一种更为有机渗透的三维城市及三维空间利用。

4.1.1.1 高密度下的三维主义

作为环境的细胞，建筑是其有机组织的因子和延伸，城市与建筑之间的联系往往通过不同层面的接驳空间进行转接。在传统低密度的环境中，适合人类出行模式的建筑接近方式往往与城市基面处于同一层标高，与周边街道、广场、景观等呈现二维的交接方式，简单的建筑功能及较小的规模形态从某种程度上阻碍了竖向发展的可能，空间接驳以横向的蔓延为主要解决方式。然而面对如今高密度的环境条件，一方面，人多地少的国情、可持续发展的国策以及土地高效利用的紧迫，促使以地铁站域商业综合体为代表的建筑通过高密度、高容积率的方式呈现在环境中，传统低密度的水平蔓延由此向高密集的竖向延展进行转化，于是针对建筑的接近方式也逐渐由水平转向垂直层叠，对接驳空间的竖向延展提出了新的要求。另一方面，高密度的城市环境面对多元的功能及复杂的流线，需要立体多层的搭接来保证物质流、能量流和信息流的高效运转。现代城市的三维交通系统是对传统街道层面的立体分解，在增加街道基面空间的同时，对建筑三维空间的塑造起着巨大的推动作用。地铁站域商业综合体便是通过对地铁的联系、地面交通的改良以及慢行系统的完善将建筑与城市从地下、地面、地上三个层面完成两者间的联系和对话，从而满足高密度环境下建筑复杂功能和空间对路径的要求（图4-1）。

地铁站域商业综合体与城市交通职能的有机结合加快了其从横向蔓延到三维立体转化的进程，同时内部空间面对城市开放，使得地铁站域商业综合体在整合思想的指导下，以站点为中心向周边进行辐射。作为对城市设计的补充，建筑与城市公共空间在此

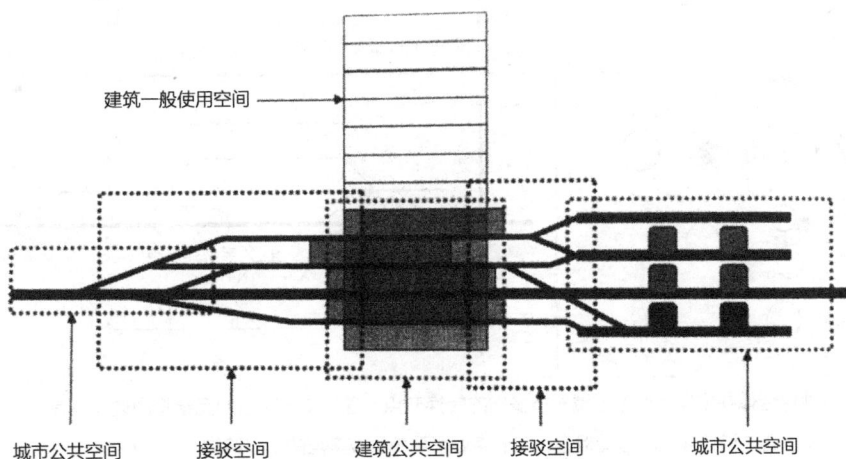

图4-1 建筑与城市的三维接驳

图片来源：董春方. 高密度建筑学[M]. 北京：中国建筑工业出版社，2012。

穿插融合，通过自身开放性的塑造不断形成新的行为场所，对原有的环境空间体系也起到进一步完善的作用，从而具有重要的空间价值和城市意义（表4-1）。

地铁站域商业综合体三维体系横向、竖向的系统组成　　　　表4-1

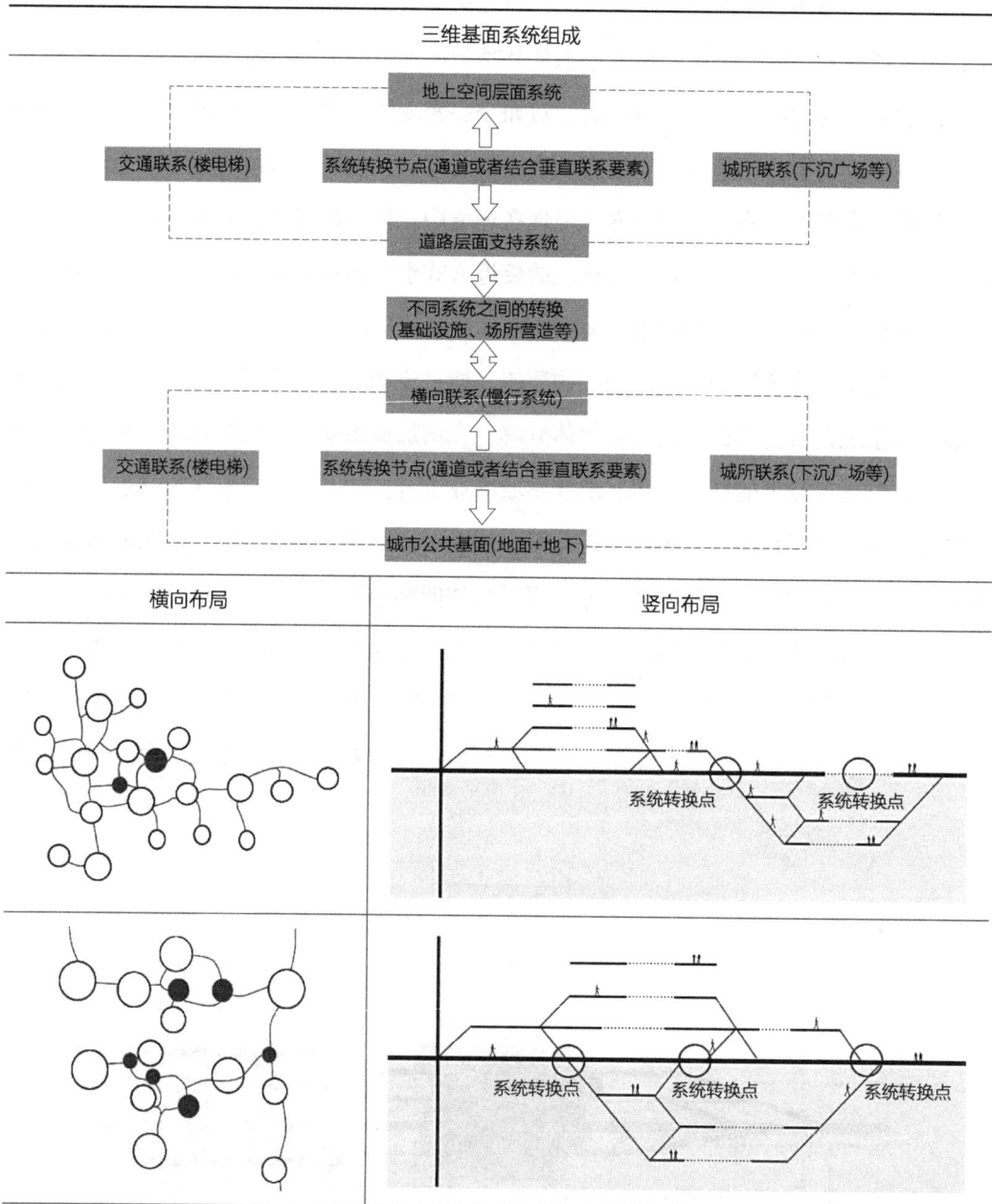

地铁站域商业综合体在横向上作为区域多枝多向的转换节点，通过慢行交通的完善将周边建筑有效相连；在竖向上，活动基面通过通道或空间营造相连，在节点处呈现单层或多层的形态结构

资料来源：依据"董贺轩. 城市立体化设计——基于多层次城市基面的空间结构[M]. 南京：东南大学出版社，2011."改绘。

4.1.1.2　三维立体原则

1. 多样性原则

高密度环境中，建筑要在有限的土地上衍生出更多可供利用的建筑空间，作为其表征特点的密集高建筑容量则成为多样性原则下发展的前提和优势条件。一方面，密集和丰富的生活行为以及容纳其活动发生的物质场所是多样性产生的源头，高密度环境中的高建筑容量成为多样性活动的物质基础；另一方面，多样性为高密度环境中资源节约、高效利用及建筑活力提供了一定的功能空间基础，成为可持续发展与紧缩城市在建筑中的反映。城市的多样性不仅是城市魅力的根本所在，更是生存、发展、繁荣的首要条件，这里的多样性更多指的是蕴含众多功能及活动的空间多样性。高密度环境中越来越多的巨型建筑已逐渐演化成一个个微缩的城市，地铁站域商业综合体作为其中特殊的存在，因其便利的交通、巨大的客流、丰富的商业而发展为当下最有价值的综合体项目。据不完全统计，在东京100个日营业额超过10亿日元的综合性商业中心里，有95个与地铁在空间上有着直接的联系。另外，地铁站域商业综合体在将功能融合的同时，通过对人行步道或场所节点的处理有效改善了接驳空间的品质，尤其是对地下空间与城市界面的有机融合及城市三维立体的形成更是起到了关键性的推动作用。多样性原则并非是说在目前高密度的情形下所有的建筑都应符合多样性的需求，而是指类似地铁站域商业综合体这样拥有大规模、大体量并有效联系城市不同职能的复杂建筑，满足在有限土地上节约资源、创造高效便利环境的同时，利于土地的集约化利用和功能空间的平衡，提升建筑乃至周边区域的空间活力。

2. 便利性原则

如果说多样性原则是地铁站域商业综合体活力塑造的秘诀，是实现城市空间立体化及资源节约利用的保障，那么便利性原则便是地铁站域商业综合体生命力的诀要，是满足高效使用、创造宜人空间场所的根基。便利性原则作为城镇化进程下城市发展的空间诉求，因高密度的形态构成而得到补偿。一方面，高密度相对于低密度的环境，更有条件创造便利高效的物质基础，满足城市高效运转的需求；另一方面，高密度虽无法像低密度一样拥有开阔的视野和亲近的自然，但高密度从侧面激发了人们对空间的潜能挖掘，并在高效便利的指导下达到一个新的平衡。地铁站域商业综合体的建造并不仅仅是建筑对当下人们多元化需求的多样性表达，它更是反映了人们对于便利交通的热衷追求。以我国香港为例，在702万居民中有90%的人选择公共交通出行，其中仅地铁一项便占到了总量的40%[①]。

3. 空间补偿原则

空间补偿往往是指在高密度环境中，建筑在多种条件的限定制约下所失去的空间通过其他方式进行补偿，补偿空间往往具有所失去空间相应的品质及功效。空间补偿主要目的在于挖掘高密度环境下的空间潜能，一方面形成次级地面，如因地块限制失去与地面空间的联系，通过空中拓展或其他可利用空间的塑造，补偿具有同等的地面空间价值及环境品质；另一方面针对城市开放空间进行补偿，如出于对高密度环境拥挤的考虑，释放出一定的地面作为对城市公共空间及建筑室外空间的补偿。

对于次级地面空间来说，它既是建筑在高密度环境及高效多元要求下的必然产物，也是城市空间三维立体趋势的必然选择。在这里，原始地面不再是自然原生地面，它在对原生地面分解的基础上，形成处于空中并具有相似于地面属性和功能不同层次的基面平台，也称"多首层"设计。次级地面的诞生不但弥补了地面空间的不足，促使开放空间率的提高，还刺激了二维向三维立体的转型，为建筑与环境的连接创造出更多的可达性空间，使得处于"空中"的建筑同样拥有"地面"的环境品质，拓宽了建筑与城市之间的接驳方式。而对于地面空间的释放来说，则更多的是通过对建筑底部功能和空间的分解还地于城市，将消失的部分移动到地下或空中。如果说地面空间的释放促使了次级地面的产生，那么次级地面则为地面空间的释放提供了物质上的基础，地铁站域商业综合体因其庞大的体量和规模对地面空间的释放提出要求，又因其对地下、地面、地上的连接需求和商业活力的带动发展了次级地面，于是内部空间的立体塑造在两者的带动下逐渐转型，并进而扩展到周边区域，引发了城市视角下对三维立体空间演化的关注。

4.1.2 功能对话——地铁站域商业综合体的杂交共生

杂交共生即是功能的杂交和空间的共生，指在城市视角下将不同性质的功能和空间通过相互有利、相互作用的方式联系起来并以某建筑为载体存在于周围环境中，从而满足城市与建筑之间平衡渗透、有机协调的要求。杂交共生既是高密度环境下利益最大化

---

① 赵轶鸣. 步入地铁上盖综合体时代 [J]. 中国房地产金融，2014（06）.

的产物，也是多样原则下的具体策略表达，两者互为依存，缺一不可。

4.1.2.1　地铁站域商业综合体的杂交共生

如果说工业革命前只是将住宅及部分作坊简单结合，19世纪后期是不同类型及复杂功能的建筑结合，那么进入到21世纪则更多的是面对生存环境要求下建筑本体与城市社会功能之间的混杂结合。在城市高昂地价和刚性空间结构的制约下，高密度环境不得不接受功能之间的重叠混杂，催生出一部分由里到外、从功能到空间的双向整合建筑。其中，地铁站域商业综合体作为杂交共生的典型代表，有关其功能上的混杂策略主要表现在以下两个方面。

（1）地铁站域商业综合体区别于其他建筑，对功能业态与城市职能进行有机整合的同时，也对周边地块的功能配置进行不断的优化和改变，彼此之间的组合方式并没有固定的模数或程序。考虑到商业对人群的吸引，故而有着一定的不可预期性和自我实现性，其中包含了设计师的空间造型创新、基本功能的业态组合创新以及周围环境配置的不可预期创新等。另一方面，内部功能的混杂和集中势必会带来综合性、多样性的特征，伴随着周边环境不可预知的功能流变，杂交共生更多地通过模糊性及可变性的形式表现出来，最为直接的当属城市商圈结构在其影响下的改变。此外，功能的混杂使得地铁站域商业综合体的使用时间不再局限于所谓的"工作时间"，而是扩展至"24小时"全天候不间断，从而模糊了人们对建筑及周边地块使用行为的边界，最大程度地激活了区域的价值潜力。

我国现阶段的城镇化进程如表4-2所示。通过纵向对比，无论是中心、副中心还是新城建设，地铁站域商业综合体中有关商业的部分仍受到投资者的最多关注，而住宅作为资金回笼过程中最为关键的一环，则毫无疑问占到了商业开发体量的绝对优势，其中尤以位于新区的项目建设最为突出。除此之外，与住宅功能类似的公寓也逐渐成为项目不可或缺的热点，比重呈逐年上升的趋势，而隶属于传统功能的办公、酒店则在发展过程中呈现不同的来回往复。通过横向对比，办公的比重与距离市中心的远近呈反比态势，新城的地铁站域商业综合体中办公的分量占总量的比值最低，相反的，类似酒店、公寓、住宅等与居住相关的功能则与距市中心的远近呈现正比的趋势，以中心区所占的功能比重为最低。

中心区、副中心区、新城区地铁站域商业综合体功能比重分布　　　表4-2

时间	中心区	副中心区	新城区
2011			
2012			
2013			

资料来源：依据克尔瑞，中国城市综合体发展报告改绘。

（2）地铁站域商业综合体功能上的混杂促使城市公共空间与社会功能以一种有机共生的状态融入到体系自身的空间系统中，并赋予其一定的开放性和城市性。空间的公共属性在增加人们交往互动机会的同时，也带给建筑自身隶属于城市范畴的可达性和渗透性，将建筑的功能和空间拓展至城市环境，从而达到建筑与环境的有机交融。尽管杂交共生可在任一尺度规模的建筑中运用实施，但面对现今紧张的用地资源和高密度的周边环境，功能混杂作为一种重要的物化形式，意味着重合叠加的高度和有机混合的规模，故而地铁站域商业综合体常常以大尺度、大规模的形式出现在众人面前。另外，投资商面对高昂的地价为了尽可能地攫取巨大的商业利润，势必会在新技术的支持下通过扩大楼面面积或建筑容量来满足其投机的目的，于是多元的混杂功能成为高容积率、大容量项目的首要选择，从某种程度上说经济利益亦是推动功能混杂的主要助力之一。

地铁站域商业综合体功能的杂交是对土地稀缺、高地价以及中心密度剧增等环境因素的策略反映，它将传统意义上不相容的功能和空间通过一定的形式组织聚合起来，在规划层面上作为一种有效的工具用于中心的复兴繁荣及新城的开发建设。另外，地铁站域商业综合体通过杂交共生引发的混杂功能与公共空间的结合，为城市中心的交通介入以及周边区域的活力激发提供了良好的人员供给和物质保障。

4.1.2.2　地铁站域商业综合体杂交的特质

地铁站域商业综合体区别于一般建筑单体的杂交，作为高密度环境下一种具有生存策略意义的手段，其主要效能表现在以下几个方面：

（1）地铁站域商业综合体的杂交效能体现在集中便利的效率组织以及对区域活力的激发上。一方面，在限定的空间边界内将不同的建筑功能与城市职能集中结合起来，并在彼此间建立一定的高效便捷连接，由此抵抗分散与割裂对其产生的影响，满足高密度环境下土地高强度使用的要求。如果说地铁因其安全、准时、快速的特点缓解了城市交通矛盾，提高了公共出行的效率，那么以地铁站为原点进行展开的地铁站域商业综合体功能的杂交，则促使高效的交通效率延伸至整个周边地块甚至是城市各项机能中。不同的交通职能以站点为核心通过站域空间的塑造彼此交融从而达到无缝换乘的目的，或是通过相对完整的慢行系统，跨越单个站点的局限，将周边地块不同的功能联系成一个有机整体。如香港的"湾仔—中环"空中步行体系，便是较好地将地铁站域商业综合体所承载的混杂功能全方位地延伸至城市中心区。另一方面，良好的地铁站域商业综合体对杂交功能的选择以及共生空间的塑造是基于周边环境研究后的理性推导，它的成功运营已脱离了建筑单纯对自身项目的把握，更重要的是通过对周边地块的活力拉动形成一系列联动的区域效应，进而对整个城市的空间结构及转型产生积极的影响。体系中不同功能的有机组合成为地铁站域商业综合体"24小时"运转的基本保障，多样多层次的社会生活催化提升了区域乃至城市的活力。

（2）具有不同职能空间的开放性及互补共生状态是地铁站域商业综合体杂交效能的又一体现。差异性和多样性作为城市生存繁荣的根本，在对空间的渴求上受到了高密度环境的严重制约，杂交共生作为其应对策略在把不同功能空间组合起来的同时，提高了土地的使用强度，通过有机多样的关联方式包容城市中可预见及不可预见的行为。城镇化推动了城市中心区的功能混杂，多元复合成为未来不可避免的主要趋势，而城市中心区的功能混杂则从侧面提高了对公共交通尤其是地铁建设的依赖，使得地铁站域商业综合体承上启下的联系作用应运而生。此外，由功能混杂引发的空间开放性促使周边资源通过有机整合形成更具宏观意义的城市空间环境网，使得公共的、半公共的与私密的空间之间产生共鸣，利用资源优势发挥各自景观所长，继而组成统一的有机整体。

（3）对于土地的集约利用以及不同领域的公私整合是地铁站域商业综合体杂交效能

中不可忽视的另一反映。地铁站域商业综合体将不同性质的功能，依据其在高密度环境特质下的优势，在限定的场地内进行整合，提高用地潜能，达到集约利用的最佳效能。地铁站域商业综合体区别于其他建筑最大的不同是在满足功能复合的同时将城市交通职能以有机的方式融入整个系统中，作为一个开放多元的体系，不同功能的使用要求意味着混合复杂的社会生活，私人领域与公共领域在此通过微妙的共生空间缓解两者间的矛盾冲突，达到新的交融和共存，从而共享利益的一致性。另一方面，多样化的功能混杂从侧面确保了私人领域安全性与私密性的诉求，在满足私人个性利益需求的同时促成了私人与公共领域间的整合。

4.1.3 地铁站域商业综合体与周边环境互动的经验借鉴

4.1.3.1 地铁站域商业综合体与周边环境的互动协作

地铁站域商业综合体作为公共交通线路上的重要转换节点，不仅组成了人们日常生活出行必经的场所，更因其不同的功能混杂和空间再生，是人们感受、认知、记忆城市的最佳空间和途径。地铁站域商业综合体的发展在为自身成长带来契机的同时，也带给周边环境更多的活力因子，并利用其对城市不同职能的浓缩为地块区域提供集约、综合、高效的辐射式服务性能。地铁站域商业综合体是城市资源聚合的集中表现，由于依托地铁站点而建，其往往拥有良好的地理区位，是开发商竞相追逐投资的主要目标。它犹如化学反应中的催化剂一般，在满足自身建设运营的同时加速了区域地块改善发展的进程，为周边环境提供多元化全方位的服务，并带来不同类型及功效的聚集。

从空间的角度来看，地铁站域商业综合体与周边环境的互动协作更多地表现在以城市设计的角度为切入点，将区域环境与建筑本体结合进行整体考虑，空间由二维平面逐渐向垂直立体进行扩展，并由此引发对于空中及地下空间利用的探讨。以地铁站为原点进行的项目建设，势必会在满足交通设施整合的基础上，促使城市不同类型的空间走向更具宏观意义的系统整合，其中既包含了客观物质与场所的硬件整合，也囊括了系统运行与管理机制的软件整合，城市空间因此有了更加广泛的内涵延展，建筑、交通、市政也因此结合在一起形成完善和谐的公共网络服务系统，从而达到节约资源和提高效率的双重目的。另外，地铁出行作为城市交通职能中重要的组成部分，以地铁站域商业综合体为媒介将不同交通类型进行整合的手法成为目前缓解城市交通矛盾的主要趋势，同时慢行系统依靠空间架构在区域范围内进行完善，有了地铁站域商业综合体为核心节点，慢行步道的设计和空间都不再零碎分散，而是以一种更加分明、清晰、完善的形象呈现在众人面前。如在先进技术的支持下垂直立体的空间可以将人车分流在更广阔的城市空间加以实现，既利于人流的疏散引导，也保证了慢行系统的安全健康。此外，空间与周边环境的互动协作还从侧面推动了地域景观资源的有机融合，慢行系统的完善有效促使城市中公共、半公共与私有空间之间的共鸣，从而发挥自身所长，整合成一完整有机体。

从功能的角度来看，地铁站域商业综合体与周边环境的互动协作主要是将不同城市职能通过有机的手法进行混杂，区域活力因此激发，周边环境也因此得以重组改善。地铁站域商业综合体中城市交通职能与不同建筑功能之间的整合，使其不再局限于单纯的城市公益项目，而是在市场经济原则的指导下进行商业化的运作和开发，因此系统内部的功能布局不仅受到源于自身公共属性的影响，还应充分满足房地产或商业开发的需求，以此达到土地增值和商业利润的最大化。如地铁站域商业综合体中对于商业元素的引入，在庞大人流及空间多样的支持下，易对周边地块的商业发展产生带动作用，继而形成一定规模的新兴商圈，产生更大的经济活跃度和商业辐射力。地铁站域商业综合体在建设发展中所体现出的对区域功能布局的引导调整能力，是对城市空间发展的有机应变，作为城市设计的一环，对规划与实际之间的脱节状态起到了很好的弥补作用，使得不同功能之间在区域乃至城市层面得以进一步优化和完善。另一方面，不同的城市职能对公共交通的出行及空间提出了不同的需求，尤其是在社会高效发展的今天，城市功能布局往往以先进的交通枢纽或强大的客流疏导能力为依托，依据区域不同的侧重点及资源分布进行优化调整，在满足商业盈利的同时也对区域交通体系实现进一步的完善。如日本的地铁站域商业综合体，均是在充分利用以地铁为主体交通线网的基础上，对商业、办公、酒店等功能进行聚拢优化，以此来满足区域功能与环境之间协作互利的目的。

尽管从理论上地铁站域商业综合体会给周边环境以活力刺激，呈现出互动协作的良性循环，但在现实中当项目定位失败而运营不良，周边配套不尽如人意时，商业综合体作为大体量、大规模建筑往往会带给区域环境质量严重不良影响。从系统观的角度来看，应将地铁站域商业综合体放在整个区域环境背景下考虑，在关注空间功能与周边资源互动协作的基础上，统筹考虑彼此间环境共享支持的可能性；落实到现实操作中，应根据实际情况进行调研采样，掌握地块周边不同资源的需求和使用状况，对多样功能的配比、空间再生的可能以及健康运营的支撑进行合理分析，协调利益主体、管理部门等多方利益，避免产生不良影响。

4.1.3.2 相关案例分析

1. 东京丸之内

作为日本商务中心发展的丸之内地域，位于东京市中心皇宫与东京站间的黄金地带，整个区域包含大手町、丸之内及有乐町，区域总占地面积达120公顷，建筑面积为11.7万m²，拥有众多地铁线路及车站。可以说，整个区域是以日本中央车站——东京站为核心的便捷的交通网线支撑而成，与霞关、银座、日本桥等商业地带所毗邻，共同成为了东京形象的代表，较好地发挥着日本玄关的作用（图4-2）。近120年来，丸之内作为日本的经济中枢一直发挥着其独有的商业功能，区内包含大约100栋建筑，入驻企业4000余家，有24万的白领在此聚集。以日本最大的交通枢纽——东京站为中心，周边设置了13条轨道交通线路，7条地铁线路，并在地下完善了慢行系统网络以及信息市政管网。三菱地所于明治维新后将丸之内收入囊中，对其进行了长达100余年的改造，其发展历程可看作是建筑在交通建设的影响下与周边环境互动协作的过程。

1894年三菱一号馆的竣工拉开了丸之内第一次开发的序幕，随后建起的红砖街区则被冠以"伦敦一条街"的美称。1914年，伴随着东京站的启用，开发区域开始朝着车站方向延伸，从那时起，丸之内便逐渐摆脱建筑对于城市孤立分割的状态，开始从空间及环境的角度注重与交通职能的有机结合以及与周边环境间的互动协作，为此后地铁站域商业综合体的成型打下了初步铺垫。在此期间，围绕东京站的站前广场，先后有丸之内

（a）   （b）

图4-2 丸之内地区

图片来源：（a）三菱地所设计编著. 丸之内—世界城市"东京丸之内"120年与时俱进的城市设计[M]. 北京：中国城市出版社，2013；（b）作者自绘。

大厦（1923年）、东京中央邮政局（1937年）、新丸之内大楼（1952年）等项目竞相建设，在现代主义"少就是多"以及沿街31m标高限制的影响下，整齐划一的街区赢得了"纽约一角"的美誉。丸之内地区进行的二次开发是基于经济高速成长的背景，由于办公空间需求矛盾的加剧，大规模楼宇的重建工作开始启动，于是之前的"伦敦一条街"逐渐被街区性办公取代，道路继而被拓宽，小街区逐步向大街区的尺度发展。尽管在楼层高度上由31m突破到了1974年的100m，但因与皇宫相毗邻，沿街立面始终保持31m的绝对限制，故而形成统一的檐角高度，使其始终保持着相对整齐协调的外观，给人以温情的感觉。在此期间，日本地铁也有了长足的发展，围绕其配置的功能由单一的商务逐渐走向复合的餐饮、购物等，并在此基础上不断进行着建筑与周边环境的整合探索。丸之内的第三次开发以1995年发表的"丸之内大厦"的重建声明为开端，强调节能、混杂以及有机共存的指导思想，通过对基础设施的整合及多样功能的导入，使得地铁站域商业综合体呈现出组群的发展趋势，空间的垂直立体亦由单体向整个片区进行蔓延，如表4-3所示。

丸之内三次开发图示及高度控制　　　　　　　　　　表4-3

时期	相关说明
第一次开发	
	特点：围绕东京站进行项目建设，注重交通与建筑之间的衔接关系；尽管受到了世界大萧条的波及，造成经济严重的低迷，但对于建筑界来说依旧有新的大厦不断造造，并广范围地进行了行道树种植

时期	相关说明
第二次开发	
	特点：尽管总体高度达到100m，但街边依旧存有31m高的绝对限制，故而形成统一的檐口高度，建筑开始考虑与周边环境的结合，街道在此期间不断拓宽。在地铁建设及多功能置入的影响下，一个个相对独立的地铁站域商业综合体应运而生
第三次开发	
	特点：第三次开发是以互动、环保、节能、多功能为主题的建造活动，在考虑到建筑高层化的同时注重底部多功能的挖掘以及地下空间的开发，完善慢行网络系统，将独立的地铁站域商业综合体演化成一个地铁站域商业综合体组群，整个片区活力因此而被激发

资料来源：依据《丸之内—世界城市"丸之内"120年与时俱进的城市设计》改绘。

丸之内由最初的商务功能发展到包含文化、酒店、高档公寓等多功能配套设施的区域，实现了由单一向多元综合的类型转变，依托东京站为核心、地铁线路为骨架、慢行系统为支流，进而演化成将多种交通工具融为一体的立体化综合平台。近乎挖空的地下一层作为地铁、铁路及联系不同建筑之间的过渡空间，通过自动扶梯或垂直升降设备与地面、地上，乃至更深的地下层进行立体转换，完善的步行网络则把城市中心的功能意义和空间集聚在更高更广的层次及范围内进行展现。在此期间，地铁站域商业综合体由之前的独栋演化成组群，最终形成当下的片区，因此产生的公共空间成为功能复合、高度立体的城市核心节点，展示出与现代城市集约理念相匹配的科技进步及空间应对。丸之内地铁站域商业综合体在与环境的互动协作中，充分考虑到宜人商业公共空间的植入，并利用稀缺土地建造广场、绿地以提升空间品质。这一做法，一方面源于三菱为提高自身商业吸引力而进行的环境建设，另一方面，则归功于官民联合的开发模式，民间开发者与行政人员作为对等的双方在自由的氛围下进行讨论商谈，并在其后进行相关"导则"及公民协议的制定。如1996年的城市规划恳谈会，2002年的大丸有地区管理协会，以及2007年的大丸有环境共生型城市规划推进协会等等。另一方面，地铁站域空间与周边环境的连接体带动了慢行系统的发展，有效推动了立体化步行体系及人车分流的实施，同时也加快了慢行系统与地块环境资源的整合，如图4-3所示。

丸之内作为东京重要的城市节点，有着其自身发展的典型特征。从地铁站域商业综合体发展的角度来看，一方面，尽管商务是丸之内区域最初发展的起点，但如今大量商业功能的加入成为区域活力繁荣及空间高度立体的物质经济基础，是建筑与周边环境互动协作的主要推动力；另一方面，大范围地下空间的利用是在地铁线网高度完善的基础上得以实现的，东京地铁密度最高的特殊位置是地铁站域商业综合体连片出现的有力保障，在高密度复合化的今天，地铁站域商业综合体势必不会独善其身，而是在有机整合原则的指导下与周边环境发生更多的关系及融合。此外，三菱地所在100多年对整个地块进行设计的做法，依照我国的国情是不可能实现的，故而案例在历史上有着较好连续性和借鉴性的同时，又体现出其不可复制的独特性和创新性。我们所能做的除了从设计的角度进行分析理解，还应从策划的角度去学习怎样协调多方利益间的关系，在实地调研的基础上得出更合乎理智以及更具实际意义的项目说明。

2. 伦敦金丝雀码头

伦敦金丝雀码头的城市设计作为Dockland复兴中规模最大的工程，位于东伦敦泰晤

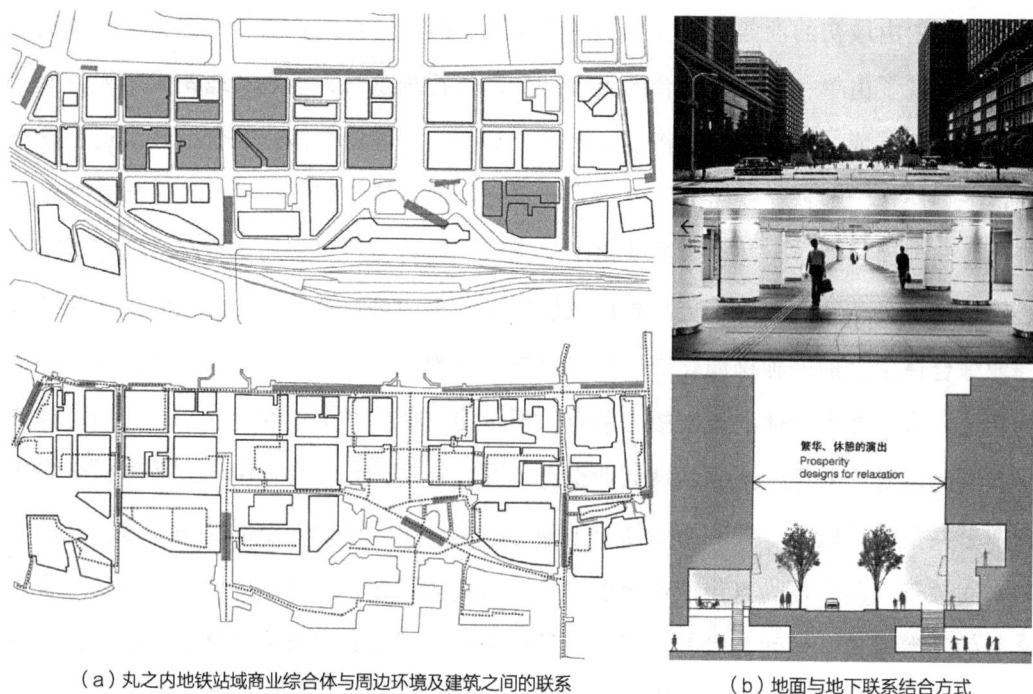

（a）丸之内地铁站域商业综合体与周边环境及建筑之间的联系　　　　（b）地面与地下联系结合方式

图4-3 丸之内地铁站域商业综合体

图片来源：（a）作者自绘；（b）三菱地所设计编著. 丸之内—世界城市"东京丸之内"120年与时俱进的城市设计[M]. 北京：中国城市出版社，2013。

士河下游的狗岛上（Isle of Dogs），东西两侧与泰晤士河直接相连，加上内部的原码头水面，在71英亩的总用地中，水域面积便占到25英亩之多，另外还有25英亩的沿河用地。在近20年的开发过程中，金丝雀码头通过对多元要素的整合及不同性质空间的塑造，引进资本重塑了该码头的形象，对区域的经济及活力起到了良好的带动作用，成为当下伦敦在全球范围的标志点。Dockland的区域开发始于1981年，以LDDC（伦敦码头开发公司）的成立为标志，在多项政策和财力的支持下对区内多种所有权的土地及水域进行收购，改善基础设施的同时优化住房、教育资源，从而提高居民对地块开发的信心。而针对金丝雀码头的建设则紧随其后，可将其大致分为两个阶段：第一个阶段为1988~1992年，由Olympia&York公司进行大规模开发，共完成60万m²的建设，其中包含六栋高层办公、环形立交、中轴公共空间、地下商业以及轻轨车站的重建等；第二个阶段则以Olympia&York公司的破产新开发公司的重组为起点，持续到2006年，共完成两栋超高层办公的建造以及Jubilee地铁线、东西南侧办公、滨水空间、整体步行系统的开发。至此，针对金丝雀码头的开发已基本实现1987年SOM城市设计的内容和目标，整体建设面积达120万m²，其中包含100万m²的办公空间，4万m²的商业休闲，两个400客

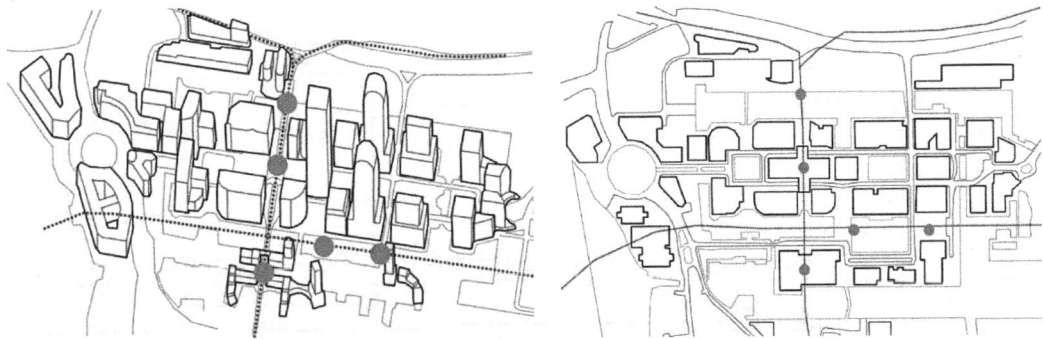

图4-4　伦敦金丝雀码头建筑与轨道线路之间的关系

房的酒店、宴会设施以及6500个停车位[①]。

　　在金丝雀码头的开发中，DLR轻轨以及Jubilee地铁线的建设成为激发地块活力的有力推手，设计中将其作为核心区位与相关空间及建筑要素进行整合，在有效避免城市形态割裂的同时，保证系统以更加开放有机的形式融于周边环境。尽管Dockland距离伦敦市中心并不远，但早期主要依靠水路运输，其可达性较差，1987年通车的DLR轻轨则极大地改善了该区域的可达情况，并于1991年成功延伸至金融区，正式并入地铁系统网络。虽然在设计开发初期把握住了交通这一催化要素，然而DLR设计运量不足所导致的客流问题成为困扰金丝雀码头进一步发展的阻力，在当时办公楼的出租率仅为60%。2000年，随着Jubilee线的建成通车，大运量及高效快速的连接使得该区办公出租率很快上升至99.5%，直接赋予地块以新的活力和商机。尽管此时针对金丝雀码头的建筑开发已逐渐步入尾声，与Jubilee地铁线的建设存在显著的时序问题，但在城市设计中仍将这一新的交通要素与基地现有要素进行整合，庞大的地下商业围绕地铁站进行设置形成地铁站域商业综合体的连片布局，极大挖掘地块空间潜能的同时与周边环境达成良好的互动协作效应（图4-4）。

　　从城市的角度来看，金丝雀码头因其地下巨大的商业开发及整片区域立体基面的建立，可被看作是具有自有体系的地铁站域商业综合体。在这个体系中，地铁轴线与空间轴线有机融合，并在交叉点上形成序列高潮：其中一条是以轻轨DLR为轴线与中轴空间形成交叉，将城市空间与交通空间围绕轻轨站进行整合，并在附近形成相应的地铁站域商业综合体；另一条则以Jubilee地铁线路为轴线，尽管在形式上没有第一条那么明

① 韩晶. 伦敦金丝雀码头城市设计［J］. 世界建筑导报，2007（02）.

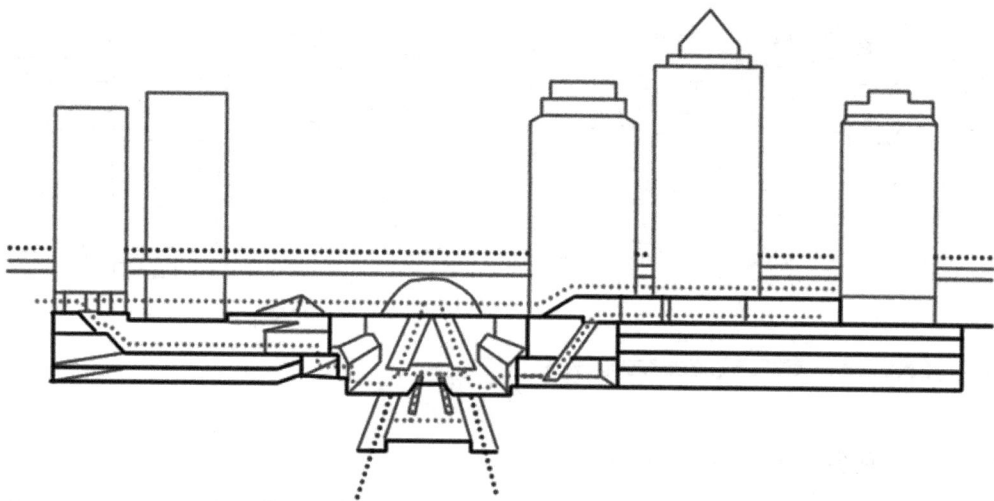

图4-5　伦敦金丝雀码头立体整合关系

确，但对于后期地铁站与建筑间的整合及对开发时序矛盾的缓和上则有着举足轻重的地位。在空间立体塑造方面，金丝雀码头的基面可大概分为三个层次：一个是以轻轨标高+7.50m为主要基面，将停车场、周边建筑以及城市街道相连，形成汽车、轻轨换乘流线，并作为构成慢行体系中的重要节点而存在，另外，在视觉形态上，轻轨站及高架桥通过联系两边建筑，在满足城市完整界面需求的同时，也因其22m高抛物线状的钢架和玻璃顶棚而成为空间环境中不可缺失的景观造型，成为中轴开放空间中的构图中心[①]；另一个是以±0.00m为标高的地面层，既是贯穿整个区域用地的基本层面，也是联系上下两个层面的转换节点，并通过环岛立交和坡道的设立实现不同交通要素之间的转换，提高整体空间效率；最后一个即是以Jubilee地铁站厅-7.00m为标高的基面，空间围绕地铁站展开，将地下商业、停车场等建筑功能进行整合的同时，有机联系滨水广场、公园、水景等周边景观（图4-5、图4-6）。

金丝雀码头三维基面的杂交共生，已不再局限于某个建筑单体范围内，而是从城市的角度针对整个区域进行开发挖掘，应该说其成功的背后有着相应的独特性和不可复制性。一方面，空间的立体化及综合利用势必会提高土地的自身价值，但在我国当下的政策和国情下，同一区域的不同地铁站域商业综合体建设会由多个开发商把控，彼此间的利益冲突难以统一协调，故而要实现区域的立体化建设难上加难；另一方面，多元功能

[①] 韩晶. 伦敦金丝雀码头城市设计 [J]. 世界建筑导报，2007（02）.

（a）Jubilee地铁站厅　　　　　（b）地下商业街　　　　　（c）DLR轻轨

图4-6　伦敦金丝雀码头部分实景

与交通职能间的有机联系，可激发交通可达性价值的最大发挥，尤其是地铁建设对慢行系统及不同交通元素整合的带动，更促使整个区域成为城市经济的关键节点。

放眼我国，由于重视度不够，涉及不同领域、不同专业时，信息不通的方式以及事不关己的办事状态，往往会将一个好的构思扼杀于无形，投资商失去了攫取更多利益的可能，地块则失去了一个活力再生的机会。

4.2　区域视角下的地铁站域商业综合体发展现状
——以北京、上海、广州为例

地铁站域商业综合体作为城镇化进程中特殊类型的存在，无论是对城市视角下的框架结构，还是对区域环境下的杂交共生都有着极为重要的意义。伴随着我国城市地铁网线的不断完善，地铁站域商业综合体的建设也逐渐进入白热化阶段，在不同方针政策的指导下，不同城市、不同地段所对应的不同综合体呈现出了不同的运营状态，因此选取国内网线建设相对完善的北京、上海、广州三个城市的三条地铁线进行分析研究，探讨相关地铁站域商业综合体与周边环境的互动关系。

4.2.1　城市线路的选择及相关背景

4.2.1.1　北京

　　北京地铁站域商业综合体的建设是伴随着地铁网线的完善而迅速发展的，与上海、广州等经济城市不同，由于北京特殊的政治文化背景，线路建设中对于安全疏散及人防等都有着相对特殊的要求，如1号线的战备工程及为满足防空需求对车站出口所做的伪装等。尽管北京的地铁建设始于1969年，为全国首例，但线网的完善工作则以2001年奥运会申请的成功为主要推手，地铁站域商业综合体的建设浪潮也紧随其后日益白热化。以克尔瑞原始数据为基础对北京建成的地铁站域商业综合体进行走访调研，通过其与地铁线网及商圈的关系可看出（图4-7），地铁站域商业综合体在城市框架结构下发展极不均衡，东部明显优于西部，城市商圈也多在中东部分布。将其与不同地铁线路进行梳理，对影响区域、涉及的地铁站、商圈及相关综合体进行统计分析发现（表4-4），在地铁站域商业综合体的数量方面，10号线包含的地铁站域商业综合体数量最多为9个，1号线次之为6个，剩余线路则急剧下降，其具有较大的发展潜力；在综合体与站点的联系方面，数量最多的10号线以散点分布为主，9个综合体分布在8个不同的站点，而1号线则以散点与组团相结合的方式存在，如仅大望路一站便包含了6个中的3个；另外1号线作为联系城市东西方向的主要线路，服务于5个行政区中的8个商圈，而10号线则以环线出现，服务于3个行政区中的11个商圈。综上所述，在北京的地铁线中，1号线作为跨越东西方向的线路，在辐射范围及对商圈结构的影响上都有着较好的表现，围绕其站点而建的地铁站域商业综合体也有相对成熟的发展，故选择1号线作为重点研究的对象。

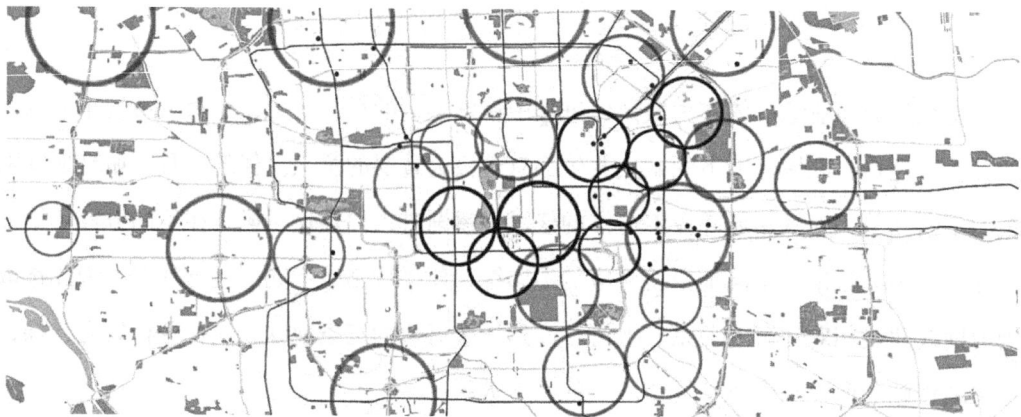

图4-7　北京地铁站域商业综合体及商业圈分布

2014年北京地铁线路与地铁站域商业综合体的相关统计　　　　表4-4

线路	开通时间	穿越区域	商圈	地铁站域商业综合体	相关站点	地铁周边商业综合体
1	1971	5（石景山区、海淀区、西城区、东城区、朝阳区）	8	6（SOHO现代城、东方广场、华贸中心、银泰中心、国贸中心、金地中心）	4（东单、王府井、大望路、国贸）	2（万达广场、建外SOHO）
2	1971	3（西城区、东城区、朝阳区）	9	5（西环广场、东方银座、国盛中心、来福士中心、光大国际中心）	3（东直门、西直门、车公庄）	4（东环广场、银河SOHO、悠唐生活广场、国瑞城）
4	2009	4（大兴区、丰台区、西城区、海淀区）	3	2（西环广场、新中关）	2（海淀黄庄、西直门）	3（数码大厦、西单大悦城、金茂中心）
5	2007	4（丰台区、东城区、朝阳区、昌平区）	6	1（扑满山）	1（宋家庄）	2（国瑞城、新世界中心）
6	2012	6（石景山区、海淀区、西城区、东城区、朝阳区、通州区）	8	1（光大国际中心）	1（车公庄）	1（悠唐生活广场）
9	2011	2（丰台区、海淀区）	1	0	0	2（光耀东方广场、北京国投财富广场）
10	2008	3（海淀区、丰台区、朝阳区）	11	9（富力城、财富中心、新中关、平安国际金融中心、国贸中心、乐城购物中心、扑满山、凤凰置地广场、冠城大厦）	8（宋家庄、双井、金台夕照、海淀黄庄、亮马桥、国贸、三元桥、太阳宫）	3（盈科中心、盈都大厦、建外SOHO）
13	2002	5（西城区、海淀区、昌平区、朝阳区、东城区）	3	4（西环广场、东方银座、来福士中心、国盛中心）	2（西直门、东直门）	1（盈都大厦）

北京地铁1号线于1965年7月1日举行开工典礼，在"战备疏散为主，兼顾城市交通"思想的指导下，采用敞口放坡明挖法，东起火车站西至苹果园，1969年开始试运营并于1981年正式投入使用。迫于"文化大革命"下复杂的社会背景，为了能使建设顺利进

行，地铁建设单位被第一次纳入军队编制，全国范围15个省市130多个厂家更是被要求一起参与建设过程中的大规模整改运动。然而，限于当时的经济技术条件，多数设备属于一次性非标准制品，工程建设整体水平及标准偏低，内部空间设计也忽视了市民对交通功能的要求。随后，采用暗挖法的复八线建成通车，与之前的1号线相连，不仅缓解了长安街两侧的交通问题，还对地铁网线的优化起到了决定性作用。如今看来，尽管1号线的建设运营担负着全国地铁技术探索发展的重大使命，促使新路线在经验累积的基础上转变思想提升技术，但由于之前的设计理念导致对未来估计不足，留下了难以改变的人流拥堵后遗症及新老路线结合的历史问题，使得地铁线路效率受到严重干扰，网络整体运营受到了极大的制约。另外值得一提的是，在对北京的地铁站域商业综合体走访调研中发现，建筑与地铁彼此间的施工时序相差过大，项目中实现与地铁无缝对接的少之又少，大部分通过单调的地下通道与站厅相连，地铁所带来的交通客流优势并未在商业层面得到良好的延伸。

4.2.1.2　上海

与北京不同，上海地铁自1993年通车以来便迅速进入高速发展期，2004年为实现世博会前完善地铁线网的愿望，市委市政府提出集全市之力加快地铁建设的口号。在2004~2010年短短的7年里，年均建造里程达50多千米，其中最快的一年更是突破139km，车站完成量更是多达100多座[①]，创造了史无前例的成绩。以克尔瑞原始数据为基础对上海建成的地铁站域商业综合体进行走访调研，通过其与地铁线网及商圈的关系可看出（图4-8），相对于北京，上海地铁站域商业综合体在城市框架结构下的分布更为分散且富有条理性，呈现中部相对集中，外部沿路线逐渐发散的局面。上海的商圈与地铁站域商业综合体有着极高的重合度，其中传统商业圈对其的吸引依旧是项目建设不可忽视的力量，伴随着网线的完善及城市结构的转型，地铁站域商业综合体开始以刺激地块活力的角色置入周边区域，在满足投资商攫取利润的同时极大地改善了空间利用环境，如10号线的五角场商圈便是典型的通过诸如万达广场、中信又一城等地铁站域商业综合体而发展形成起来的。将地铁站域商业综合体与不同线路进行梳理，对影响区域、涉的地铁站及商圈进行统计分析发现（表4-5），上海地铁通车里程普遍长于北

---

① 孙玉敏. 上海地铁穿越20年［J］. 上海国资，2013（06）.

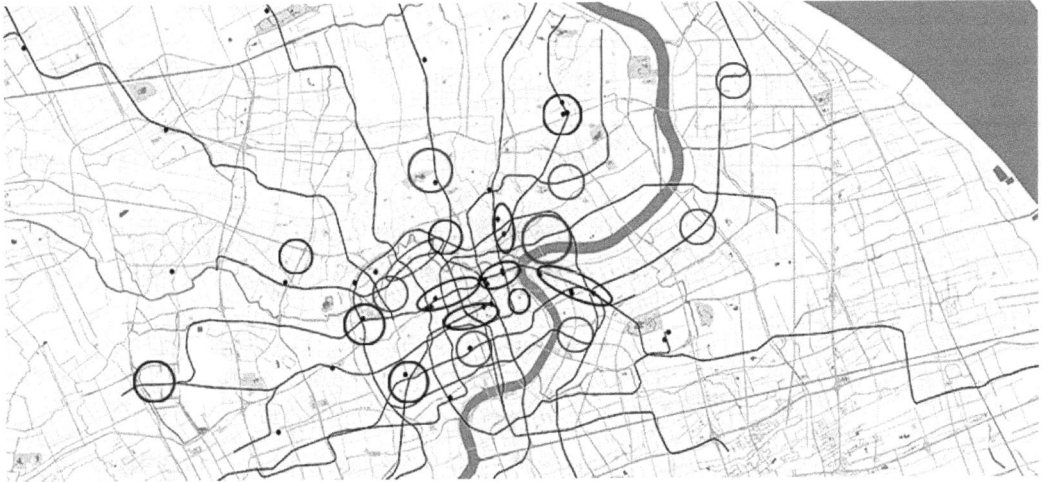

图4-8　上海地铁站域商业综合体及商业圈分布

京，服务范围也相对广泛，多穿越5个及以上行政区域；从地铁站域商业综合体的数量上来看，除去2号线分布相对集中以外，其他线路均较为平衡，相较北京在分布上更趋于理性，注重城市框架下的均衡发展；从地铁站域商业综合体与相关站点的联系来看，大部分呈散点式出现，少部分因多线换乘或副中心活力带动而以组团形式出现；对于地铁周边商业综合体来说，仅1号线因建设年代较早所遗留的技术问题不能与周边建筑形成良好互动，其他线路均侧重在空间上与综合体达成一定联系，以此来满足环境一体化的要求及地块活力的带动，故对站点而言周边商业综合体无论是在数量上还是在规模上都少于地铁站域商业综合体的建设。将上海不同线路进行综合比较，2号线作为贯穿城市东西方向的线路，无论是辐射的范围还是围绕站点的项目分布都具有一定的代表性，较能体现地铁站域商业综合体在上海的分布规律，故选择2号线作为主要研究对象。

上海地铁线路与地铁站域商业综合体的相关统计　　　　　　表4-5

线路	开通时间	穿越区域	商圈	地铁站域商业综合体	相关站点	地铁周边商业综合体
1	1993	5（闵行区、徐汇区、黄浦区、闸北区、宝山区）	6	4（新世界城、来福士广场、港汇广场、环贸IAPM商场）	3（人民广场、黄陂南路、陕西南路）	5（香港广场、大上海时代广场、大宁国际商业广场、百联世贸国际广场、宝山万达广场）

续表

线路	开通时间	穿越区域	商圈	地铁站域商业综合体	相关站点	地铁周边商业综合体
2	2000	6（浦东新区、黄浦区、长宁区、静安区、闵行区、青浦区）	5	8（新世界城、来福士广场、龙之梦购物中心、宏伊国际广场、名人购物中心、上海国际中心、越洋广场、静安嘉里）	5（人民广场、中山公园、南京东路、静安寺、陆家嘴）	2（上海商城、金虹桥国际）
3	2000	6（徐汇区、长宁区、普陀区、闸北区、虹口区、宝山区）	3	3（龙之梦购物中心、虹口龙之梦、月星环球港）	3（中山公园、虹口足球场、金沙江路）	1（嘉捷国际）
4	2005	8（徐汇区、虹口区、黄浦区、浦东新区、杨浦区、闸北区、普陀区、长宁区）	7	2（龙之梦购物中心、月星环球港）	2（中山公园、金沙江路）	1（我格广场）
7	2009	5（浦东新区、徐汇区、静安区、普陀区、宝山区）	2	5（品尊国际、正大喜马拉雅、浦东嘉里、越洋广场、静安嘉里）	3（岚皋路、花木路、静安寺）	1（上海商城）
8	2007	6（闵行区、浦东新区、黄浦区、闸北区、虹口区、杨浦区）	3	3（新世界城、来福士广场、虹口龙之梦）	2（人民广场、虹口足球场）	4（大上海时代广场、百联世贸国际广场、绿地中心、OMALL华侨城）
9	2007	5（浦东新区、黄浦区、徐汇区、闵行区、松江区）	3	3（新梅联合广场、日月光中心、港汇广场）	3（商城路、打浦桥、徐家汇）	1（第一八佰伴）
10	2010	6（杨浦区、虹口区、黄浦区、徐汇区、长宁区、闵行区）	6	5（五角场万达、宏伊国际广场、名人购物中心、中信泰富申虹、环贸IAPM）	4（五角场、南京东路、四川北路、陕西南路）	3（创智天地、古北国际财富中心）
11	2009	5（嘉定区、普陀区、长宁区、徐汇区、浦东新区）	2	3（港汇广场、中信又一城、中冶祥腾城市广场）	3（徐家汇、嘉定新城、南翔）	1（我格广场）

　　自1993年1号线建成通车后，上海市便开始对2号线进行筹建工作，与1号线不同，2号线是我国第一条自行独立设计的地下铁路，由市区两级政府共同打造。在线路设计

上，不同于之前单纯注重交通职能，开始将周边环境进行统筹规划设计，其中以静安寺站最具代表。完成于1995年的城市设计首先保证了其周围用地的统一筹划，打破土地使用界限的同时对城市绿地、公共空间及房地产投资方的需求进行综合考虑，并对不同系统的工程项目进行组织协调，为后期地铁站域商业综合体的区域空间整合打下了良好的基础。此外在2号线筹备期间，为了协调建设中可能遇到的问题，保证工程建设的顺利推进，线路经过的各区均纷纷成立相应的地铁办事处。值得一提的是，相对其他区域，静安区地铁办事处采用重大工程与市场运作相结合的管理模式，使得该区的地铁开发建设与其他区域产生较为明显的差别，保障其在21世纪的今天依旧是静安区繁荣活力的主要来源之一。2号线作为首条联系黄浦江两岸的地铁线路，在改革开放强势劲头的推进下，满足基本交通职能的同时，更加强了对周边空间联系的设计，如中山公园地下商业街的构想，静安寺、人民公园等与城市绿地的结合，以及杨高路与城市中心广场的综合开发等，均成为后期地铁站域商业综合体得以实现的空间保障，其更具前瞻性。

4.2.1.3　广州

作为全国第三大城市，广州于1997年建成开通1号线，2003年2号线的成功运营标志着"十字形"网线的初步建立，后在亚运会的推动下逐渐形成现如今的"网络+放射"的布局。相对北京、上海，广州地下空间的利用更为充分合理，在"以人为本"思想的指导下试图通过对车站及周围城市空间的规划布置，创造一种便于换乘且具有较高舒适性、有效提高商业利润的空间网络结构体系。以克尔瑞原始数据为基础对广州建成的地铁站域商业综合体进行走访调研，通过其与地铁线网及商圈的关系可看出（图4-9），广州地铁站域商业综合体在城市框架视角下呈现集中分布的模式，主要集中在天河商圈及珠江新城商圈。值得一提的是，与北京、上海不同，尽管广州地铁沿线空间的利用相对充分、商业潜力巨大，但并未在功能上有过多的整合，且多以地下商业的形式出现，面积高达111.01万m²[①]，如1号线烈士陵园站的中华广场、流行前线，公园前站的动漫星城，陈家祠站的康王商业城等。因此从地铁站域商业综合体的建设环境看，广州有着良好的物质空间保障，但对于功能上的杂交共生仍需进一步探讨。将地铁站域商业综合体与不同线路进行梳理，对影响区域、涉及的地铁站及商圈进行统计分析发现（表4-6）：

---

① 孙晶. 广州地下有11个"天河城"［N］. 羊城晚报，2011.10.

作为通车里程最长的3号线衍生出了7个地铁站域商业综合体，1号线以5个位列第2，剩下的线路衍生的地铁站域商业综合体较少，整个城市范围内地铁周边商业综合体亦屈指可数。尽管广州地铁线路在辐射区域及其所涉及的商圈方面都表现较为良好，但在商业综合体的建设方面仍与北京、上海有一定的差距，相对功能之间的复合，广州更偏向通

图4-9　广州地铁站域商业综合体及商业圈分布

过纯商业的功能区块围绕地铁与周边区域进行联系。综上所述，考虑到3号线包含北沿线，导致其线路过长，且综合体建设过于集中，故选取东西方向延伸的1号线作为研究的主要对象。

广州地铁线路与地铁站域商业综合体的相关统计　　　　表4-6

线路	开通时间	穿越区域	商圈	地铁站域商业综合体	相关站点	地铁周边商业综合体
1	1997	3（天河区、越秀区、荔湾区）	4	5（天河城、中华广场、正佳广场、中旅商业城、维多利广场）	3（体育西路、烈士陵园、公园前）	2（五月花商业广场、保利中汇广场）
2	2002	4（白云区、越秀区、海珠区、番禺区）	3	1（中旅商业城）	1（公园前）	2（五月花商业广场、白云万达）
3	2005	5（天河区、海珠区、番禺区、花都区、白云区）	4	7（中信广场、天河城、维多利广场、高德置地广场、万菱汇、太古汇、广州国际金融中心）	4（林和西、体育西路、珠江新城、石牌桥）	2（佳兆业广场、保利中汇广场）
5	2009	4（荔湾区、越秀区、天河区、黄埔区）	2	2（高德置地广场、广州国际金融中心）	1（珠江新城）	0
8	2002	1（海珠区）	1	1（光大都汇）	1（沙园）	0
APM	2010	2（天河区、海珠区）	2	2（高德置地广场、广州国际金融中心）	1（珠江新城）	1（佳兆业广场）

与北京不同，广州1号线的设计定位是：推进旧城更新的同时带动新区的发展，即通过1号线的修建，拓宽原有城市道路，缩短天河、芳村两区与市中心的时间距离，同时诱导老城的高密度人口和交通向外发散，并利用商业办公对旧城不适宜的工业企业进行置换，进而调整优化城市功能，因此从某种程度上来说，1号线的修建是广州有史以来最大规模的旧城改造项目①。尽管在思想层面上，针对地铁与周边环境及项目的结合有了足够的重视，但开发过程中依旧存在诸多问题和矛盾。一方面，20世纪90年代初，伴随着地铁物业概念的提出，出现了对地铁经济抱有与现实不相符的过高期待，因而忽略了市场本身平衡的供求关系，致使沿线开发项目的投入不仅超越了线路本身建设的投资，更是远高于当时广州全年房地产的投资总额，市场骤然出现的供过于求对地铁物业的良性循环无疑带来了极大的负面冲击。另一方面，受限于当时的技术条件，地铁与建筑的施工往往分期而行，彼此的非同步施工不但影响后期空间的处理和结合，项目的开发计划往往会因地铁建设的让步而不得不做出重大调整，进而错过最好的开发时机。尽管如此，因1号线的开通而带来的经济效益仍是不容忽视的。据不完全统计，天河城广场销售收入平均提高了20%，商城租金上涨15%，芳村区沿线的商品房每平方米约上涨1000元②。广州地下商业空间作为联系建筑与建筑之间、建筑与交通之间以及建筑与环境之间的主要媒介，是区别于北京、上海城市空间利用的最大不同，它在提高地块利用率、带动城市活力的同时，也为地铁站域商业综合体的后期形成提供了极为有力的物质保障。

4.2.2　地铁站域商业综合体周边环境的评价分析

通过对北京、上海、广州三个城市地铁站域商业综合体的实地调研，在线路规划发展分析的基础上，考虑辐射范围及站点涉及的商圈、组成分布等因素，分别抽取北京1号线、上海2号线、广州1号线三条线路为代表，从"线"的角度探讨地铁站域商业综合体与周边环境的有机结合。在研究过程中，与此相关的评价标准借鉴英国环境部与建筑

① 郑明远. 广州地铁1号线的沿线物业开发 [J]. 城市轨道交通研究，2003（05）.
② 尚志海，丘世钧，王兴水. 地铁整合建设与广州市可持续发展 [J]. 城市轨道交通研究，2004（03）.

环境委员会提出的有关城市设计的七项友好目标①、Bambang Heryanto的城市形态五个要素②以及黄芳所构建的上海静安寺片区实施评价框架③，拟从土地使用体系、立体交通体系以及公共空间体系三个方面进行评析。

4.2.2.1　北京

1号线作为中国第一条地铁，尽管它的设计和实施受当时的限制，缺乏一定的前瞻性，但作为穿越城市东西方向的主要动脉，承担着极其重要的交通职能，并将传统的西单商圈、王府井商圈与新兴的CBD商圈有效相连，因此发展起来的地铁站域商业综合体主要集中在东单、王府井、大望路和国贸四个站点，如图4-10所示。

1. 土地使用体系

将涵盖地铁站域商业综合体的四个地铁站以500m为半径，分别进行梳理绘制（图4-10），从目前建成各区块的实际使用状况来看，土地使用性质基本符合城市设计构想：王府井由于其地理位置特殊，有一半用地为公共管理及公共服务设施，对于商业，与其他综合体不同，为维持沿线立面完整度、延续长安街严整肃穆的氛围，以东方广场为代表的地铁站域商业综合体则呈现出大体量、规则对称的布局，并在周边分布着少量的老

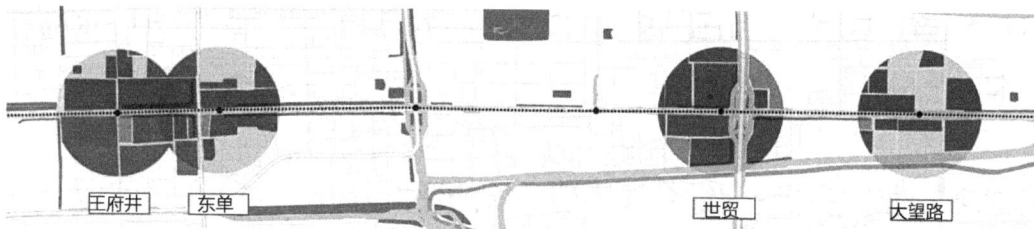

图4-10　北京地铁1号线地铁站域商业综合体示例

---

① 英国环境部与建筑环境委员会提出的有关城市设计的七项友好目标主要源于亚历山大和林奇的经典理论，常用来作为对开发案例评价的基础，其中包括个性与特色（反映当地文化背景有个性的场所）、连续性与围合性（明确界定公共空间与连续街道立面）、公共空间的质量（安全、吸引人、功能性强的公共空间）、交通状况（可达性、良好的连通性、有宜人的人行道）、可识别程度（容易理解与辨认的环境）、适应性（灵活可变的公共与私人空间）以及多样性（一个可变的环境提供不同的用途和生活体验）。

② Bambang Heryanto在总结西方诸多地理、规划和建筑学论者对城市形态、景观、物质结构的论述基础上，提出构成城市形态的五个要素：建筑形态、街道模式、土地使用模式、开放空间、天际线。

③ 黄芳在《上海静安地区城市设计实施与评价》中提出，将土地空间使用、交通空间、景观空间、公共空间、生态人文五个方面作为实施后城市环境对人和社会的影响评价因素。

北京四合院；相对王府井，东单片区土地性质的分布更为生活合理化，长安街两侧为商业用地，内部为北京四合院，中间穿插部分城市绿地。东方广场作为联系两个站点的地铁站域商业综合体，其混杂的功能及庞大的体量为周边地块的整合带来了新的活力和发展思路，然而新开通的5号线与1号线的搭接并未因项目存在于空间上而表现出应有的立体性和网络性，其衔接较差。世贸位于CBD的核心位置，由商业用地和城市绿地组成，围绕站点包含了银泰及国贸两个大型地铁站域商业综合体项目，作为京城商务中心其土地容积率分别达到了6和6.98之多，地块开发呈现出中心极强、两边减弱的趋势。值得一提的是，高强度的开发在为周边区域带来活力的同时，也造成了严重的交通拥堵问题，从侧面引发了人们对于空间立体开发利用的思索。大望路虽仍处于CBD商圈的辐射范围，但已偏离核心，在其用地性质中出现了住宅职能，与商业用地平分秋色，围绕此站点建设的地铁站域商业综合体更加偏向于生活化，商务分量开始减少。综上所述，1号线地铁站域商业综合体500m范围内地块的用地性质，除去王府井因特殊的地理位置以公共管理及服务设施用地为主以外，其余均以商业用地为重要组成部分，住宅次之，最少的为城市绿化，平均仅占到份额的6.7%（表4-7和图4-11）。

北京地铁1号线地铁站域商业综合体构成　　　　　表4-7

站点	商业	住宅	公共	绿地
王府井	37.4%	8.4%	50.4%	3.8%
东单	43.1%	38.2%	11.7%	7%
世贸	85.9%	—	—	14.1%
大望路	51.7%	46.4%	—	1.9%

2. 立体交通体系

1号线的地铁站域商业综合体位于传统商圈及CBD商圈范围内，尽管与建国大街、建国路等主干道毗邻，但因商业办公、旅游开发等原因，地区交通拥堵现象依旧明显，于是地铁站域商业综合体中有关地铁与公共交通及慢行系统的搭接显得尤为重要，作者分别从换乘方式、换乘效

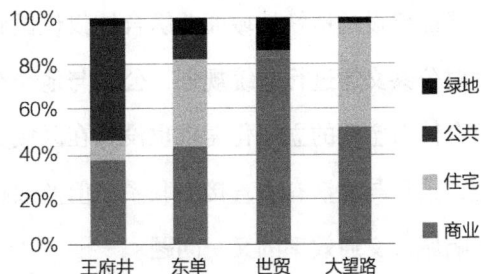

图4-11　1号线站点用地性质比较

率、换乘路径和慢行系统立体化四个方面对其进行实地调研，如表4-8所示。

北京1号线区域视角下地铁站域商业综合体的公共交通体系评价   表4-8

评价标准			王府井	东单	国贸	大望路
换乘路径	通道式			●	●	
	场所式		●		●	●
换乘效率	距公交换乘点平均距离		61m	61m	81m	40m
	距地铁换乘点平均距离		63m	303m	106m	52m
换乘方式	立体集中	紧邻站厅	●（地铁）		●（地铁）	
		合用空间				
		通道相连		●（地铁）		●（地铁）
	水平展开	利用城市道路组织	●（公交）	●（公交）	●（公交）	●（公交）
		利用广场组织			●（公交）	
慢行系统立体化	与周边建筑相连	地下			●	●
		空中			●	
	人车分流		●	●	●	●

注：●——是。

由表4-8可以看出，在项目与地铁的搭接上，以紧邻站厅的模式居多，通过地下一层的场所营造将不同性质的空间有效相连；在公交方面，则普遍利用城市道路进行组织，公交与地铁之间以及公交与项目之间并未形成良好的立体空间，土地利用的潜力并未被充分挖掘。从换乘效率来看，尽管项目与公交并未在空间上有直接联系，但两者的平均距离明显优于地铁的换乘，尤其是东单站步行距离过长，其设计缺乏人性化。地铁站域商业综合体对于区域环境改善中的重要一点，便是对交通体系的完善，然而围绕1号线而建设的地铁站域商业综合体仅仅做到了与地铁站厅的结合，并未从整体发展的角度对公共交通进行系统规划，公交与地铁在区域里仍是两套并行的系统，地铁站域商业综合体对空间的立体化需求也没有在区域交通环境下得以延伸放大。此外，尽管在空间上，项目与地铁有着直接的联系，但换乘距离过远，地下单纯交通通道过长成为现如今影响城市交通效率的又一问题。

另一方面，慢行系统作为交通体系重要的补充环节，是刺激土地高效利用、整合区域环境的又一关键因素。然而在1号线的地铁站域商业综合体中，除去国贸通过地下通道与周边建筑产生联系以外，其余站点均未形成步行网络，慢行系统多停留在地面层，大大降低了由地铁人流所带来的商业潜力，阻断了空间的连贯性，立体步行体系的搭建远未成熟。故而，1号线由地铁站域商业综合体所带来的区域体系整合目前仍停留在初级阶段，具有较大的开发潜力。

3. 公共空间体系

公共空间的塑造是评价地铁站域商业综合体与周边环境整合的核心指标，也是发挥地铁人流商业潜力的又一出口。交通职能与综合体通过公共空间紧密相连产生地铁站域商业综合体，在完善交通体系、提高城市效率的同时刺激了空间立体化的形成发展，满足现阶段国情下可持续发展对土地高效利用的指导思想，并由此带动地块周边环境的再开发，催生出一系列潜在的商业活动。通过对1号线地铁站域商业综合体的实地调研，分别从空间衔接、空间关系、系统类型、地块联动四个方面对王府井、东单、国贸、大望路站点进行分析，如表4-9所示。

北京1号线区域视角下地铁站域商业综合体公共空间体系评价　　　　表4-9

评价标准		王府井	东单	国贸	大望路
空间衔接	步道	●	●（地面）	●	●
	广场	●（地面）		●（地面）	
	中庭	●（建筑）		●（地块）	●（建筑）
空间关系	竖向重叠				
	竖向错位	●	●	●	●
系统类型	地下-地面		●		●
	地下-地面-空中	●		●	
	地面-空中				
地块联动	与周边环境的融合	○	○	●	◎

注：●——是；◎——一般，即表示地铁站与周边建筑仅通过单纯通道相连；○——否。

由表4-9可以看出，沿1号线建设的地铁站域商业综合体普遍采用竖向错位的方式与站点相连，因施工时序及1号线的线路设置问题，并没有条件进行真正意义上的地铁上盖；从与周边环境空间衔接方式的角度来看，与王府井及东单站点相结合的东方广场，内部通过中庭将地铁人流引至建筑内部，外部则将一层屋顶设置为屋顶花园，即为上部办公及酒店提供良好的景观平台，尽管该地块在地下-地面-空中三个基面进行展开，但并未与周边环境产生联动，地铁站厅大都通过步道通向地面进行疏散，也未有良好的景观或广场与之呼应。尤其是东单作为换乘站点，与综合体联系的步道不但过于狭长单调，超出了人们最舒适的行走距离，对于周边区域也未从城市设计的角度进行整合完善。国贸作为CBD的核心区域，也是四个站点中针对区域环境立体整合程度最高的站点，相应的地铁站域商业综合体也具备了较高的利用度和开发度。国贸作为一个片区分三期开发，彼此之间通过地下商城整合连接，并在空中设置步行连廊，基面在地下-地面-空中三个层次间有机融合，与对面银泰中心及周边区域通过地下走道有效相连，此外10号线与1号线换乘点的建立，也是推动该区域系统化的重要推手。应该说在设计层面，国贸片区地块空间的开发利用被给予了足够的重视，但在资金、施工技术和工期影响的限制下，不但没有改善区域环境，反而引发了极大的交通拥堵问题，换乘大厅的缺失、各方利益的平衡都对该区的完善发展造成了巨大的阻力，对地铁站域商业综合体的运营也带来了不可忽视的影响。与国贸站不同的是，大望路虽处于CBD商圈范围，但并未引起足够的关注，围绕它而开发的地铁站域商业综合体也仅仅是通过走廊在空间上将二者彼此相连。对于地块来说，华贸中心通过将中央公园及步行广场引入其中，形成了良好的人性空间，实现了该片区超大型街区的塑造，有效带动了周边环境的活力。值得一提的是，尽管华贸中心内部有中庭与地下空间相联系，但并未与站厅设置直接的通行空间，而是在地下一层通过新光天地与站厅进行沟通。综合来看，1号线地铁站域商业综合体在与站厅的空间联系上过于单调，换乘站点不尽如人意；在有关区域环境的整合发展上，虽然项目本身注重环境品质的提高及交通的合理性等，但与周边地块的交流仍处于未知阶段，有限的联系也仅是为了联系，未对其功能有进一步开发利用，空间立体化的系统性相对较差。

综上所述，沿1号线而建的地铁站域商业综合体在与周边环境的结合上，其用地状况受到政策及规划的严格控制，多以商业用地为主，住宅与公共设施用地次之，尽管项目地块为了提高环境品质常配以一定的活动广场或屋顶花园等，但从区域角度来看，城市绿地所占份额极少，需引起相应重视。在交通体系方面，无论是从换乘还是从便捷度来看，北京的公交体系均优于地铁，1号线作为我国的首条地铁，建造时期由于前瞻性及技术性的限制造成大量的历史遗留问题，势必会阻碍后期地铁站域商业综合体对交通体系的完善，导致目前联系两者空间的主要方式仍停留在走廊通道阶段。公交与地铁的换乘也并没有充分利用地铁站域商业综合体所营造的平台，大都仍依靠地面进行组织。对于慢行系统，尽管北京不缺少人行天桥或是过街地道，但仅仅停留在交通联系的层面，功能多样性不足，与周边建筑、环境的联系更是极度缺乏。而对于空间体系，四个站点以国贸最为突出，借助10号线的建设设计换乘，同时将周边区域经通道有效相连。作为CBD的核心，国贸内部地块对空间品质的塑造、广场的营建等可圈可点，地下商城又将地面不同建筑有机融合，与大望路华贸中心的建设一起，为土地的高效利用发挥着积极正面的作用。尽管投资方、设计师、建设者已从思想上对立体空间的塑造给予高度重视，但与中国香港、日本的多首层、高强度的开发相比，仍有一定差距。

4.2.2.2　上海

上海2号线作为首条贯穿城市东西方向、联系黄浦江两岸并涉及众多闹市商圈的线路，它的建成和运营不仅为城市结构和技术经验带来重大意义，从区域视角来看，还对周边地块的整治和改善也起着深远的影响。

1. 土地使用体系

以地铁站点为圆心、500m为半径，对周边地块进行梳理绘制得到图4-12。从目前建成用地性质来看，城市空间结构与商圈布局紧密结合，规划设计在实际应用中有相对高的落实（表4-10和图4-13）：从中山公园到陆家嘴，商圈呈现密集交织的状态，逐渐由副中心过渡到核心商圈，商业用地激增，并在陆家嘴站点达到峰值。伴随着商业用地的增多，住宅用地呈现下降的趋势，其中中山公园片区居住用地居多，目前已形成相对成熟的社区，以住宅包裹商业为主要分布模式；静安区则以高档住宅为主，与商业有机

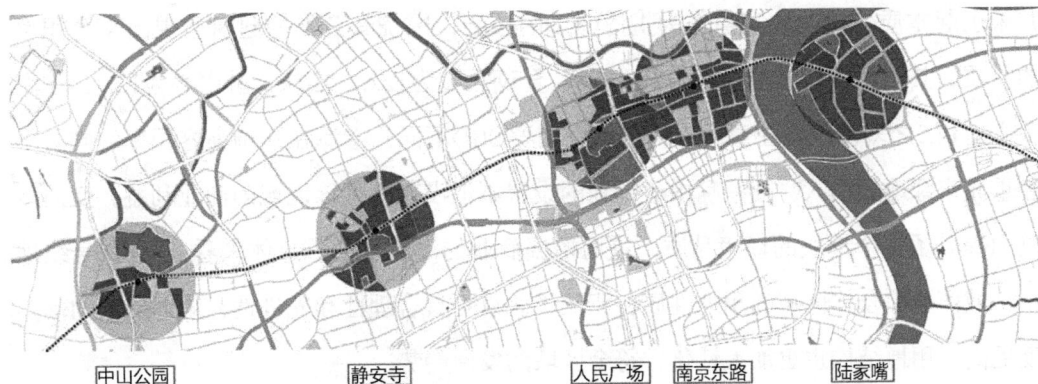

图4-12　上海地铁2号线地铁站域商业综合体示例

融合；陆家嘴因其特殊的地理位置和
规划地位，500m范围内并没有进行住
宅用地的规划设置，地块以商业和绿
地为主要组成成分。值得一提的是，
尽管人民广场、南京东路处于城市的
核心位置，但内部散落着大量的老
式居民区，而由于拆迁和开发引起的
高昂经济代价及各方位的利益平衡问

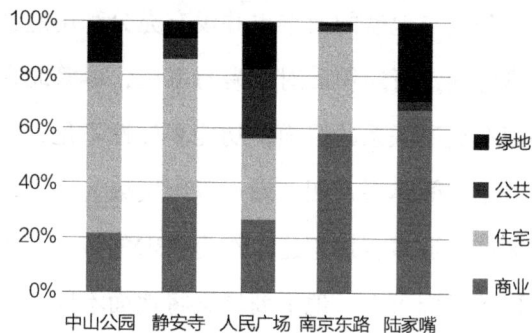

图4-13　2号线站点用地性质比较

题，目前地块主要沿"中华商业第一街"——南京路做相应的改善，地块整合存有较大
的困难。与北京相比，2号线沿线用地对于城市绿地的重视是值得称赞的，无论是处于
副中心的中山公园还是处于核心地位的人民广场、陆家嘴，均有不少于15%的城市绿地
与周边环境融合。从地铁站域商业综合体的角度来看，在中山公园站，龙之梦购物中心
的建设不仅填补了住区商业的需求空白，更由于2、3、4号线在此形成换乘节点，加强
了地铁与公交的联系，交通体系由此整合，与居民出行需要形成良好互动。对于静安寺
站，嘉里城及越洋广场的完工不但是2号线、7号线换乘节点的补充，也是静安区立体城
市设计的延伸，开发强度强弱分明，尤其是嘉里城的成功运营更带动了整个区域的环境
整合，成为地铁站域商业综合体中优秀的典范。作为城市的核心，人民广场不仅是1、
2、8号线的汇聚点，更是一个向人们展示城市风采的门户，此外还担当着南京路起始端
的角色，围绕此站点形成的地铁站域商业综合体大都以通道形式与换乘大厅相连，与南
京路结合形成服务于全市范围内的南京路商圈，因此地块呈现出东部商业西部住宅的局
面。相对来说，与南京东路站相联系的名人购物中心和宏伊广场，尽管处于南京路商圈
的辐射范围内，但因其地块较小，对周边用地性质的影响及改善仅局限于一定程度上，
并未引起本质变化。陆家嘴作为上海CBD的核心，围绕其开发的建筑呈现出高容积率
的特质，其中地铁站域商业综合体为6.2，金茂大厦为12.6，环球金融中心为12.7，上海
中心达14.3之多。值得注意的是，与北京国贸CBD不同，上海在强调高容积率的同时仍
注重城市绿地的引入，陆家嘴中心绿地的设置不但没有降低该区域的商业利益，反而从
侧面提升了整个地块的环境品质，进而挖掘商业的潜在价值。总体来看，上海2号线地
铁站域商业综合体区域的用地性质，相较于北京更具合理性和先进性，规划层面的落实
度更高，用地结构也更加人性化，符合区域的发展趋势。

上海地铁2号线地铁站域商业综合体构成　　　　表4-10

站点	商业	住宅	公共	绿地
中山公园	21.7	62.6	—	15.7
静安寺	35.3	50.3	8.3	6.1
人民广场	26.9	29.4	26.3	17.4
南京东路	59.1	37.3	2.3	1.3
陆家嘴	67.7	—	3.2	29.1

2. 立体交通体系

表4-11为上海地铁2号线公共交通体系调研结果。

上海2号线区域视角下地铁站域商业综合体的公共交通体系评价　　　表4-11

	评价标准		中山公园	静安寺	人民广场	南京东路	陆家嘴
换乘路径	通道式		●	●	●	●	●
	场所式			●	●	●	
换乘效率	距公交换乘点最短距离		0m	0m	78m	80m	50m
	距地铁换乘点最短距离		42m	22m	80m	69m	95m
换乘方式	立体集中	紧邻站厅		●（地铁）		●（地铁）	
		合用空间	●（公交）	●（公交）			
		通道相连	●（地铁）		●（地铁）	●（地铁）	●（地铁）
	水平展开	利用城市道路组织	●（公交）	●（公交）	●（公交）	●（公交）	●（公交）
		利用广场组织		●（地铁）	●（地铁）		
慢行系统立体化	与周边建筑相连	地下	●	●	●	●	
		空中		●			●
	人车分流		●	●	●	●	●

注：●——是。

　　通过对上海地铁站域商业综合体周边环境进行的实际调研可发现，2号线的5个站点中，有4个为换乘站点，其中中山公园与人民广场为三线换乘，静安寺与南京东路为双线换乘。在有关交通体系的整合方面，中山公园的龙之梦购物中心利用轻轨、公交、地铁所占用的不同城市基面，将公交与地铁2、3、4号三线轨道交通有效整合，打造"零换乘"枢纽商业，极大地提升了项目的聚客能力。然而值得注意的是，周边地块虽通过地铁站厅有意识地彼此相连，但因运营不善等问题，并没有与仅一街之隔的龙之梦购物中心一样取得良好的商业效应。由此可见，地铁站域商业综合体对地块活力的带动会受到外界诸多不定因素的限制而并非是决定性的。围绕静安寺站点形成的地铁站域商业综合体，由于开发商的不同或是施工期的不同而留有遗憾，但也有在地域环境整合思想下的先进城市设计。一方面，围绕站点，地下一层全部预留综合开发，地下二层为站厅，为越洋广场与嘉里城地铁站域商业综合体的形成提供了坚实的物质条件，利于地下空间与环境整体的改善以及商业空间与地下人流的组织。另一方面，城市设计阶段对三线换乘预见的缺失，造成相应地下空间开发整合设计的缺位，致使未来不得不面对已建成静安寺广场桩基难以设置通道、丁字换乘又势必增加路径的尴尬局面，成为技术上一大难题。从某种程度上来说，围绕静安寺地铁站域商业综合体的建设是在良好的城市设计指导下不断总结完善的，由此引发的地块联动效应将区域环境有效整合，加上公交与地铁的"零换乘"设计，极大地改善了该片区的交通系统。人民广场作为城市的核心，通过下沉广场将1、2、8号线的换乘进行组织，由于前期预见性不足以及站厅位置的选定，地铁站域商业综合体大都通过广场或是通道进行联系，公交亦通过广场进行组织。南京东路虽然是2号线与10号线的换乘站点，但因此发展的地铁站域商业综合体由于周边地块的限制并未为交通系统的完善带来本质的改变，对于周边地块的活力带动也仅是借助地铁的交通职能带来一定人流，没有在区域环境上有所突破。陆家嘴虽处于CBD的核心位置，但目前仅有2号线一条地铁通过，由于诸多问题，地铁站域商业综合体采用空中廊道与站厅进行联系，公交通过街区道路进行组织。此外，在慢行系统方面，上海借助地铁站域商业综合体的建设对其进行了有效改良，无论是龙之梦、静安嘉里在"零换乘"理念下对人流的组织，还是人民广场通过下沉将南京路步行街与来福士、新世纪综合体整合相连，抑或是陆家嘴空中廊道的设置，均对整个地块步行体系的提升起到了巨大的推动作用，相对北京，有着鲜明的合理性和优势性。

3. 公共空间体系

表4-12为上海地铁2号线地铁站域商业综合体公共空间体系调研结果。

上海2号线区域视角下地铁站域商业综合体公共空间体系评价 表4-12

评价标准		中山公园	静安寺	人民广场	南京东路	陆家嘴
空间衔接	步道	●（空中）	●	●	●	●（空中）
	广场		●（下沉）	●（下沉）		
	中庭	●（建筑）	●（建筑）			●（建筑）
空间关系	竖向重叠					
	竖向错位	●	●	●	●	●
系统类型	地下-地面			●	●	
	地下-地面-空中	●	●			
	地面-空中					●
地块联动	与周边环境的融合	◎	●	●	◎	●

注：●——是；◎——一般，即表示地铁站与周边建筑仅通过通道相连，未做其他空间处理。

通过表4-12可看出，由上海2号线地铁站域商业综合体建设而引发的空间体系呈现出多元化的组成方式，既包含了以龙之梦（中山公园站）和静安嘉里（静安寺站）为代表的地下-地面-空中三个基面层次，也囊括了国际金融中心（陆家嘴站）的地面-空中以及来福士（人民广场站）、名人购物中心（南京东路站）的地下-地面两个基面层次。基于城市设计对空间立体化的适度预见性，在空间衔接的处理上相对来说也更具有整体性，如静安寺广场的下沉设计，通过对交通人流、生态环境、平衡开发的综合考虑，保证地块及周围用地的统一规划，打破了土地的使用权界限，营造出公园延伸至屋顶上方的良好景观。静安嘉里便是在此坚实物质空间的保证下，将6个地块从城市设计的高度"化整为零"：空中——楼间通道将彼此有效相连；地面——宽阔开放的中庭广场成为中心亮点，修缮一新的毛泽东故居更是体现出人文情怀；地下——中庭直接与2、7号线换乘大厅相连。如果说静安寺下沉广场的设计奠定了区域整体化的基调，那么静安嘉里的加入则使空间体系在此基础上进一步细分，对地块活力的带动起到了积极的作用。龙之梦购物中心借助空中、地面、地下三个基面及不同类型的交通组织，将空间立体化发挥到极致，尽管在与周边建筑的联系上稍有欠缺，但其庞大的体量和高效人流汇聚依旧促使其成为该区域活力的强力发动机。上海国际金融中心通过空中步道与陆家嘴地铁站形成地铁站域商业综合体，并以此与其他建筑进行相连，虽在整体上与静安寺有一定距离，但为提高环境品质、汇集人流，地块内部仍留有诸如下沉广场的设计，在寸土寸金的商务区绿化率达到40%之多，实属难得。综合来看，上海2号线附近的地铁站域商业综合体普遍注重对周边环境的带动作用，空间规划大都从城市设计角度整体考虑，并且有着较高的实施度和完成度，虽因工期错位、技术难题、利益平衡等问题使地块在整合过程中有所偏差，但由此引发的空间体系完善是在不断进步发展的。

综上所述，上海的地铁站域商业综合体无论是在用地性质，还是在立体交通、公共空间体系方面，与北京相比，都有着较高的合理性和预见性。从城市设计的角度，上海2号线注重公共交通的搭接换乘，慢行系统的建立为地块活力的带动起到了积极的作用，交通体系不再局限于项目或是某个地块，而是延伸至周边环境中，与城市交通有机融合。公共空间方面，更加强调空间体系的立体化与整体性，地上—地面—地下的三维转换成为未来发展的主要趋势。从某种程度上来说，地铁站域商业综合体的建设是当前国情的应运而生，也是高密度环境下的必然选择，它的成功运营势必会引起空间的立体整合及交通的进一步完善。

4.2.2.3 广州

广场地铁1号线与北京、上海的建设环境及指导思想有着本质的区别，北京1号线打破了我国地铁历史零的记录，上海2号线从城市设计的角度进行整合，而广州1号线则以35万m²的地下开发为我国城镇化进程下的土地集约利用提供了良好的解决思路和探索经验。

1. 土地使用体系

经过对广州1号线地铁站域商业综合体附近500m实际用地建设调研可发现（图4-14、图4-15和表4-13）：由公园前到传统商圈体育中心，商业在此所占的份额并没有表现出太大的变化，住宅则在四个站点中占到了相当大的比重，尤其是位于传统商圈的体育西路，占到总份额的近一半。在城市绿地方面，四个站点均有良好表现，其中以地理位置特殊的烈士陵园最为突出，绿地面积达到39.2%，其他三个站点则有相关城市广场作为缓冲，成为区别于北京、上海用地性质最大的亮点之一。除此之外，相对于地面上的建造整修，广州更侧重利用地铁所开辟出的地下空间来完成对旧城的改造修缮，加之消费人群大都倾向于"士多"式①的商贩集会模式，导致零售商业异常发达，故而广州虽隶属于中国第三大城市，但整个城市目前建成的地铁站域商业综合体的数量和规模，均远逊于上海和北京。值得一提的是，在轨道交通用地立体化趋势的刺激下，"住改商"以及单体

---

① 士多——杂货店，是贩卖各式各样家用品与食品、罐头或零食的零售商店。

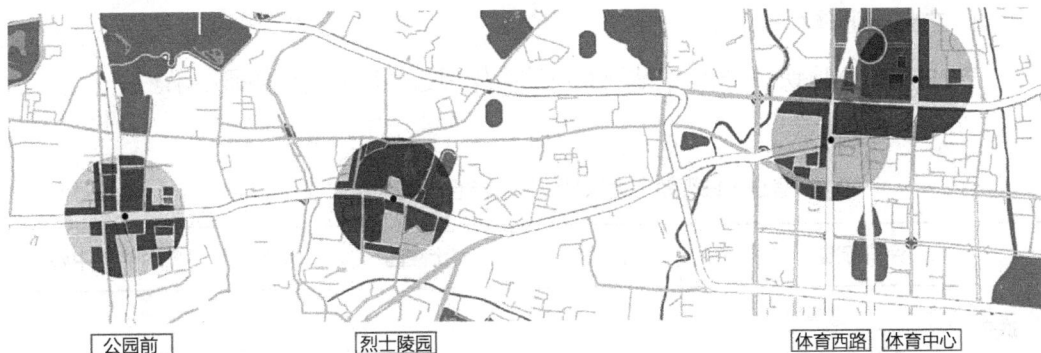

图4-14　广州地铁1号线地铁站域商业综合体示例

的垂直复合利用成为发展的普遍现象，如体育西路的六运小区，在天河城以及正佳广场两个地铁站域商业综合体的推动下逐步发展为现今的特色商住街区，并引发了一系列有关功能转换的讨论。总体来说，相对于北京、上海两座城市，广州因轨道建设多为服

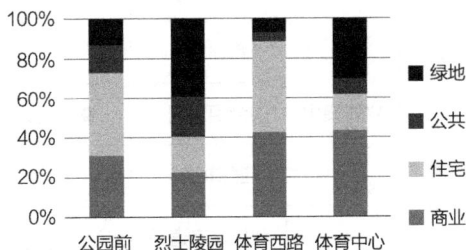

图4-15　广州1号线站点用地性质比较

务客流，地铁开通后消费者的消费频率有了明显的增加，针对一周两次以上出行比例的统计可发现：比例最高的公园前站由之前的16.8%提升至25.9%，体育西路则由42.1%提升至61.4%，而相对次一级的烈士陵园由18.8%提升至25.1%[①]。应该说地铁的开通对城区商业的发展起到了极大的推动作用，地铁站域商业综合体的建设选址与城市单中心的布局相吻合。另一方面，尽管商业得到了长足的发展和重视，但围绕地铁站域商业综合体周边的用地性质仍以住宅为主要组成部分，发展态势呈现不完全的圈层规律。

广州地铁1号线地铁站域商业体用地构成　　　　　　　　　　　　表4-13

站点	商业	住宅	公共	绿地
公园前	31.2	41.8	14.6	12.4
烈士陵园	22.2	18.5	20.1	39.2
体育西路	42.6	45.9	4.8	6.7
体育中心	43.4	18.1	8.1	30.4

---

① 数据来源：林耿，张小英，马扬艳. 广州市地铁开发对沿线商业业态空间的影响［J］. 地理科学进展，2008（11）.

2. 立体交通体系

表4-14为广州地铁1号线地铁站域商业综合体周边环境的实地调研结果。

广州1号线区域视角下地铁站域商业综合体的公共交通体系评价　　表4-14

评价标准		公园前	烈士陵园	体育西路	体育中心
换乘路径	通道式				
	场所式	●	●	●	●
换乘效率	距公交换乘点最短距离	240m	20m	60m	70m
	距地铁换乘点最短距离	82m	300m	100m	260m
换乘方式	立体集中 紧邻站厅			●（地铁）	
	立体集中 合用空间	●（地铁）	●（地铁）	●（地铁）	
	立体集中 通道相连				●（地铁）
	水平展开 利用城市道路组织	●（公交）	●（公交）	●（公交）	●（公交）
	水平展开 利用广场组织				
慢行系统立体化	与周边建筑相连 地下	●	●	●	●
	与周边建筑相连 空中				
	人车分流	●	●	●	●

注：●——是。

通过对广州1号线地铁站域商业综合体周边环境的实地调研可发现（表4-14）：地处城市核心商圈的公园前与体育西路属于双线换乘站点，客流量巨大。与北京、上海不同，广州的地铁站域商业综合体往往伴随着大量地下空间的开发，不难发现由建筑单体到站厅空间的转换过程中，常配以不同类别的零售商业，如公园前站的华联购物中心通过负二层的中旅地下商业街与地铁相连，烈士陵园的中华广场通过负一层的流行前线、地王广场等商业街与地铁相连，体育西路-体育中心的天河城、正佳广场、维多利广场等通过负一层时尚天河广场、天河又一城等地下商业设置与地铁连通。正是通过诸如此类的设计引导，广州将地铁建设所带来的客流优势极大地转化为商业潜力，有效提高了商业利润的同时对步行网络起到了完善和丰富的作用。但另一方面，过长的交通联系导致系统的通达性以及不同系统的转换效率有所降低：三个城市中，广州的地铁、公交换乘距离均为最远，无法满足合理步行的长度要求。另一方面，除去地铁，公交作为城市公共交通系统中的关键存在，它的设置及引导均需一定的合理性和便捷性，但在实际应用中，不仅公园前与烈士陵园公交站点的设置与人流方向有一定偏差，单就体育西路-体育中心片区BRT换乘路径过于曲折，也极大地降低了交通体系的舒适性和便利性。地下商业空间的开发利用作为广州地铁发展的一大特色，借助地铁站域商业综合体的建设对交通体系的改善起到了一定的推动作用，尤其是慢行体系的延伸整合更是发生了质的变化。但不得不承认的是，在步行体系得以完善、商业利润得以提高的表象下，商业空间的狭窄曲折导致了交通体系的高效性及便利性在一定程度下有所降低。如果说北京的交通体系是纯粹的，上海的交通体系是立体的，那么广州的交通体系则更多的是商业的。

3. 公共空间体系

表4-15为广州地铁1号线地铁站域商业综合体公共空间体系调研结果。

广州1号线区域视角下地铁站域商业综合体公共空间体系评价　　　　　表4-15

评价标准		公园前	烈士陵园	体育西路	体育中心
空间衔接	步道	●	●	●	●
	广场	●（地面）	●（地面）	●（下沉）	●（地面）
	中庭		●（建筑）	●（建筑）	
空间关系	竖向重叠				
	竖向错位	●	●	●	●
系统类型	地下-地面	●	●	●	●
	地下-地面-空中				
	地面-空中				
地块联动	与周边环境的融合	●	●	●	●

注：●——是。

由表4-15不难发现，地铁站域商业综合体建设的地块均有相应的广场设置，针对地块空间的处理以及周边环境的联系大都采用结合城市广场来发展慢行系统的复合性开发模式，如在公园前站中，通过动漫星城、中旅地下商业街、五月花地下商业广场将华联购物中心、人民公园前广场、地铁站换乘大厅与周边区域进行整合，建立"地面-地下"一体化的开发体系。值得一提的是，由于公园前站位于广州传统商圈——北京路的辐射范围内，故而在规划中对地铁站厅与北京路的连接做了综合的开发设计，尽管目前两者间并没有在空间上直接联系，但未来的发展趋势在所难免，该区域必将会为周边环境带来较大的联动效应。作为广州最大的商圈——天河商圈，2011年借助时尚天河的竣工开业，打通了由体育西路至体育中心的慢行系统，扩大了地下商业面积的同时，有效联系天河城、正佳广场、维多利广场三个大型的地铁站域商业综合体，将三者的商业效应进行汇聚放大，使得该片区成为广州首个围绕地铁的网络化综合开发。尽管广州1号线在与周边环境融合联系方面的表现优于北京、上海两座城市，但其方式过于单一，无论是步行系统还是空间联系都停留在"地面-地下"的基面层次，并未涉及地上基面。同时，在联系空间中以千篇一律的零售商业为主要基调，缺少垂直方向的联系和空间的趣味性，针对广场及绿地的利用不够充分。

综上所述，相对于北京、上海两个城市，广州的地铁少了一分"职业性"，多了一分"人情味"，围绕地铁站域商业综合体周边地块的设计和利用，体现出人们对商业利润的追求。虽然在地下空间的开发方面占据优势，但在交通体系的便利性和高效性方面则有所欠缺，几乎没有"零换乘"的概念。另外，空间体系的建构相对单一，立体化的思路局限于"地面-地下"双层基面，地上空间的利用明显不足，加上空间塑造手法的单调性，导致地块与周边环境的联系缺乏新意。尽管目前四个站点仍以传统的零售商业为主要组成部分，但随着地铁站域商业综合体的完工发展，势必会为人们的消费方式与商业格局带来巨大的变化。

4.2.3 地铁站域商业综合体因子分析的架构

4.2.3.1 与商业综合体选址布局之间的联系与区别

商业综合体与区域环境相关的层面有很多，国外偏重从理论的角度对前期决策进行引导，如商业区位理论、墨菲法则、商圈计算模型的建立以及消费者分析模型等，而国内则倾向于在国情的指导下从房地产开发运作的实际进程中确立影响因子，建立起相应评价模型后为投资商提供相应参考意见。表4-16总结了国内有关综合体前期决策研究中的影响因子，可以看到人口、经济、交通、区位是其中最突出的因素。

国内研究者提出的综合体决策影响因子汇总　　　　　表4-16

相关主题	研究者	研究中提出的影响因子
城市综合体功能分析与选址研究	王璇	用地物理状况、用地区位、经济因素、人口因素、社会影响性、政策因素、历史人文因素
城市综合体前期定位方法研究	凌晓洁	城市结构、宏观经济、城市产业结构、人口统计、购买力及需求、文化背景、基础设施
商业综合体选址研究	唐登斌	地块状况、基础设施（社会基础、公交地铁）、社会因素（城市规划、政策支持、人口数量密度、商业发展趋势）、经济因素（竞争程度、可支配收入、经济指标）
商业综合体选址量化分析	陆影	人口情况、竞争情况、商业环境、场地条件
国内大中城市商业综合体选址确定	陈章喜	宏观经济、商圈分析、区位通达性、周边购买力、商业布局规划的影响
万达商业地产	赢胜商业地产研究中心	半径人口、竞争程度、交通条件、规划环境

与商业综合体相比，地铁站域商业综合体的选址布局有着极为明显的优势和差异。首先，地铁站域商业综合体由于城市交通职能的加入，使得其与周边环境及相关基础设施有更加密切的关系，更加强调地块活力的带动和城市设计角度下公共空间的整合协调。其次，在服务人群的范围方面，除去周边的固定消费人群，地铁带来的大量稳定客流是商业综合体无法忽视的潜在商机，城市商圈的改变也由此引发。再者，区位方面，地铁站域商业综合体的建设一方面受到地铁线路规划的限制，另一方面因地铁带来的巨大客流使建筑选址更具多样性，郊区化发展成为可能。综上所述，地铁站域商业综合体不仅仅是商业综合体与交通职能的简单融合，它是在高密度环境的背景下由城市框架推动，受到规划设计及相关政策的制约，经过诸多缜密思考和利益平衡后的具体结果呈现。

4.2.3.2　层次分析法及研究目的

作者通过资料整理、文献查阅、实地勘测、专家访谈等方式，采用层次分析法对地铁站域商业综合体的选址决策进行相关研究。层次分析法（Analysis Hierarchy Process，简称AHP）是于20世纪70年代由美国匹兹堡大学萨蒂提出，即将一个复杂目标分解为若干层次的多个元素，通过定性量化的方法算出总排序作为目标优化决策的系统方法。层次分析法适用于多因素、多准则、多目标的复杂系统量化，包括对人主观臆断的定量描述以及缺乏相应数据的复杂结构的模糊计算等，鉴于其将定性与定量合理结合的优点，目前已广泛应用于资源分配、性能评价、经济管理、城市规划等多方面领域。

　　在商业综合体布局研究中，基于GIS因子模型与权重的城市影响分布计算，是较为常见的分析方法，它可有效地将抽象的影响因子转化为直观有形的决策图形，进而对空间要素分布情况进行评价。将层次分析法引入地铁站域商业综合体的相关研究，影响因子同商业综合体一样呈现出复杂交叠的现象，在这里，将不同城市不同政策的复杂性剔除在外，力图从客观的角度揭示不同区域地铁站域商业综合体因子权重的差异，找出其中内在规律，为下一步的投资形成相应指导意见。

4.3　基于GIS的地铁站域商业综合体区域布局模型的建立

4.3.1　影响因子的内涵及相互关系

4.3.1.1　影响因子的内涵

　　根据前期调研及资料搜集，结合地铁站域商业综合体的自身特点，将其在区域布局的影响因子分为三大类：基础支撑因子、经济影响因子和潜力促进因子。

1. 基础支撑因子

　　面对城镇化进程背景下的高密度国情，基础支撑作为框架体系的构成主体，地铁站域商业综合体布局应首先体现对这一情况的顺应。我们期望良好的配套体系下布局的优选条件是：1）位于城市地理位置的重点处，拥有繁盛的商圈；2）除去地铁所带来的稳定客流，还应包含相对固定的消费人群；3）区域可提供优越的交通条件，有足够的通达性。由于地铁站域商业综合体同城市地铁建设紧密结合，其发展趋势及选址布局势必会以地铁线路规划影响下的城市密度与流动构成关系为重点考虑对象，加上地铁的兴建大大提高了地块的可达性，站点对周边活力和价值的影响呈现出典型的正相关关系，于是地铁作为基础设施中不可忽视的重要存在，在基础支撑中应占有相对较大的分项权重。另外，在商业建筑中客流作为事关项目盈利与否的重要评价因素，亦成为投资商前期策划的重点考察对象，于是相应地块的人口密度以及由基础设施配套所形成的人流汇聚是基础支撑因子构架中的主要组成成分，如表4-17所示，其中评分共分为5档，1为最低，5为最高。

地铁站域商业综合体基础支撑因子分析　　　　　　　　表4-17

评价因子	子因子项	子因子内容	指标分类		评级
基础支撑因子	城市区位	以是否属于商圈范围为参考依据	将商圈分为传统商圈及副中心商圈两级，影响可叠加	距离传统商圈0~500m或在商圈范围内	5
				距离传统商圈500~1000m，距副中心商圈0~500m或在商圈范围内	3
				距离传统商圈1000~2000m，距离副中心商圈500~1000m	1
	人口	—	按照密度分5级		1~5
	交通	将轨道交通站点分为换乘站点和普通站点两类，影响叠加	站点分类的基础上对周围影响范围分三级	距离换乘站点500m或距普通站点300m	5
				距离换乘站点1000m或距离普通站点800m	4
				距离换乘站点1200m或距离普通站点1000m	3
		地面车行道路的通达性	按照道路宽度分三类	≥60m，辐射范围300m	5
				45~60m，范围200m	4
				≤45m，辐射范围100m	3
		公交线路的客流性支撑	距地铁口100m内公交的路数，分三级	7路及以上公交，辐射300m	5
				3~6路公交辐射300m，7路及以上辐射500m	3
				3~6路公交辐射500m	1
	基础设施配套	主要指人流汇聚的重要地点，大型交通客运站、大中小学、医院	以类型为中心将辐射范围分两级，影响可叠加	交通客运站500m，医院300m，学校200m	5
				交通客运站1000m，医院800m，学校500m	3

2. 经济影响因子

经济影响因子主要包含宏观、微观两个层次,地铁站域商业综合体作为城市经济体发展到一定阶段的产物,它的建设及运营离不开区域经济的保障支撑,投资商确定一个项目开发与否,不仅要考虑城市的承受能力和商圈发展水平,还应了解区块附近的人均可支配收入。在此,城市居民的可支配收入反映到宏观经济中,主要是指人均GDP,共分5个等级影响布局。微观经济中,主要包含周边人群的消费能力以及相关的商业竞争,其中消费能力的数据以周边小区房价为基础,分5级;区域周边的商业竞争则以站点为中心,根据距离站点位置的远近分为3个级别,如表4-18所示,所有评级1为最低,5为最高。

地铁站域商业综合体经济影响因子分析　　　　　　　表4-18

评价因子	子因子项	子因子内容	指标分类		评级
经济影响因子	宏观因子	地域人均可支配收入	人均GDP	不同城市根据自身情况自行划分	1~5
	微观因子	包含周边人群的消费能力以及相关的商业竞争	人群消费能力以小区房价为基准	不同城市依据自身情况自行划分	1~5

3. 潜力促进因子

除去主要的基础支撑及经济影响外,一些利于项目利润增加以及人流积聚的因子也是不可忽视的,包括旅游文化的吸引、城市公共空间的置入以及特殊条件下的活力带动。具体如下所述:1)旅游文化,依据国家旅游等级划分,包含诸如烈士陵园等文化旅游区;2)公共空间,包括城市广场、绿地、水体等,从现实的角度反映城市空间格局;3)特殊条件下的活力带动,主要是指城市发展中偶然因素的影响,如北京奥运会、上海世博会、广州亚运会的举办,促使城市加大对以地铁为中心的基础设施投入的同时,极大地推动了地铁站域商业综合体的建设,间接改变了城市相应的结构布局和发展趋势,具体分级如表4-19所示,5为最高等级,逐次降低。

地铁站域商业综合体潜力促进因子分析　　　　　　　　表4-19

评价因子	子因子项	子因子内容	指标分类	评级
潜力促进因子	旅游文化	旅游景点等级、文化特色区域	距离景点区域500m	5
			距离景点区域1000m	3
	公共空间	包含广场、绿地等游憩空间	广场内部及广场外围500m	5
			公园内部及外围500m，广场外围500~1000m	4
			公园外围500~1000m，广场外围1000~2000m	3
	活力带动	城市偶然事件相应的建设区域		5

4.3.1.2　影响因子的相互关系

将之前提到的因子进行汇聚，在地铁站域商业综合体的选址决策中，由于基础支撑因子来自于城市最基本的需求关系，故而在整个系统的构建中起到决定性作用，根据不同城市情况赋予其60%~80%的权重值。经济因子虽不像支撑因子是系统运转的基础，但其作为投资决策中首要考虑的因素，是系统良性循环构成中非常重要的一环，因此赋予其10%~30%的权重值。考虑到公共空间、旅游文化对人群的吸引以及城市偶然事件下对建设活力的带动和周边环境的改善，赋予其10%~20%的权重值，如表4-20所示，三项权重值之和为1，另根据不同城市实际情况对权重值在其子因子项中进行再分配。

地铁站域商业综合体区域布局因子体系　　　　　　　　表4-20

评价因子	权重值	子因子项	子因子内容	指标分类	评级
基础支撑因子	60%~80%	城市区位	以是否属于商圈范围为参考依据	将商圈分为传统商圈及副中心商圈两级，影响可叠加	
				距离传统商圈0~500m或在商圈范围内	5
				距离传统商圈500~1000m，距离副中心商圈0~500m或在商圈范围内	3
				距离传统商圈1000~2000m，距离副中心商圈500~1000m	1
		人口	—	按照密度分5级	1~5

续表

评价因子	权重值	子因子项	子因子内容	指标分类		评级
基础支撑因子	60%~80%	交通	将轨道交通站点分为换乘站点和普通站点两类，影响叠加	以站点分类为基础对周围影响范围分三级	距离换乘站点500m或距离普通站点300m	5
					距离换乘站点1000m或距离普通站点800m	4
					距离换乘站点1200m或距离普通站点1000m	3
			地面车行道路的通达性	按照道路宽度分三类	≥60m，辐射范围300m	5
					45~60m，范围200m	4
					≤45m，辐射范围100m	3
			公交线路的客流性支撑	距地铁口100m内公交的路数，分三级	7路及以上公交，辐射300m	5
					3~6路公交辐射300m，7路及以上辐射500m	3
					3~6路公交辐射500m	1
		基础设施配套	指人流汇聚的重要地点，大型交通客运站、大中小学、医院	以类型为中心将辐射范围分两级，影响可叠加	交通客运站500m，医院300m，学校200m	5
					交通客运站1000m，医院800m，学校500m	3
经济影响因子	10%~30%	宏观因子	地域人均可支配收入	人均GDP	不同城市根据自身情况自行划分	1~5
		微观因子	包含周边人群的消费能力以及相关的商业竞争	人群消费能力以小区房价为基准进行分级	不同城市依据自身情况自行划分	1~5
潜力促进因子	10%~20%	旅游文化	旅游景点、文化特色区域	距离景点区域500m		5
				距离景点区域1000m		3
		公共空间	主要包含广场、绿地等游憩空间	广场内部及广场外围500m		5
				公园内部及外围500m，广场外围500~1000m		4
				公园外围500~1000m，广场外围1000~1500m		3
		活力带动	城市偶然事件相应的建设区域			5

4.3.2　GIS影响因子分布示例

利用ARCGIS平台对影响地铁站域商业综合体布局的因子进行加权叠加，可以发现不同的城市由于其自身的发展状况和先决条件，在基础支撑因子、经济影响因子和潜力促进因子方面，呈现出不同的适应状态。仍举北京、上海、广州作为例子分析。

4.3.2.1　北京

结合之前对一号线地铁站域商业综合体有关的分析，考虑线路在城市位置的特殊性，其相关的选址布局大都受到政策导向的强烈影响，周边既涉及故宫、天安门广场等风景名胜，也有诸如西单、王府井、CBD商贸中心等人流汇集区域，故而在因子权重的分配中应对上述特征平衡考虑。在基础支撑因子中，商圈辐射范围以及交通便利通达对选址起到了极为重要的影响，对于交通中的权重分配，由于北京是一个公交系统相对发达的城市，在人们的出行比例和便利程度中公交均占到公共出行的绝对份额，故而在基础支撑因子中的交通部分，公交应居于仅次于地铁的位置。相对地，人口密度及基础设施处于相对较弱的环节。经济影响方面，以房价为主要消费基准评价的微观因素相对人均GDP占到份额的主要部分，而在潜力促进因子中，公共空间则毫无疑问占有份额的绝大部分。经过多轮权衡比对，得出较为符合实际情况的因子权重，如表4-21所示。

北京地铁站域商业综合体区域布局因子权重　　　　　　　　　　表4-21

评价因子	权重	子因子项		子因子权重	复合权重（权重×子因子权重）
基础支撑因子	0.75	城市区位		0.18	0.14
		人口		0.10	0.08
		交通	轨道交通	0.31	0.23
			地面通行	0.15	0.11
			公交线路	0.19	0.14
		基础设施		0.07	0.05
经济影响因子	0.15	宏观因子		0.35	0.05
		微观因子		0.65	0.10
潜力促进因子	0.10	旅游文化		0.21	0.02
		公共空间		0.69	0.07
		活力带动		0.10	0.01

1. 基础支撑因子

基础支撑因子作为客观条件下的直接反映，是地铁站域商业综合体区域选址中的绝对导向。由图4-16可发现，北京的地铁站域商业综合体的基础支撑在二环线以内最为成熟，二环线到三环线之间的范围次之，三环线以外的五棵松、大望路站点基础支撑也较为良好，另外，线路东部明显优于西部，与城市商圈辐射范围相吻合。需要指出的是，除去政策等不可抗力因素，二环线以内建国门、西单、复兴门、王府井等站点的支撑条件虽最值得考虑，但围绕该站点附近的建设施工已达饱和状态，故而应考虑次一级的站点。结合城市对多中心组团及平衡空间结构的考虑，可推测，二环以西至四环之间有较大的发展潜力，其中五棵松、公主坟等站点具有较大的开发优势。

2. 经济影响因子

对北京的经济影响因子进行分析（图4-17），可发现房价与人均GDP呈现正相关关系，其中最高房价集中在二环西部，二环外则受商圈影响大都集中于城市东部。这里可以看出，以天安门为中点往西至四环间，有较好的经济影响支撑，排除二环建设饱和区域外，二环至四环间仍有较大的经济优势。二环以东，在CDB政策引导及商圈辐射的影响下，区域内房价呈现出较高的潜力优势，因而可推测，针对一号线西二环至西四环之间和二环以东CBD两区域未来应成为地铁站域商业综合体重点考虑的建设区域。

3. 潜力促进因子

与基础支撑因子和经济影响因子不同，潜力促进因子在区域选址的确定中起到修正作用，可增加某区域的凝聚影响力。由图4-18可看出，北京的潜力促进因子主要分布在二环以内；二环以外，西部较东部相对完善，尤以公主坟站点附近最为突出，八角游乐园站点附近也较为良好。

4. 综合评价

图4-19是将上述基础支撑因子、经济影响因子和潜力促进因子进行权重叠合的结果。可以看到北京东城的发展明显优于西城，除去二环内部的站点，二环以外、三环以内以及大望路站点的支撑条件最为成熟。结合北京现有的地铁站域商业综合体布局进行分析（图4-20），地铁站域商业综合体多集中在东部大望路、国贸站点附近，属于因子支撑的成熟区域，其他适宜站点未开发建设。因而从侧面验证了区域选址受政策导向较为强烈。另外，地铁站域商业综合体的过渡集中不利于城市多中心结构的发展，故在区域建设中，根据综合因子分析，应有意识地引导地铁站域商业综合体建设向西部发展，可重点考虑木樨地、公主坟、五棵松，以及八角游乐园站点区域的发展。

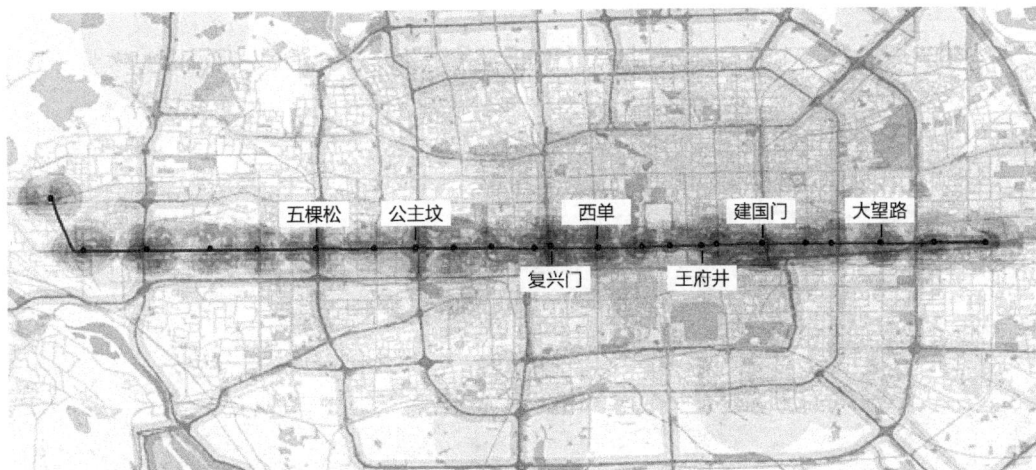

图4-16　北京基础支撑因子分布图

图4-17　北京经济影响因子分布图

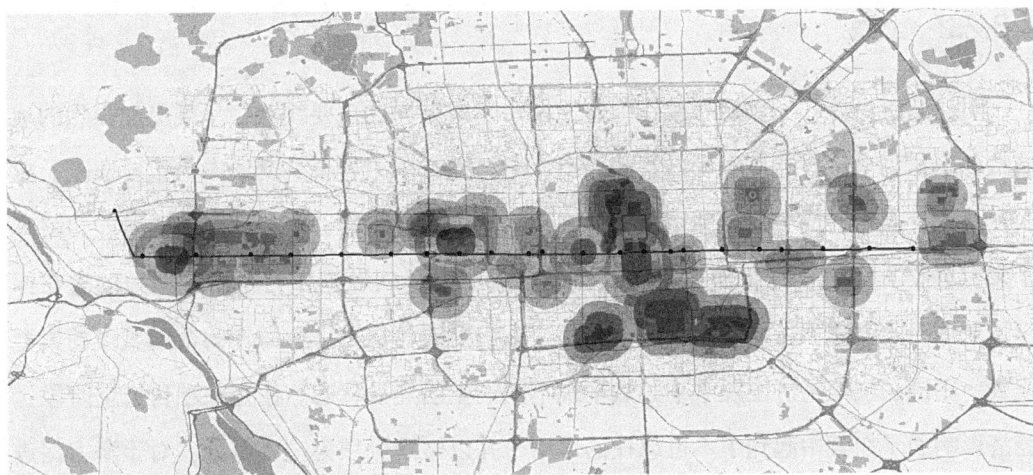

图4-18　北京潜力促进因子分布图

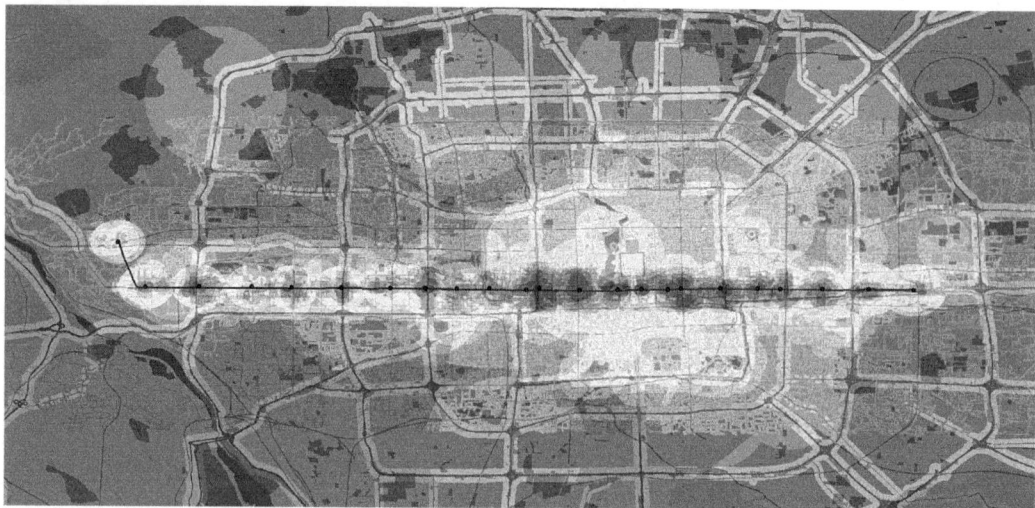

图4-19 北京综合因子分布图

图4-20 北京地铁站域商业综合体分布图

4.3.2.2 上海

对比北京1号线，上海2号线作为连通城市东西方向的主要线路，呈现更加强烈的地域特色。作为全世界通车里程最长的城市，上海地铁承担着公共交通中的重要职能，故而在基础支撑因子的交通分项里面，地铁占据着绝对的份额，周边道路的通行能力略高于来自公交方面的支撑。而在项目的建设发展中，基础设施作为项目凝聚力的潜在保障，对项目的支撑不可小觑，故赋予其与商圈辐射同等权重。上海作为金融城市的典型代表，不同区域的经济发展水平必然呈现不同的生活建设状态，于是在项目选址阶段，经济影响因子在其中起到了不可忽视的作用，并以微观分项为主要部分。对于潜力促进因子，以黄浦江沿线两岸最为集中，公共空间分项仍占到因子权重的主要部分。经综合平衡比对，得出以下因子权重分项，如表4-22所示。

上海地铁站域商业综合体区域布局因子权重　　　　　　　表4-22

评价因子	权重	子因子项		子因子权重	复合权重（权重×子因子权重）
基础支撑因子	0.64	城市区位		0.14	0.09
		人口		0.05	0.04
		交通	轨道交通	0.46	0.29
			地面通行	0.15	0.10
			公交线路	0.09	0.06
		基础设施		0.11	0.06
经济影响因子	0.26	宏观因子		0.35	0.09
		微观因子		0.65	0.17
潜力促进因子	0.10	旅游文化		0.15	0.01
		公共空间		0.75	0.08
		活力带动		0.10	0.01

1. 基础支撑因子

图4-21为上海地铁2号线基础支撑因子分布图。

由图4-21可发现，上海地铁站域商业综合体区域选址的基础支撑因子在线路中段较为成熟，尤以人民广场、南京西路、南京东路、陆家嘴等地铁站点为主要代表，而线路两端的支撑成熟度则相对欠佳。值得一提的是，虹桥火车站因其特殊的交通枢纽职能呈

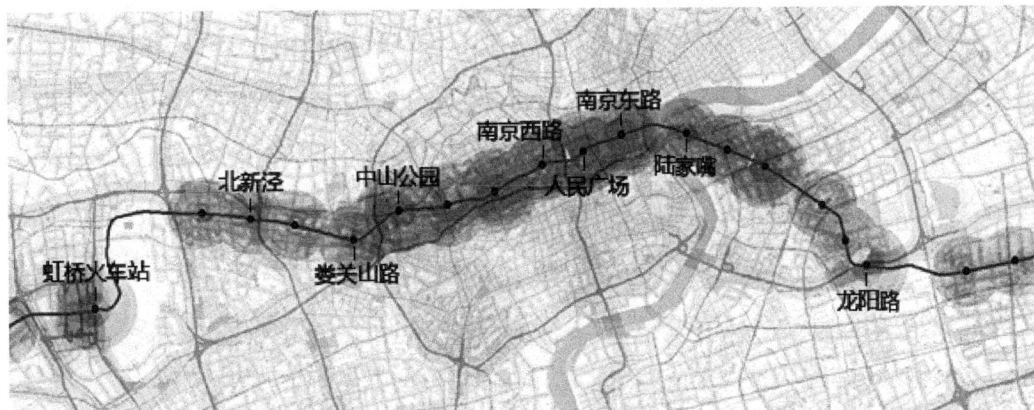

图4-21　上海基础支撑因子分布图

现出良好的支撑条件，具有一定的开发潜力。从城市角度来看，基础支撑因子的分布与商圈结构呈现良好的对应关系，均在黄浦江两岸表现出极高的凝聚力；从区域角度来看，由于浦东陆家嘴的城市形象限制、传统商圈的建设饱和度和同行竞争问题，应引导地铁站域商业综合体建设围绕次一级的站点诸如中山公园、娄山关路、北新泾、龙阳路等进行建设发展，而对于虹桥火车站特殊站点的开发利用，可参照日本类似的车站进行二次开发，如京都火车站等。

2. 经济影响因子

对上海的经济影响因子进行分析，如图4-22所示，可发现微观因子项与人均GDP在线路分布上呈现类似的比例关系，其中以位于静安区、黄浦区的站点最为成熟，浦东区次之，长宁区和闵行区位列最末。由于政策导向及虹桥商圈的兴起，闵行区的虹桥火车站在经济潜力的支撑方面不容忽视。线路中段的经济支撑布局呈现带状密集型，与传统商圈的分布相吻合，有着良好的商业发展基础，浦东新区近几年的上升势头强劲，在政策的带动下表现出巨大的经济支撑潜力。对于经济影响方面，除去对传统商圈的依赖，应充分利用地铁优势，引导站域商业综合体向东部及虹桥商圈方向发展。

3. 潜力促进因子

由图4-23可发现，上海的潜力促进因子多分布在黄浦江两侧，以南京路商业街、浦东陆家嘴和浦东世纪公园为主要集中片区，又以人民广场站、陆家嘴站、上海科技园站和静安寺站为最佳支撑点，剩余区域的潜力促进因子呈散点分布。考虑彼此间凝集力和活力的带动，故在南京路商业区与静安寺之间以及陆家嘴与世纪公园之间有相对较大的发展机遇。另外围绕中山公园商圈，在长风公园景点的带动下，该区域潜力促进方面也有较好的表现。

4. 综合评价

综合基础支撑因子、经济影响因子和潜力促进因子权重，得到影响上海地铁站域商业综合体区域选址因子（图4-24），可发现综合因子以中段最为集中，两边呈现逐渐下降的趋势，其中集中路段以人民广场、静安寺站点为代表最为适宜，陆家嘴、东昌路、世纪大道以及江苏路、中山公园、娄山关路站点因子成熟度较为良好。结合已建成上海地铁站域商业综合体的分布图进行分析（图4-25），可看出，综合因子的分布与目前的开发建设情况相吻合，以静安寺站点、人民广场站点、南京东路站点为最多，中山公园、陆家嘴以及世纪大道次之，对比北京，其项目选址更为理性，建设数量及规模与支撑因子成熟等级相吻合。中山公园站点由于其周边未有同级别综合体与其竞争，故围绕

图4-22　上海经济影响因子分布图

图4-23　上海潜力促进因子分布图

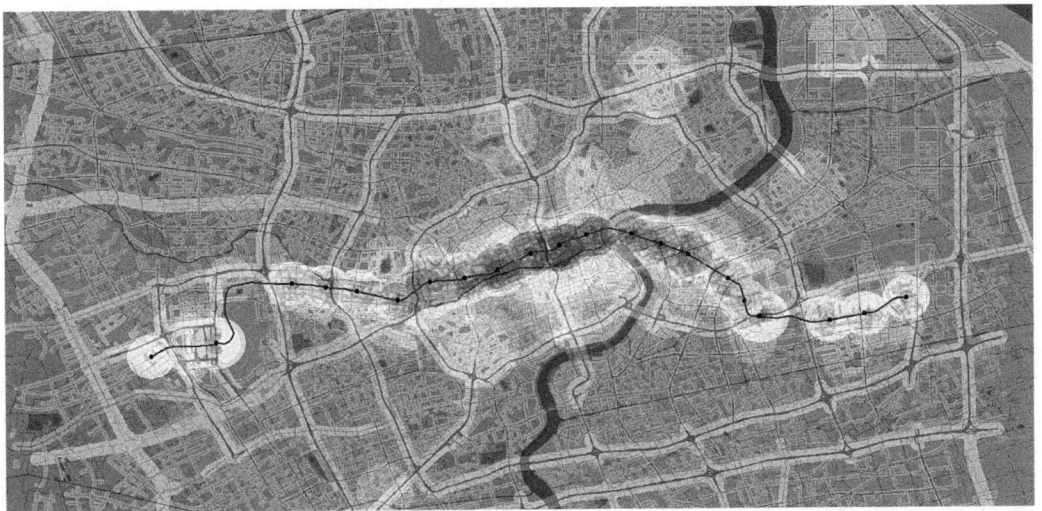

图4-24　上海综合因子分布

图4-25　上海现有地铁站域商业综合体分布图

该站点建设的龙之梦购物中心具有良好的商业盈利。结合城市多中心的发展战略，应引导地铁站域商业综合体向两端进行扩张，尤其是中山公园商圈的长宁片区，以及浦东新区的世纪公园附近，均有较好的升值空间，另外虹桥火车站也是不可忽视的站点，后期应重点把握空间的开发方式和力度，以及站域商业综合体所应对的人群等，力图在此基础上更加合理有序，从而实现商业价值的最大化利用。

4.3.2.3　广州

相对于北京政治中心的政策导向，上海金融中心的经济影响，广州更多的是以开放亲民的态度实现多元化的呈现，即便是最为中心的商圈，不同的区域范围内也有着不同的利用性质。1号线借鉴港铁的运营案例，其定位从开始便不局限于缓解城市交通这一个方面，大量的地下空间开挖成为当时全国地下空间利用的领头者，目前看来具有较大的前瞻性。对于地铁站域商业综合体区域选址的基础支撑方面，除去轨道交通对其的支持性，周边的基础设施完善程度以及商圈的辐射范围成为选址过程中影响较大的因素，赋予其较高的权重。在经济影响方面，基于广州零售业发达的优势以及区域用地多样化的趋势，以房价为主要评价标准的微观因子项格外重要，常住居民的消费水平是影响商业销售的重要因素。潜力促进因子则从侧面反映出公共空间及旅游文化产业对区域凝聚力的提升作用，相对基础支撑因子和经济影响因子，综合因子的权重中占据相对次之的位置。经多轮比对平衡，得出表4-23的因子分布。

广州地铁站域商业综合体区域布局因子权重　表4-23

评价因子	权重	子因子项		子因子权重	复合权重（权重×子因子权重）
基础支撑因子	0.61	城市区位		0.15	0.09
		人口		0.07	0.04
		交通	轨道交通	0.40	0.25
			地面通行	0.12	0.07
			公交线路	0.10	0.06
		基础设施		0.16	0.10
经济影响因子	0.27	宏观因子		0.31	0.08
		微观因子		0.69	0.19
潜力促进因子	0.12	旅游文化		0.25	0.03
		公共空间		0.65	0.08
		活力带动		0.10	0.01

1. 基础支撑因子

广州1号线起于广州东站，终于西朗，与北京、上海不同的是，作为城市第一条地铁线，起始端（广州东站）目前已纳入天河商圈的范畴，整条线路前段支撑因子最为成熟，往西呈现逐渐递减的状况。由图4-26可以发现，线路基础支撑因子的分布与商圈分布较吻合，天河路商圈中的体育西路站、东山商圈的东山口站以及北京路商圈的公园前站均是基础支撑因子发展最为成熟的区域，围绕三个商圈建设的站点因子成熟度较为平

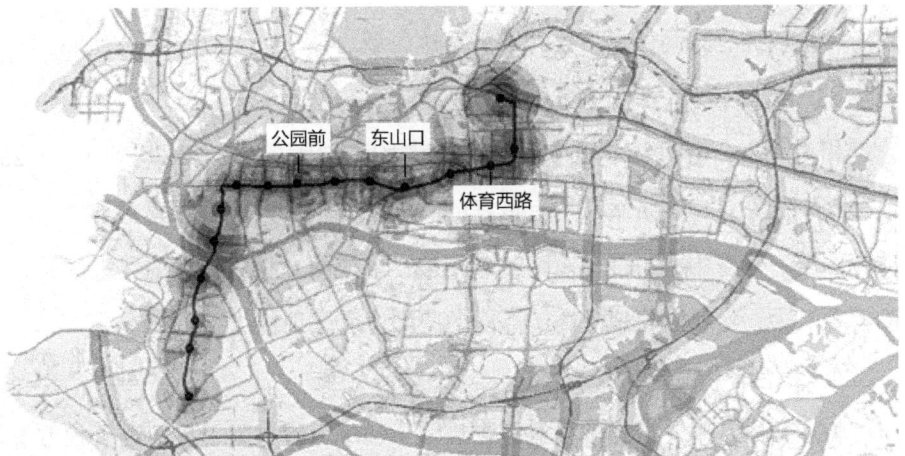

图4-26　广州基础支撑因子分布图

图4-27　广州经济影响因子分布图

均；进入荔湾区后，站点的成熟度明显下降，由此也暗示出，人口密度及经济的支撑对于站点基础支撑因子的完善程度有非常大的影响。基于该种情况，应引导地铁站域商业综合体围绕商圈周边进行展开建设。

2. 经济影响因子

对广州经济影响因子进行分析（图4-27），可发现天河区、越秀区的站点均有较高的发展潜力，宏观因子项与微观因子项之间有着极高的重合度。围绕1号线站点进行的地下空间开发与区域的经济发展也有着良好的对应关系。站点前端以较高支持度呈现带状连续分布，与后端形成鲜明对比，线路先后相差较大。作为地铁站域商业综合体中重要组成，商业部分必然受制于周边经济的影响，故对于广州1号线项目的区域选址应重点考虑前端拥有较高保障系数的经济发达区域。

3. 潜力促进因子

相对北京、上海两个城市，广州的潜力促进因子分布相对均匀（图4-28），除去后段极个别的站点，其余站点均有良好的支撑。其中公园前、陈家祠与烈士陵园站点以及体育西路、体育中心与广州东路站点相连，形成两个相对较大的促进区域，并将主要商圈覆盖其中，潜移默化地提高了商圈的凝聚力和辐射能力。

4. 综合评价

将广州的基础支撑因子、经济影响因子和潜力促进因子进行因子权重叠加分析后得到图4-29。线路前段位于天河区与越秀区的站点支撑保障较为成熟，后段属于荔湾区的

图4-28　广州潜力促进因子分布图

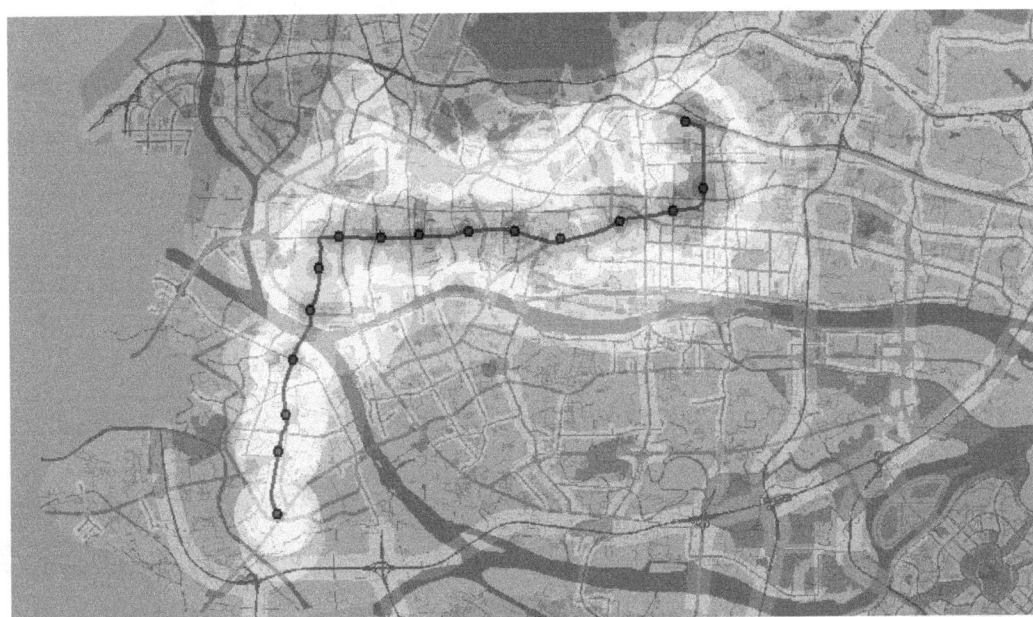

图4-29　广州综合因子分布图

站点则与前段部分的完善度差距较大，而在前段利于选址的区域内，以体育西路和公园前站的适宜度为最高，广州东站、体育中心、烈士陵园、农讲所、西门口站点相对次之。结合已建成地铁站域商业综合体的分布图来看（图4-30），目前项目大都集中在天河商圈的体育西路、体育中心站点附近，烈士陵园和公园前站也有少量分布，选址与综合因子分布的最优区域相吻合。这里值得一提的是，作为全国最有影响力的商圈之一，

图4-30 广州地铁站域商业综合体分布图

天河商圈集中了目前广州市一半以上的地铁站域商业综合体，依据天河圈商业指数[①]可发现，尽管购物指数呈现稳步上涨的趋势，但商圈的成长指数始终徘徊在及格线边缘，过度的商业集中在扩大商圈辐射范围的同时也提高了彼此间的竞争压力，由此可推测该区的地铁站域商业综合体建设量已趋于饱和。故应引导项目建设考虑线路其他利于选址的区域，并由此带动整个区域的更新改造。

4.3.3 地铁站域商业综合体的分布差异及选址趋势

4.3.3.1 北京、上海、广州地铁站域商业综合体的分布差异

通过选取北京、上海、广州三条具有代表性的地铁线路，分别对其进行因子权重分析，结合影响其发展的商圈分布、人流支撑及相关站点的土地利用情况，得到表4-24。可发现北京、上海、广州作为中国地铁建设最发达城市的代表，不同城市的地铁站域商业综合体的发展分布对应着不同区域的基本情况。

---

① 天河路商圈商业指数：由广州市统计局领导，经广泛调研、专家评审等过程，通过选取影响商圈发展的关键因素，制定了相关的数据采集和统计制度，试图以理性方式观察商圈生存活力，了解商圈不同业态、业种的经营状态和商业价值，从而对商圈进行有效的管理和提升，为投资者、经营者和消费者提供决策参考。其中，2014年第二、三、四季度的成长指数为分别为52.25、50.29和50.74，购物指数分别为61.61、64.54和65.23。

北京、上海、广州地铁站域商业综合体相关分项对比图　　　表4-24

分项	北京	上海	广州
综合因子			
商圈分布			
人流支撑			
土地利用			

1. 不同城市的横向对比

综合因子方面，上海与广州均有相对较长的带状区域为最适选址区，其中上海线路的"廊道效应"尤为突出，而作为政治中心的北京，受限于线路周边建设的政策制度，廊道效应被明显打断，最适片区围绕天安门形成两个较明显的组团，且因子分布的等级具有明显的不平衡性；商圈分布方面，与上海、广州不同，北京商圈呈现出东强西弱的局面，并以东北方向最为发达，尽管线路穿越众多商圈，但二环内部的商圈过于集中，空间结构不平衡，而上海商圈则中部最优，向外逐渐减弱，线路通过的商圈均在因子方面有良好体现，带状分布明显，对于广州来说，尽管商圈的分布明显少于北京和上海两座城市，但作为全国最有影响力之一的天河商圈，拥有着极其可观的凝聚力，相应的地铁站点也成为三个城市中拥有站域综合体最多的站点。

2. 不同城市的纵向对比

对于北京来说，综合因子的最适区域与商圈和人流的分布相吻合，而次级区域尽管符合人流方面的支撑分布，但与商圈格局存在一定的出入，CBD商圈的国贸、大望路是目前北京拥有地铁站域商业综合体最多的站点，然而无论在综合因子的分布图上还是人流监测图上，其都不属于最佳选址，由此可推测，地铁站域商业综合体的选址除了受制于市场"无形的手"，还带有较强烈的政策导向性。若有利于城市结构转型，发挥市场效益最大化，应引导地铁站域商业综合体在政策允许的范围内向西部适宜区域建设。对于上海来说，综合因子的分布与商圈和人流的分布有着较高的重合度，最适区涵盖了目前已建成的所有项目，应该说无论是在指导层面还是在设计层面均有着良好的科学性及合理性，未来可结合人流检测图引导地铁站域商业综合体向浦东世纪公园附近发展，另外虹桥火车站也是不可忽视的潜力股之一。对于广州来说，综合因子的最适区与人流支撑的监测图相吻合，均呈现前段良好、后段不足的分布，商圈分布中以天河商圈最为突出，拥有着全广州市半数以上的地铁站域商业综合体。然而过于集中的商业综合体不仅会从侧面导致单中心格局的放大，还会加剧彼此间的竞争，故应结合人流支撑与最适区域的分布引导地铁站域商业综合体向烈士陵园及公园前站点区域进行发展，尤其是人流密集的公园前区域更有着极大的商业开发潜力和充分的支撑要素。

综上所述，围绕北京1号线开发的地铁站域商业综合体受政策的影响较大，较少结合市场对其选址的指导性及周边环境的支撑完善度，东西格局分化较为严重，故应通过引导站域商业综合体向西发展的同时，发挥其对周边区域活力的带动作用，从而对空间布局进行优化。上海地铁站域商业综合体较北京、广州更为合理，已完成的项目建设在理性的规划和市场的规律下均有着相对较好的凝聚力和较高的商业价值，需要注意的是，围绕虹桥火车站站点和世纪公园的开发建设应引起足够的关注。广州的地铁站域商业综合体在三个城市里最为集中，故应有意识地在其他适宜区域进行选址，避免造成过度竞争，同时可利用项目的开工建设带动沿线空间的修缮和改造。

4.3.3.2 地铁站域商业综合体选址趋势

我国地铁站域商业综合体是伴随着近几年地铁的大力建设而发展起来的，尽管各地区对此都有着较高的重视度，但其相关的选址和建设不论理论上还是经验上仍处于萌芽阶段。项目选址不仅影响着城市的空间结构，更是从区域角度对周边因素进行综合考量的最终结果，通过前期将北京、上海、广州三个城市抽选出的代表路线进行分析，可对其选址趋势归纳为以下四点：

（1）地铁站域商业综合体虽具有大量的人流红利，但仍不能完全脱离商圈对其影响，无论是北京、上海还是广州，大多投资商仍倾向选择在传统商圈的辐射范围内进行项目的开发建设，这主要是因为传统商圈不仅拥有稳定的消费人流，还包含了足以支持商业综合体获得较高利润的微观经济群体，并以事关民生的住房价格为主要经济表征。不难发现，无论是北京的CBD、西单商圈，还是上海的南京路、静安寺商圈，或是广州的天河区、北京路商圈，其区域周边的房价均位于整个城市的价位顶端，尽管地铁站域商业综合体整合了城市的交通职能，但商业作为组成系统的关键因素，它的成功运营必然成为项目建设的首要考虑对象。目前大量的住宅郊区化使得少部分开发商开始尝试在郊区兴建地铁站域商业综合体，但相关设施的配套以及消费人流的凝聚仍需一定时间来完善，如上海的浦东嘉里城等。值得一提的是，除去市场规律的调节，相关的政策导向仍是目前项目选址中无法避开的重要影响因素。

（2）对于地铁站域商业综合体，地铁站点的选择与联系是影响项目交通因素的关键一环。在已建成的项目中，站点多选择在双线或多线相交的枢纽地段，如北京的国贸，上海的静安寺、中山公园、南京东路，广州的体育西路、公园前站等。除了拥有大量的潜在人流，便捷的疏散方式也是项目开发中重点考虑的一环。另外，考虑公交系统在公共交通出行中所占的比例，以及中心城区系统的相对完善、传统商圈与中心城区的对应关系，从侧面印证了传统商圈对选址的诱惑性。

（3）基础设施的成熟完善是吸引地铁站域商业综合体选址的又一重要因素，学校、医院、大型交通枢纽都对凝聚力起着不同程度的提升作用。目前郊区地铁站域商业综合体运营难，不仅是由于住区的入住率较低而导致没有充足的消费人流进行支撑，还与配套设施建设相对落后有很大关系。应该说基础设施配套的完善是推动郊区入住率提高的重要推手，而入住率的提高又是地铁站域商业综合体成功运营的重要保障，地铁站域商业综合体的成功运营则通过提高周边的土地价值来吸引更多的人完成"郊区转移"，整个过程环环相扣，紧密结合。故与民众意愿和盈利与否的不可控相比，投资商更多倾向于基础设施已趋于完善的地域。

（4）与其他建筑类型不同，地铁站域商业综合体因其复杂的功能和庞大的规模对人流的支撑有着极高的要求，结合对北京、上海、广州三个城市已建成的地铁站域商业综合体进行分析，可发现，项目的选址往往伴随着公共空间或公园景点的设置，如在北京，王府井站点附近的故宫和天安门广场；在上海，静安寺站点附近的静安寺，人民广场站点附近的人民公园、南京路步行街，陆家嘴站点附近的东方明珠；在广州，体育西路站点附近的体育中心，公园前站点附近的人民公园等。即便是没有相应影响促进因子支撑的上海中山公园，也作为三条地铁线路的交汇点为龙之梦购物中心提供着充足的潜在商业人流。

第 **5** 章

地铁站域商业综合体
子系统的内部建构

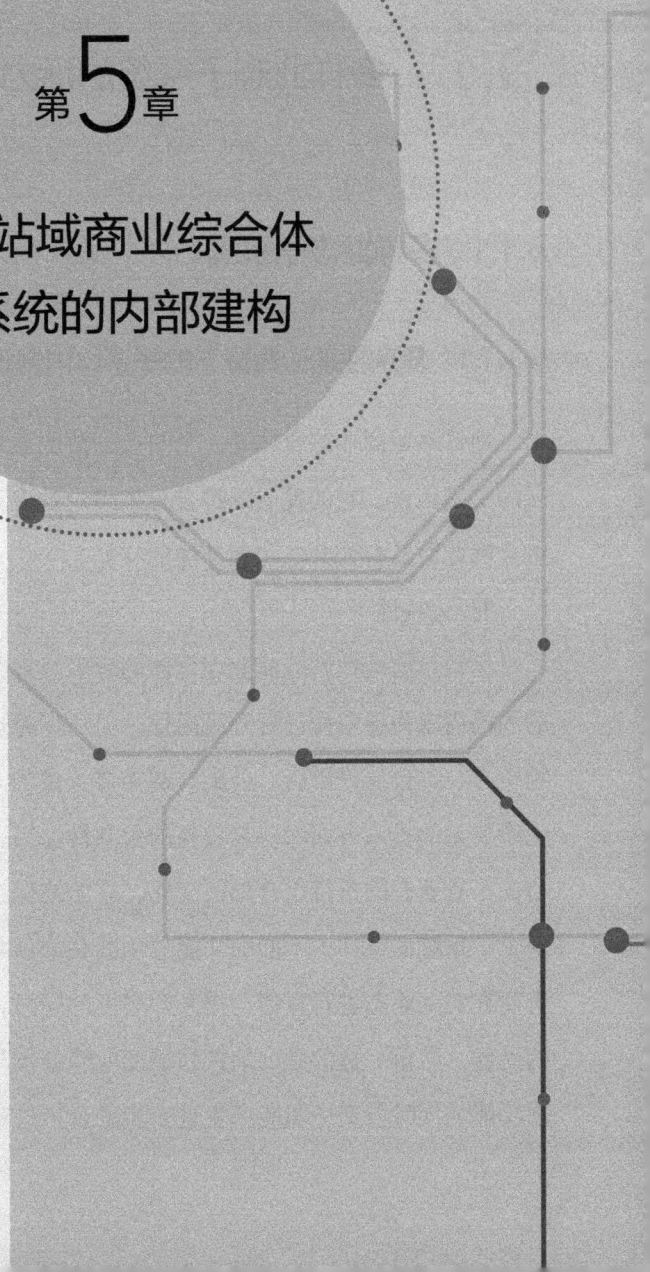

通过第3章从全国范围的"面"探讨城市视角下系统与系统间的结构调整，和第4章不同城市的"线"研究区域视角下系统对周边环境的反馈选择，从而引发线路上的"点"对系统内部互动协作的良性循环。地铁站域商业综合体作为一个开放多元的系统，其内部的组成要素亦是繁杂多样的，本章选取事关项目活力的业态、涉及城市敏感问题的交通和以人为出发点的空间感知三个子系统，结合目前已建成的地铁站域商业综合体，对内部子系统活力建构方式进行探讨。

5.1　多样业态子系统的活力研究

5.1.1　多样业态子系统

5.1.1.1　复杂性理论背景下的子系统内部运作特征

地铁站域商业综合体是一个复杂开放的系统，其中多样业态子系统是保障其成功运转的关键因素。它的发展既符合分工理论的多元化，又适应范围经济的合作化，业态的组合因此而具有公共性和互补性的特征。

1. 公共性

尽管目前地铁站域商业综合体的分工呈现细分的趋势，业态更是以人们对商业活动的不同需求为导向而进行升级换代，但从保障这些业态运行的基本要素来看，无论是购物中心、办公还是酒店、公寓，都需要大量的人流劳动力支撑和资本土地的投入，故在生产要素的投入方面保持着较高的公共性。另一方面，地铁站域商业综合体作为盈利项目，不管业态的搭接组合如何变化，它始终保持着恒久不变的目标——获取利润。作为一个子系统的整体，不同的功能分项间和分项与系统间有着较高的联动效应，于是当投资商在对某业态进行宣传、提升知名度的同时，属于同一子系统的其他业态均会有一定的受益。值得一提的是，地铁站域商业综合体与其他商业建筑最大的不同，在于整合多项功能的同时与交通职能产生进一步融合，这就导致项目运营的过程中会面对涌入的大量人流，为满足不同层级、不同类型的商业活动，应提高子系统应对人群层面的公共性；同时地铁站域商业综合体的建设使区域地下空间潜力的挖掘成为可能，随着时间的推移，围绕其开发的土地利用有着明显的成长性和联动性，故为保证项目的良好运营，子系统内部必定在求同存异的原则指导下，坚持互利共赢。

2. 互补性

商业综合体与其他商业类型建筑相比最大的优势，在于其多样业态支持下的24小时的即时互补。购物中心作为一站式消费场所，既是项目自身凝聚人气的有力保障，也是未来投资商获得长期稳定现金流的主要来源，同时更是地铁人流红利进行商业消费的转换核心。写字楼面对商务人群，在讲求高效、高质的今天，地铁的支持无疑会使其获得更多企业的青睐，另外，大量办公人员的进驻也为购物中心和公寓酒店等业态的运转提供了潜在支持。而对于公寓酒店和住宅，作为主要盈利的业态，不仅提供了一定的流动人口和常住人口贡献，更重要的是带动了夜间的活力，另外住宅也因资金得以快速回笼的优势，获得众多开发商的青睐。多种业态汇聚于一个系统内（图5-1），将彼此间的互补优势发挥到最大，从而达到整体大于局部的最终目的。业态互补的重要性，不仅在于可通过不同的商业活动来满足人们日益增长的体验需求，更重要的是将作为项目生命线的系统活力加以延续。

综上所述，地铁站域商业综合体业态因互补关系的存在更好地实现了系统公共性，同时公共性的目的推动着业态不断进行细分，在活力的需求下得到互补。互补性和公共性作为业态系统的主要特征交织在一起，为整个项目的良好运营提供坚实的保障。

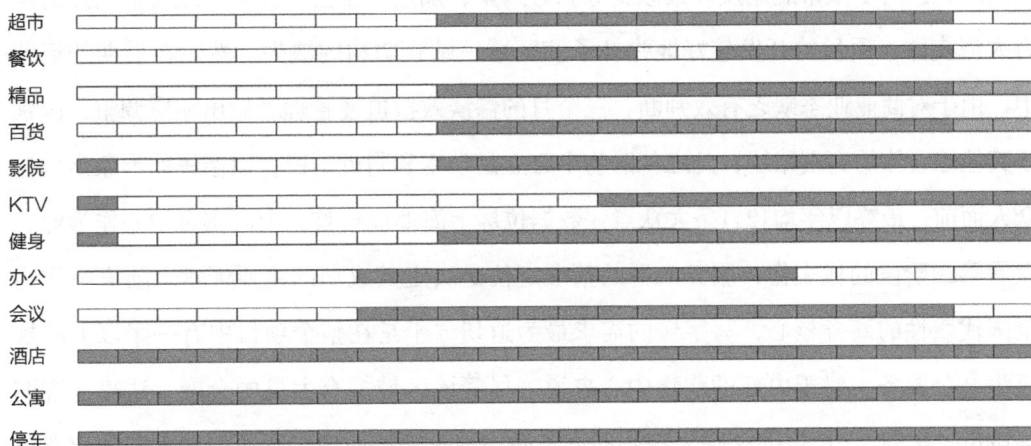

图5-1　地铁站域商业综合体业态24小时分布图

5.1.1.2　多样业态的发展现状——以上海为例

已建成地铁站域商业综合体业态构成　　　　　表5-1

名称	龙之梦购物中心						上海国金中心						环贸IAPM					
开业时间	2006						2010						2013					
业态内容	购	办	酒	住	公	会	购	办	酒	住	公	会	购	办	酒	住	公	会
	●	●	●				●	●	●			●	●	●			●	
业态比例	9.1：1.0：1.8						3.1：5.6：1.4：1						3.3：3.0：1.0					
项目定位	一站式购物						高端世界级地标						高端潮流					
服务人群	白领、学生、百姓						全球精英，顶级奢侈						中产、高级白领					
特色标签	亲民，接地气						浦东高端商业的弥补						夜行消费					
大众点评	数目（年）		人均（元）				数目（年）		人均（元）				数目（年）		人均（元）			
	1211条		212				411条		6631				791条		355			

　　选取目前已建成具有代表性的上海地铁站域商业综合体进行业态调研整理（表5-1），并将大众点评相关数据纳入参考范围内，以5年为一间隔对其进行综合评价，可发现龙之梦购物中心、上海国金中心与环贸IAPM分别代表了商业业态发展的三个阶段。第一个阶段，往往以"地段就是生命"为主导方向，尽管龙之梦购物中心脱离于传统商圈，但由于城市规划及政策倾斜等利好因素，加之中山公园作为三线交汇站点的强力人流支撑，项目的开发较好地弥补了该区域一站式购物的缺失。然而在后期的运营中，由于对商业业态缺乏有效判断，三个月的惨淡效益迫使管理者做出相应调整，区别于其他综合体的高端路线，龙之梦购物中心立足学生和附近居民，以亲民的形象出现在众人面前，最终以年均1211条大众点评数据位居上海商业榜首。上海国金中心作为业态发展第二阶段的代表作，服务人群的精准定位是决定其成功的主要因素。陆家嘴作为全国代表性的商务核心，写字楼的需求最为迫切，于是在整个项目中有一半以上的规模为办公服务。对于内部的购物中心来说，尽管该区域拥有大量的金融、法律、咨询等城市"金领"，但以陆家嘴为核心的浦东始终缺乏能够服务于顶级消费人群的业态支撑，于是上海国金中心带着高端世界地标的定位和面向全球精英进行服务的业态强势入

驻：整个商场包含180个全球顶级品牌，其中15%首次登陆内地，40%首次进入上海，并以大众点评网上的人均6631元的花费傲视群雄。作为第三个业态发展阶段的代表，环贸IAPM以其个性独特的面貌吸引着人们的眼球。在如今购物中心业态同质化严重的年代，如何从众多商家中脱颖而出，其业态的经营管理尤为重要：环贸IAPM并未效仿国金中心的顶级奢华，也未选择龙之梦的平民综合，而是将市场定位于具有良好教育的中产和高级白领。面对有个性、追新求变的受众群体，管理者不仅在业态引进中有所选择倾向，更是在项目运营中提出"夜行消费"的特色标签。开业仅两年的时间，环贸IAPM便位列大众点评好评、人气的前三名，是成功的典范。

龙之梦购物中心、上海国金中心、环贸IAPM既代表了上海地铁站域商业综合体业态发展的三个阶段，也代表着不同区域面对不同消费人群商业业态的侧重方向。从业态子系统的总体来看，地铁站域商业综合体的组成更为多元，不再局限于办公、酒店两种形式，而是更多地包含会展、公寓等多方面因素。同时，在这个越来越重视服务的时代，购物中心的业态也由之前购物、餐饮、休闲的52∶18∶30的黄金比例，逐渐向1∶1∶1进行转化。另外值得注意的是，电商对实体店的冲击为地铁站域商业综合体的运营管理提出了更高的要求，以环贸IAPM为代表的个性项目正逐渐增多。

5.1.2　多样业态子系统开放状态下的演变

多样业态子系统作为地铁站域商业综合体系统的组成之一，不但因交通职能的加入呈现相应的开放性和城市性，还因其特有的活力和高敏性，在运营过程中伴随周边环境的发展不断演变，其中地铁的建设便是众多诱发因子中最为突出的存在。

5.1.2.1　地铁建设与业态的演变过程——以徐家汇地铁站为例

徐家汇作为中西文化碰撞交融的代表区域，它的发展与兴起不但是上海商业发展的浓缩，还从侧面间接反映出沿海城市商业中心的演化历程。从新中国成立前的102家商铺到独具特色的三足鼎立，再到政策指引下商城建设的启动，徐家汇格局的改变日新月异，而地铁的大力建设更是为此过程的加速起到了不可忽视的作用。这里以地铁的开通时间和地铁站域商业综合体的运营时间为节点，来探讨地铁建设与业态演变之间的关系，如表5-2所示。

徐家汇地铁站建设与业态变化关系 表5-2

时间	1993年之前	1993~1999年	1999~2009年	2009年至今
建成情况				
业态分布	● 商业 ● 办公 ● 居住 ● 其他	● 商业 ● 办公 ● 居住 ● 其他	● 商业 ● 办公 ● 居住 ● 其他	● 商业 ● 办公 ● 居住 ● 其他

第一阶段：20世纪90年代初，徐家汇商业主要以华山路最为集中，由于当时业态的相对滞后，区域并未对片区的发展带来足够推动力，核心地段以包含诸如藏书楼、气象观象台、天主教堂等众多中西文化建筑为特色。

第二阶段："南巡讲话"精神为徐家汇的发展提供了政策导向，上海地铁1号线的开通为核心区的建设提供了强大的动力。自1993年至1999年初，先后有太平洋百货、东方商厦、美罗城、汇金商厦等众多大型商业建筑陆续建成，累计面积达30多万平方米，此时百货市场如日中天，商业成为该阶段徐汇区的绝对主导，并通过站厅进行串联衔接，中心辐射状的发展布局初具雏形。另一方面，商业空间通过地下走道与地铁进行相连，在吸纳庞大的人群的同时引发出复杂而多样的活动需求，于是围绕地铁站点陆续产生了诸如办公、公寓、酒店等不同功能的开发。

第三阶段：1999年底，港汇广场的开张营业不仅将地铁站域商业综合体以全新的姿态推到了众人面前，更重要的是宣告了作为综合体的核心部分——购物中心的强势存在。港汇广场的开发建设较好地弥补了站厅辐射圆环的一角。从1999年至2009年初，围绕核心区开发的其他类型项目均不约而同地以港汇为中心，由此可看出，度过开业冰霜期的港汇发挥了巨大的活力带动作用，另外，"环港汇"三线交汇方案的敲定，又一次印证了港汇在徐汇区不可动摇的核心位置。

第四阶段：2009年后，伴随着9号线和11号线的通车，徐家汇地铁站已演变成为一个名副其实的大型换乘枢纽，众多的人流汇聚于此，商圈辐射范围更是扩至全市，在此机遇的推动下，港汇广场的地位也由徐汇区核心上升至全市顶级。由于围绕站厅的地段已基本被开发殆尽，故在此阶段仅中金国际广场作为办公职能进行建设，也由此可看出该区商业设施已趋于饱和。目前徐家汇站点的多项业态，已形成以线形串联辅助结合站厅核心向外辐射的复合式发展结构。

综上所述，伴随着地铁的建设，围绕徐家汇站点的业态由早期单一的商业、交通功能逐步发展为后期包含商务、公寓、酒店、住宅、休闲等多项功能在内的聚集体，并因此表现出多元、复杂的新特性，同时，地铁站也在演进的过程中由原来单纯的交通载体上升至结合不同业态的连接体，商业、商务成为主导该区域发展的核心要素。

5.1.2.2　业态子系统内部的自我调节——以上海港汇中心为例

1999年，上海正处于改革开放第一轮发展高峰的低谷，三分之一的百货业停业改行，美国移植的shopping mall "水土不服"，仅存的7家大型百货公司借助"错位经营"而保持着相安无事的状态。这些对于1999年底开业、拥有40万平方米超大体量和13.5万m²商业规模的港汇广场，其运营难度可想而知。

开业初期的港汇广场，为抗衡周边商业的竞争，将当时具有较高人气的富安百货纳入其中，除去少量的餐饮、娱乐、超市外，服饰成为业态的绝对主导，如表5-3所示。然而面对供应客户不愿入场，招商入住仅占70%以及日均5000人次客流量的惨淡局面，即便坐拥商圈中心，地处黄金地带且与站厅直接相连，港汇广场依旧无法吸纳足够的人群超越周边百货，加之"港太之争"①的爆发，使原本不利的局面更加雪上加霜。在此期间，唯一欣慰是自主特色主力店——运动城的经营，为初期商场的培育积累了一定人气。2003年开始，港汇广场步入了业态调整期，电影院及一些知名品牌入驻，使开业惨淡的局面得以好转。

---

① "港太之争"指的是2001年港汇广场和太平洋百货之间爆发的不正当竞争。

港汇广场业态调整对比图   表5-3

港汇广场调整过程		
整体业态	商业部分业态	
	最初	现今

业态分布

公寓 30%　商业 24%
写字楼 46%

餐饮 13%　娱乐 13%
超市 17%　服饰 57%

餐饮 22%　精品购物 11%
娱乐 11%　家居 10%
超市 7%　服饰 39%

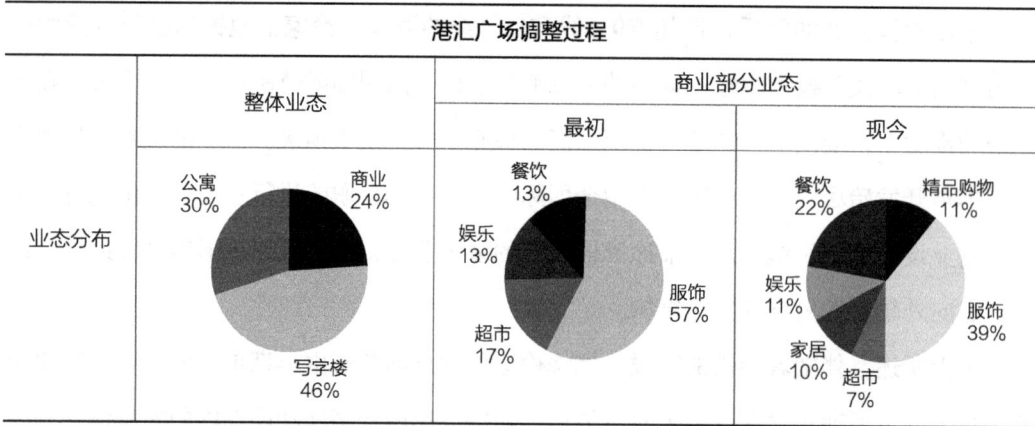

2005年与富安百货合同的结束，为港汇业态的大型调整创造了机会。将原有富安百货的位置分割成110个高档店铺，并设置女鞋箱包、儿童用品以及生活用品三大主题，彼此之间通过品牌专卖店进行衔接，与原有成熟的运动健身、娱乐餐饮、数码电子等业态一起，构建出一种广域型的精品购物中心。另外值得一提的是，通过这次的整改，空间相对以往呈现出更加人性化的一面：单调无趣的走道被精美铺位点缀连接，局部布置的座椅使得人们在放松休息的同时，可透过玻璃欣赏内部良好景观。

2008年的业态调整区别于2005年，表现在档次更加高端和业态更加细化两个方面。品牌选择方面，侧重将消费者青睐品牌加以保留的同时，对目前市场最流行、最热的品牌进行招募，并对奢侈品空缺进行相应补充。而在业态多元化方面，除去家居、超市、儿童用品等常规服务的考虑外，在人本运营理念的指导下，更是引进了诸如美容美甲、新华书店、儿童摄影、礼品专卖、私人料理指导等创意模式，带给消费者新的体验和感受。截止到2015年，港汇广场已形成以零售为主、餐饮为辅、娱乐次之的业态构成模式。尽管目前运转良好，但面对网络的普及、电商的冲击和激烈的市场竞争，港汇广场近期的大面积改造升级也势在必行。

5.1.3　多样业态的建构原则及趋势

5.1.3.1　多样业态的建构原则

地铁站域商业综合体有着与其他商业建筑相比所没有的人群优势，推动区域商业中心兴起的同时也拉近了既有商圈的距离，商圈的细分在竞争者差异化的过程中成为必然选择。要使地铁站域商业综合体维持良好的运营状态，业态的建构是投资管理者首要考虑的先决要素，应遵循以下三个原则：

1. 明确性

所谓明确性，即是项目定位的明确性，这里主要指地理位置上的定位选择，可根据商圈的不同大概划分为传统核心商圈，副中心区域商圈以及郊区新城商圈。对于传统核心商圈，充足的客流量和人流量本就足以对高端商业物业的运营形成支撑，而地铁的连通更是为高端业态的成功运营增加了砝码，以2015年大众点评网的人均消费为参考，上海国金中心以6631元在上海市独占鳌头，北京银泰中心则以8681元位列北京市榜首，两者均在传统商圈和地铁的支持下对全市高端消费进行辐射。相应业态的整体分布方面，在科学调研的基础上，针对不同的复杂周边环境，结合道路拥堵、商圈发育程度、消费人群比例构成等，应给予商务和商业不同的比例。如位于CBD区域的北京银泰中心，商业与商务的比例近乎1∶3，与其一街之隔的国贸中心更是达到1∶4之多。对于副中心区域商圈来说，地铁站域商业综合体的客源介于核心与新城之间，多以中高端定位为主，其中部分区域借助多中心政策的良好导向以及科学的规划，逐渐形成与传统核心商圈并进的趋势，如由港汇广场引领的上海徐家汇商圈，另外，也有部分区域凭借地铁站域商业综合体的活力带动而逐渐兴起，其中最为出名的当属上海五角场商圈，万达广场76%的高商业配比和精准明确的定位是保障其良好运转的必要条件。对于郊区新城商圈，地铁站点的开发往往伴随着大型居住社区的建设，客流量与社区成熟度呈现正相关关系，相对传统的核心区和副中心区域来说，有着较为单一的消费结构。围绕此类站点开发的地铁站域商业综合体一般适合分期建设，初期以大众化的家庭、生活为主要业态，后期伴随社区的成熟以及客流的增多，可在丰富业态的基础上将规模进一步扩大。值得一提的是，不同的商圈发展对应着不同的投资额度，不同的档次标准又对应着不同的回报周期，于是开发商在进行定位选择的前期应首先对持有的资金总额以及风险的规避能力做出明确的预测。

2. 适宜性

地铁站域商业综合体的业态分布不仅要依据商圈的不同性质做出明确定位，还应在此基础上针对不同的消费人群提出不同的适应模式。表5-4列举了商业区、办公区、住宅区地铁站域商业综合体不同业态比重。对于商业区来说，消费人群常以青中年、学生客群以及上班族为主要组合，客流常有一定保障，业态以租金较高且具有时尚个性的品牌服饰以及中高档餐饮、轻食为主导，辅以休闲娱乐、时尚配饰、个人护理、礼品配饰等。此类业态组合是地铁站域商业综合体商业部分最为常见的定位模式，与服务人群随机快速、轻便大众的消费特点有着直接的关系，求新、求变是该类业态成功运转的基本保障，如上海人民广场站的来福士广场。对于办公区来说，上班族的需求成为其主要考虑对象，往往聚焦于品牌餐饮、中西餐厅以及便利店等相关业态，如上海金融中心以及金茂的配套部分。然而，需要注意的是，对于知名办公区如北京国贸、上海陆家嘴等，以购物中心为主要组成要素的地铁站域商业综合体，往往倾向面对全球金领的顶级定位，大众点评网上人均消费最高的商场均位列于此。对于住宅区来说，则以周边住区的常住居民为主要客流人群，常考虑可供全家共同参与的业态组合，如依据住区等级所引进的不同档次的餐厅，便于居民采购的超级大卖场，以及供孩童游戏的娱乐项目等。该类项目往往通过较大的商场规模，亲民的价位环境，以及足够平衡主力店低租金的小面积商家数量，来保证整体系统的良性循环，上海龙之梦购物中心便是其中的典型代表。

上海商业区、办公区、住宅区地铁站域商业综合体业态对比图　　表5-4

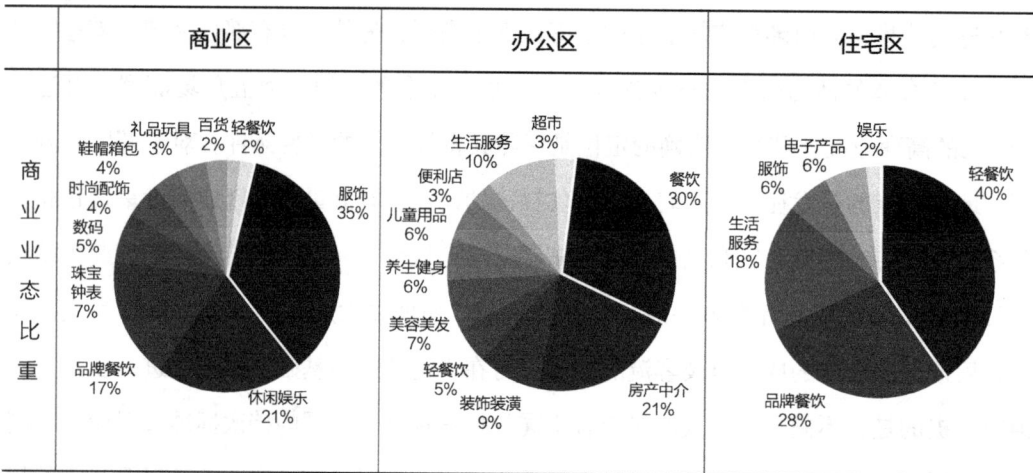

数据来源：RET睿翼德商业地产研究中心

3. 高敏性

地铁站域商业综合体要满足开发商攫取利润的目的，势必要在业态子系统的运营调整上保持对时代和环境的高度敏感性。首先，国家宏观调控政策使得房地产行业逐渐降温，商业地产在此情景下呈现出爆棚式增长，尽管地铁站域商业综合体拥有庞大的客流优势，但面对相对饱和的市场状态以及在建和即将开业的竞争对手，要想从中脱颖而出，势必要对业态进行不断调整，引进更为优势的品牌，把握主动地位。其次，伴随着时代的进步和经济的新常态①，消费人群由"60后""70后"逐步向"80后""90后"转变，家庭化消费趋于个性化，单一品牌的业态已无法满足消费者多样化的需求，具有完整的生活配套服务才是王道。此外，电商的出现无疑缩小了线下购物市场，提高了彼此间的竞争压力，因此要想"抢"回顾客，各商业管理部门应在开发主题文化、营造主体特色的基础上，开展多维立体的跨界合作，并通过不断的业态调整为市场注入新的活力。

5.1.3.2　多样业态的建构趋势

商业市场的经营理念伴随着电商的冲击在逐渐转变，传统零售的经营理念已不再适用于现在消费的习惯，业态的发展趋势成为商家和管理者共同关注的焦点。

1. 定位个性化

商业地产经过近20年的高歌猛进，过剩之势不可避免，同质化竞争的加剧，"千店一面"的无趣更是为业态运营带来了很大挑战，为了保证项目具有良好的竞争力，通过专业人才进行精细化招商，以此打造市场中独一无二的个性标签，成为未来业态发展的主要趋势之一。如果说传统百货针对所有需求解决了目的性消费，原始购物中心将不同年龄消费群体细化挖掘了消费潜力，那么新一代的商业类型则更多的是根据人们不同的活动需求来创建多样贴切的商业场所，以此来进一步激发商业活力。如上海IAPM以中高级白领为主要群体，打造高端时尚潮流的购物环境，并以"夜行消费"作为其个性化标签，不仅结业时间比其他商场晚一个小时，个别的店铺和餐饮甚至营业至凌晨4时，从真正意义上为上海"不夜城"的称号添光加彩。定位个性化在除去运营管理方面的创新调整外，还包含了商业与不同领域的跨界整合。通过K11购物中心对艺术、自然与人文界限的打通，我们可以很容易地发现，所谓商业与艺术或文化的结合，并不仅仅是装饰品的表面陈列，它强调的是多资源、多方位的协调配合。如都市农场与绿植对空间氛围的营造，满足个性消费人群的精品文创类集市，甚至符合项目气质的艺术展览，无一不反映出运营管理方敢为人先的勇气和魄力，以及对项目定位个性化的强调。正是这些个性化标签的定制，使得K11购物中心项目在众多竞争者中脱颖而出，居于2015年大众

---

① 经济新常态就是经济结构的对称态，在经济结构对称态基础上的经济可持续发展，包括经济可持续稳增长。经济新常态是"调结构稳增长"的经济，而不是总量经济；着眼于经济结构的对称态及在对称态基础上的可持续发展，而不仅仅是GDP、人均GDP增长与经济规模最大化。经济新常态就是用增长促发展，用发展促增长。

点评网人气排行的前三，也正式拉开了以购物中心为首的业态调整转型的大幕。

2. 业态体验化

所谓业态体验化，即是要求商业在打破传统业态组合的基础上，融入新奇、时尚、多元的元素和功能，具有集客凝聚力强、市场培育期短、消费逗留期长的优势，主要表现在以下两个方面：（1）为了对抗电商压力，吸引顾客回流，许多综合体开始相继调整零售百货的所占比重，同时引入更具个性的设计师集合店，中小型大众餐饮，以及剧院、美术馆等文化特色业态。过去的购物、餐饮、娱乐的黄金比例被打破，转而代之的是以餐饮为主，娱乐为辅，购物次之的局面，许多商场的餐饮比例由之前的40%纷纷提升至50%甚至60%，而以综合体龙头老大自居的万达集团更是做出了"去服饰化"的决定。（2）"80后""90后"消费人群的转换，除了对个性品牌、服务质量的关注外，还对商场内部环境的升级打造以及购物所带来的愉悦度提出了更高的要求。如多媒体互动的服务设施、免费的商场WIFI、灯光效果的渲染、独特的主题风格以及舒适宜人的休息区的设立等，都成为未来商场业态调整中需要注意的细节。

3. 线下数字化

全球领先的网络解决方案供应商思科，在于2015年对10个国家、6000多名消费者的调查中发现，中国消费者在利用手机购物、使用零售商特定应用的比例远高于全球。报告中指出：传统零售商有机会依靠万物互联，通过为客户提供超高相关度体验来实现自己的颠覆性创新[①]，现今流行的O2O模式便是其中很好的例子。以北京西单大悦城为例，作为京城时尚潮流的地标，自微信服务号上线以来，便推出一系列可提升人们个性购物体验的服务，如解决联网难的"一键WIFI"，节省时间的"排号点餐"，省时省力的"微信支付"，便于管理的"电子会员"以及避免迷路的"智慧停车"等。其中在"智慧停车"功能里，消费者不仅可利用微信找到自己的座驾，还可以直接用手机结算停车费用，同时会员积分与停车缴费的连通也带给顾客极大的方便和良好的消费体验。实践证明，传统的业态管理与消费者喜爱的互联方式相结合，势必会实现单纯电商所不可企及的价值定位，通过客户的反馈及服务设施的实时监测不仅可提高购物者的参与度和满意度，还可增强管理者对区域偏好的洞察及对市场商机的把握，同时也为下一步业态的调整提供了明确的方向。

---

① 中国零售业调查报告：体验式成趋势，加快数字化转型［OL］，http://yn.winshang.com/news-485757.html.

5.2 以便捷交通为框架的子系统内部资源间的优化整合

5.2.1　交通子系统在复杂体系中的特殊性及其设计原则

地铁站域商业综合体是将以地铁为主要内容的城市交通职能与其他商业职能进行整合的载体，交通职能的加入为商业职能的良性运转提供了人流优势，而商业职能的融入则从侧面保障了交通职能的充分发挥，彼此之间呈现出相辅相成的关系。与其他类型建筑不同的是，地铁站域商业综合体作为城市框架下一个开放复杂的系统，其内部交通子系统的运转不仅包含保障自身发展的交流循环，还涉及城市信息流、物质流以及能量流之间的转换。

5.2.1.1　交通子系统在复杂体系中的特殊性

1. 高效性

地铁站域商业综合体是在以车站为中心进行高密度开发原则的指导下，通过土地的复合化利用和体量的集约化分布，来提高城市便利性及运送转换能力的典型代表。高效性作为地铁站域商业综合体系最大的特色之一，不仅是因为地铁的准时、快速而带来交通的高效便捷，更重要的是不同复合城市功能的聚集导致乘客缩短了到达目标的移动步行距离，使得围绕地铁而发展的活动变得更为便利多样。如地铁站域商业综合体的开发往往包含了商业、住宅、酒店、办公等功能的建设，并随着时代的进步，逐步导入诸如娱乐文化、生活支援设施等具有吸引力和流行传播特性的空间，在聚集人气、美化氛围的同时，也为人们生活的不同活动找到了最为贴切的实现场所，进而对整个社会的运转效率起到推动作用。另外，面对高密度背景下的城镇化进程，公共交通的大力发展势必是缓解交通问题的必经之路，不同的交通方式换乘搭接则又是公共交通建设的热门话题之一。地铁站域商业综合体通过将不同交通方式的规划性整合，对不同的使用空间进行集约配置，不但使乘客动线更为紧凑高效，还减少了错综复杂的交通流线之间的干扰，提升了交通系统在城市框架内的利用效率。同时，地铁站域商业综合体在投资回收方面的优势在于对城市资金流的高效运转也起到了推动作用。

2. 集约性

在地铁站域商业综合体系的建立中，土地及空间资源的集约化利用与促进城市高效化运转同等重要，而对于交通子系统来说，不同交通方式通过竖向分区的合理立体搭配所形成的网络体系，不但有利于舒适快捷慢行系统的组织，更是在可持续发展战略下对城市土地资源节约的有效回应。以我国的香港九龙交通城为例，现行立体交通系统的设定比传统平铺的原始方式，减少了近2.5倍的土地占有量，同时系统本身的城市职能也在此过程中得以最大限度的发挥。此外，地铁所带来的大量人群不同需求的矛盾是促进交通子系统得以集约发展的又一主要因素，通过地铁站域商业综合体建设过程中对空间和广场的设计，使不同的交通方式在此得以顺畅接续，缩短彼此间的换乘距离，获得更为经济的公共交通网络节点。地铁的高效性以及人们对高效生活的迫切需求，导致了站域综合体的功能复合和土地集约的开发利用，而又恰恰是因为空间资源的立体发展以及交通方式的无缝对接，促进了站域商业综合体系统甚至整个城市的高效运转，两者之间呈现出互惠互利、合作共赢的良性循环。

3. 整体性

地铁站域商业综合体内部交通子系统的建立运转是以地铁为核心进行的区域公共交通网络的调整过程，其中包含了对公交系统的线路调整，出租车、私家车的吸引控制，停车系统的维护完善以及区域道路拥堵状况的设计缓解。高效性和集约性导致交通子系统的复合化和立体化，而作为一个复杂开放系统运转的必要条件，整体性则促使它从城市设计的高度对问题进行回应，常常会引起"牵一发而动全身"的连锁反应。如面对日本涉谷站的更新，除去四个"都市再生特别地区"大规模的城市开发，还将地铁改良事业以及土地区划调整事业综合起来，对周边的城区进行在编建设，其中包含了以消解地形高差、街区分断为目的的步行立体网络整合，试图通过塑造令步行者安心且安全的步行空间来缓解地铁站周边的交通拥堵。总体来说，地铁站域商业综合体的交通系统模糊了空间与交通之间的界限，优化了城市交通网络结构，既加速了公共交通体系在实践层面的整合，也实现了空间立体化的整体性发展。

5.2.1.2　交通子系统的设计原则

1. 便捷人性化原则

对于地铁站域商业综合体来说，无论最大化发挥地铁交通职能还是客观化实现项目商业功效，便捷人性化的设计原则既符合大多数使用者的迫切需求，也是对当下老龄化社会问题的主要回馈：面对我国当下的城镇化进程，地铁的使用者大都为"80后""90后"的年轻一代，伴随着老龄社会的加剧，活力不足势必会对客流红利产生负面影响，怎样在可能的条件下追求最高品质的物化环境，通过无障碍设计满足老人、小孩及行动不便者的出行需求，使城市更加人性化是一个非常值得重视的话题。地铁站域商业综合体是将便利的地铁交通与商业等其他复合功能相结合的城市有机体，除去在流线设计上满足社会不同人群的基本使用功能以外，还应保证人群在高密度地区的通畅流动，如将站厅空间与不同目标设施的室内空间化，这样不仅可避免风雨天对活力的影响，还可以通过预装的空调系统确保空间全天候的舒适性，提高使用者的舒适感。因此从某种程度上说，人性化的使用原则决定了交通系统的规划，而交通系统的规划又对空间的立体化样式以及相应的表现形式产生影响。

2. 有机可持续原则

地铁站域商业综合体内部的交通系统与空间的塑造是互为影响且互为促进的，流线的规划设定已不再局限于满足基本功能，而是将人的活动纳入系统设计中，力图创造包含丰富体验的有机城市空间。这种将地铁流线与建筑的中庭或下沉广场进行一体化连接的做法，有利于使用者更加方便快捷地找到目的地，并通过自然光以及通风的导入，提高地下空间的舒适度，很好地解决了内部交通因功能复合而造成的辨识度低、流线混杂等问题。另一方面，地铁站往往因其地下工程的建造不得不附设相应的通风和采光设备，而在地铁站域商业综合体中，则可通过对某些具体交通线路的设定，在提高站厅人流与城市人流之间转换效率的同时，利用空间设定来减少对能源的消耗。如日本东急集团开发的涉谷HIKARIE，便是利用纵向城市核的设计，不仅保证了地下、地上移动的顺畅，还为地铁站厅带来一定的自然通风，节省了消耗在通风设备上的能源，同时，每年约1000t CO_2排放量的减少为可持续发展做出了可观的贡献。

3. 立体交互性原则

交通系统的立体交互包含因不同交通方式的零换乘造成的空间塑造，通往不同建筑功能对应的不同流线，以及沟通建筑联系城市所形成的慢行系统，它是地铁站域商业综合体内部活力的可靠保障，同时也是高密度背景下集约城市建设的必经出路。首先地铁站域商业综合体作为城市交通与多功能复合的节点，疏散人流的同时又不断汇聚人流，只有坚持立体交互的原则，营造集中换乘、分层立体转换的模式，才能保障交通系统运转的高效性和便捷性；其次，不同复合功能对应着不同的适宜人群和流线，只有通过对彼此间交通的有序规划，将横向交通与纵向交通进行有机交互，才能保障各功能块实现良好运转；最后，不同层面步行网络的构建作为立体交通体系建立环节中最为关键的一环，不仅可以保障站域综合体与城市之间的人流量，还可以促进人们在此期间的多元公共体验，将不同功能节点有机串联，在增加联系、提高活力的同时，最大化地发挥公共空间的使用功效，为步行者提供便利的微观环境。

5.2.2　地铁站域商业综合体交通子系统的空间整合

地铁站域商业综合体内部复杂的建筑功能造就了其复杂的交通流线，而在高密度背景的推动下，人们对体验空间的需求不断提高，传统的交通流线已越来越多地与内部节点空间有机相连，两者之间的界限趋于模糊。

5.2.2.1　地铁站域商业综合体交通子系统的类型

作为公共交通的重要组成部分，地铁不仅极大地缓解了城市交通问题，还潜移默化影响了以站点为核心发展的建筑类型空间，这里以地铁与建筑之间的联系为线索，将其分为两类。

1. 贴建通道式

贴建通道式是目前最为常见的类型，即地铁站厅空间是贴近建筑或通过廊道与建筑空间进行相连，而出租车、巴士等车流线则通过广场或是建筑空间的设计进行上下层叠加，站域综合体围绕节点配以高附加值的功能，从而攫取高额的商业利润（图5-2）。随着城镇化的持续发展和道路交通功能的成熟，不同交通方式之间的"零换乘"，成为目前提高公共交通出行比例的首选方案，地铁站域商业综合体则具有将地铁、公交、出租车等出行方式融合为一体的先天物质基础。另外，贴建通道式的诞生往往因为建筑与地铁本身的施工时序问题，多出现于传统老城地域，而新城大都以两者的共建为出发点，但由于多方利益平衡以及施工技术难度等问题，就全国范围来看，仍以贴建通道式为主要连接形式。

以上海中山公园站的龙之梦购物中心为例，如图5-3所示，作为典型的贴建+通道组合方式的代表，由于位置的敏感性，

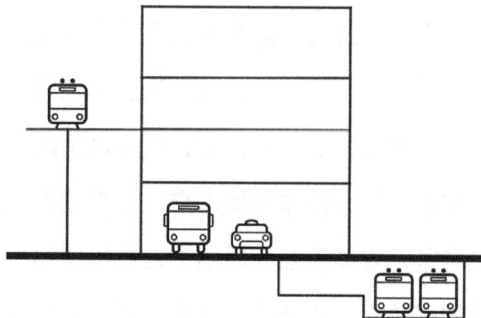

图5-2　贴建通道式

"零换乘"的设计成为当时建设的一大卖点。龙之梦购物中心处于地铁2、3、4号线的交汇处，2号线通过地下二层与商场直接连通，并将站厅内部布置为与商场类似的商业以增强人们的过渡感，3、4号线则通过二层连廊与内部连通，入目即是中庭给人以开阔明朗的视觉感。地下二层出租车换乘大厅的设计，一方面可有效联系2号线的站厅人流，宽达8.5m通道的设置有效保证两者使用上的便利性，另一方面与地面的公交车场进行区分，从而降低流线交织的危险系数。而对于商场北侧一层公交车换乘区来说，两部24小时滚动扶梯的设计，成为人流及时疏散的可靠保障。围绕龙之梦购物中心展开的交通方式，全部在地下二层到地面二层4个基面上进行转换，商场20万平方米的规模中，有近2.4万平方米的通道空间24小时对外开放，不受商场营业时间的限制，换乘空间不设店铺，相关标识清晰易识别，使得该站域商业综合体的交通职能得以充分发挥，如图5-4所示。

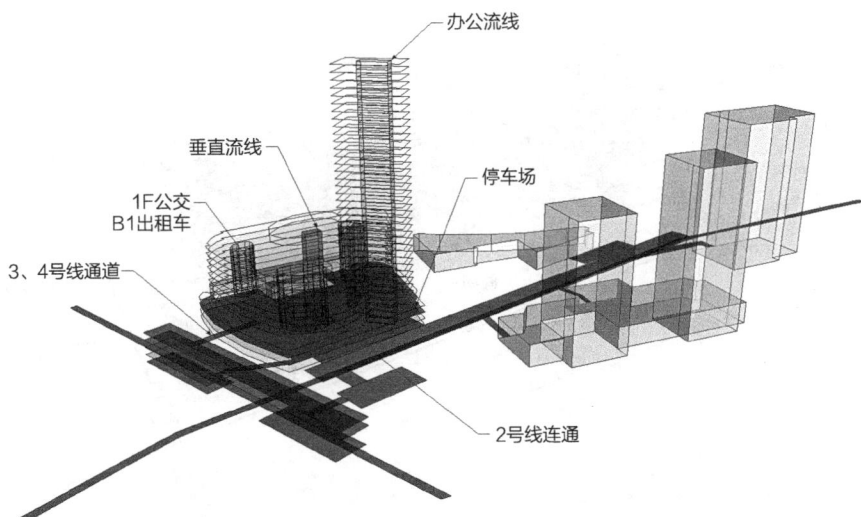

图5-3 上海龙之梦购物中心交通

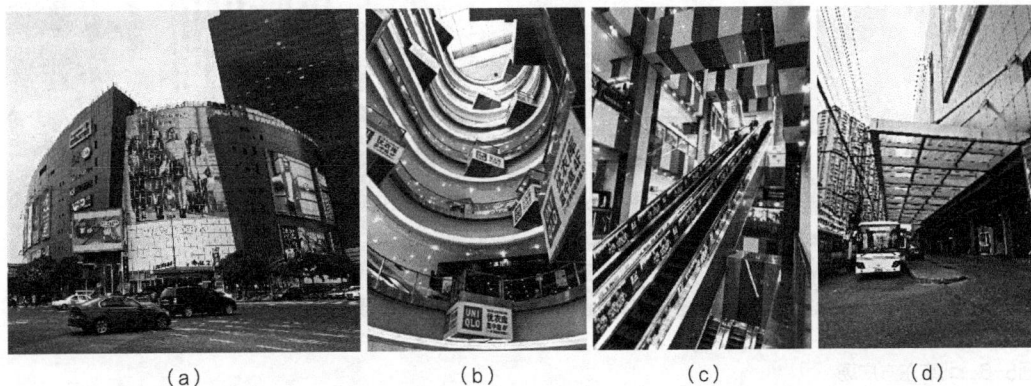

（a）   （b）   （c）   （d）

图5-4 上海龙之梦购物中心

东方广场作为北京乃至全国地铁站域商业综合体最早的案例之一，坐落于东长安街和王府井大街的交叉口，由办公、酒店、公寓、商场等功能组成，建筑面积达九十多万平方米（图5-6）。东方新天地的屋顶平台为13座高层建筑提供了巨大的空中花园，配有相应的酒店、公寓及办公入口。在与城市道路连接方面，东侧与南侧通过绿化带形成过渡，设置地下车库出入口，西侧则通过地面铺装的变化引导人流。东方广场与1号线的王府井站通过地下通道直接相连，东侧则利用步行天桥将5号线东单站的人流引至建筑内部空间，巧妙利用中庭设计处理不同功能间的转换和过渡，并将5个主题分区有效相连，减少城市道路和地铁人流之间的动线阻碍，同时也起到完善王府井大街和东单大街步行系统的作用，如图5-5所示。值得一提的是，鉴于东方广场位置的特殊性，整体建筑呈对称布局，如图5-6（a）所示，多条平行并列的线性立体空间系统成为其最大的

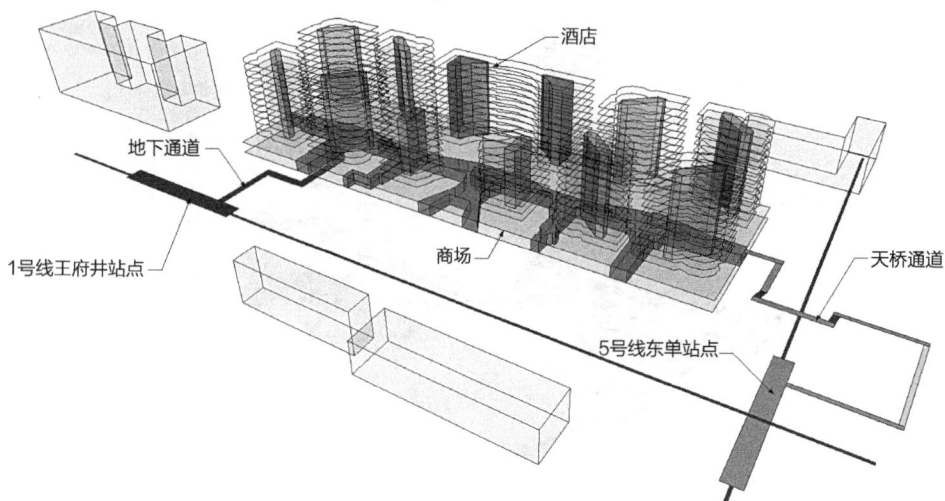

图5-5　北京东方广场交通系统

（a）　　　　　　　　　　　　　　　　　（b）

图5-6　北京东方广场

图片来源：建筑与文化编辑部. 东方广场[J]. 建筑与文化，2007（08）。

空间特色，然而迫于1号线最初设计目的以及技术
条件的限制，在与地铁空间的搭接上仅仅是最为
常见的通道式，由地铁引导的人流在进入建筑后
通过扶梯被分为水平和垂直两个层次，因而并未
有明显的滞留，空间秩序和品质由此提升。与上
海、广州两座城市中的地铁站域商业综合体不同
的是，北京的地铁站域商业综合体有着较为明显
的限制性和制约性，无论是在处理不同空间衔接

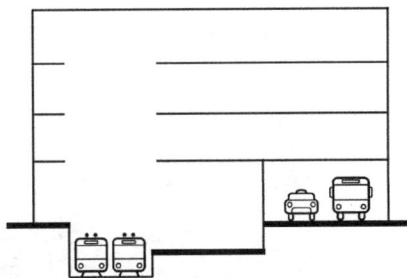

图5-7　共建融合式

的手法上还是在完善不同交通系统的转换上都缺乏相应的灵活性。

2. 共建融合式

　　所谓共建融合式即是利用地铁位置的特殊性，通过诸如中庭、下沉式广场等开放式
共享空间的设计将地上和地下有机相连，从而强化地下车站与街区的活力联动性，如图
5-7所示。该类型往往将交通与空间进行较好的结合，通过对自然光线及气流的引入，
创造车站与建筑、建筑与城市的关联性，在这里流线不再被当作单纯的交通，而是与人
的活动一起被纳入到空间景观。值得一提的是，该类共享空间在面对商场、地铁的非营
业时间时，应继续发挥其作为宽敞开放的空间作用，从而对周边地块的活力发展起到良
好的带动作用。

　　广州南海区金融城位于南海新区的商务核心区，西南紧邻金融城、城市绿化中轴线，
在满足金融商务定位的设计基础上，力求引入社区、文化的元素。围绕中心庭院进行流线
设计主要涉及三个层面（图5-9）：（1）低区将地铁站和长途汽车站的配套设施相结合，利
用功能需求带动人流；（2）中区将来自人行天桥、汽车站以及绿化广场的人流通过两条坡
道进行互汇而不互绕，并将其缓缓引入其他各层；（3）高区则通过几个悬浮特色零售店的
设计，作为视觉吸引点，牵动人流拾级而上，以此克服商场高层人流稀疏的问题。长条形
屋顶采光中庭，将自然光有效引入地铁月台，在交通视觉上营造通透大气氛围的同时，缓
解了对人工照明的依赖，符合可持续发展战略下的节能措施。综合来看，通过将地铁人流
快速带入商场高层的直达电梯，将室外人流有效引入地下商场的下沉广场，以及将首层车
站、西北广场以及人行天桥相联系的大型坡道的设计，使站域商业综合体不同流线与空间
有机融合在一起，从而最大限度地实现了人群间的交流互动（图5-8）。

　　港未来站位于日本横滨港湾部，通过港未来线与市中心相连，由该站点所形成的
地铁站域商业综合体包含了办公、宾馆、购物中心、会展等多项功能，并利用一条

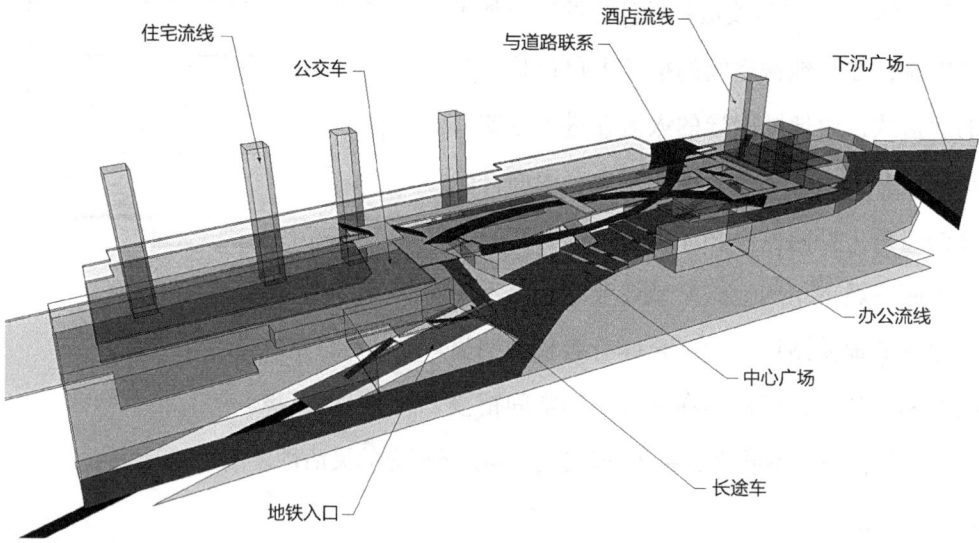

图5-8 广州南海区金融城

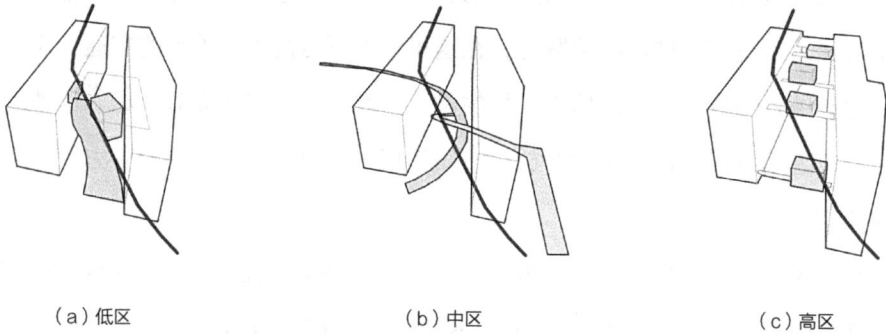

（a）低区　　　　　　　　　　　（b）中区　　　　　　　　　　　（c）高区

图5-9 广州南海区金融城围绕中庭的流线设计（低区、中区、高区）

长达260m的室内步行街连通横滨地标大厦（Landmark Tower）、皇后广场（Queen's Square）以及太平洋会展中心（Pacifico），成为街区最主要的轴线，步行者的洄游性也由此得以显著提升。垂直方向上，置于皇后广场内部的港未来站利用不同标高的基面，打通了地下三层至地上五层的纵向空间，形成了容纳城市生活、便于视线交流的车站内核，为不同使用者提供丰富的城市体验感观，进一步带动建筑内部活力。尽管港未来站的开通使用与皇后广场的开业运营相差7年之久，但围绕车站上部相关的建筑规划在城市设计阶段便得以落实，而对于地铁与建筑空间的衔接在后续的完善过程中，则将其由原定的地标大厦移至目前皇后广场的位置，充分发挥汇聚人流的积极作用，在此带动下使整片区域逐渐成为MM21区商业中心的代表（图5-10）。而面对我国地铁站域商业综

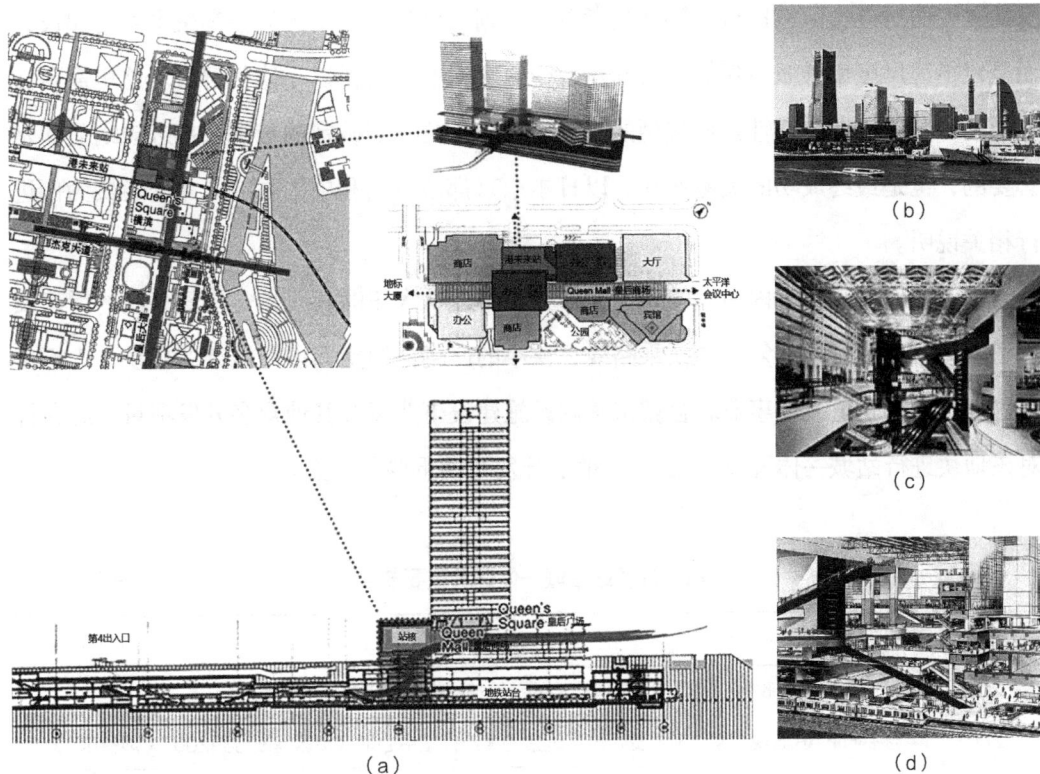

图5-10　日本横滨皇后广场总平面及剖面

图片来源：日建设计站城一体开发研究会. 站城一体开发——新一代公共交通指向型城市建设[M]. 北京：中国建筑工业出版社，2014。

合体的发展，在城市设计环节以及政策规划前瞻性方面应促使开发者和设计者在国情的基础上进一步探索。在这里需要注意的是，建设过程中的连续性是保障项目顺利实施、效果最大化发挥的先决条件之一。

5.2.2.2　地铁站域商业综合体与城市的一体再生

贴建通道式与共建融合式是地铁站域商业综合体内部根据不同流线所产生的空间应对，而整体式的一体再生则多发生在两个或者多个地铁站域商业综合体之间，从城市设计的角度对交通流线进行统筹规划和功能配置，如图5-11所示。这个类型往往面对的是高密度环境下，由于社会状

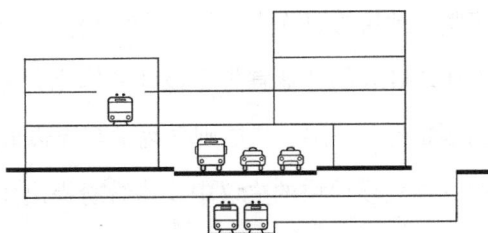

图5-11　地铁站域商业综合体与城市的一体再生

况的改变而对周边区域进行的翻新或者重新规划，该过程并不拘泥于车站本身的建设，而是以街区尺度设置城市功能，将站点、街区存在的问题得以一体化解决。这里需要注意的是，阶段性和长期性是该类型的首要特点，于是按照确定的步骤来推进规划是非常必要的，也是最终成功的关键所在。以日本东京都涉谷站和中国香港九龙交通城为例进行相关说明。

涉谷站作为东京都内最大的轨道交通枢纽站，从大正时代开始，历经多次的增建及改建工作，造成了目前复杂的换乘路线、狭小的广场停留空间以及混杂的机动车人行交通等问题，故轨道改良事业联合城市基础设施建设事业以及其他众多开发项目一起，针对该地块进行站城一体开发，表5-5列举了开发时期重要的节点。

日本涉谷站站城一体开发重要节点   表5-5

时间	建设检讨经过
2005	成立由专家、政府、轨道事业者等构成的"涉谷站街区基盘整备检讨委员会"
2007	涉谷HIKARIE规划案，形成提示城区远景的《涉谷站中心地区街区建设导则2007（涉谷区）》
2008	制定指导街区轨道及城市基础设施建设的《涉谷站街区基础设施建设方针》
2009	成立"涉谷站中心地区建设检讨会"
2010	制定了《涉谷站中心地区街区建设导则2010（涉谷区）》
2012	制定《涉谷站中心地区城市基础设施建设方针（涉谷区）》，涉谷HIKARIE开业
2013	涉谷站周边的三大街区规划提案

资料来源：日建设计站城一体开发研究会. 站城一体开发——新一代公共交通指向型城市建设[M]. 北京：中国建筑工业出版社，2014。

为了有效地解决周边复杂的交通环境问题，在上行规划基础上的周边开发中，涉谷站便将轨道改良与土地区划调整综合起来，以此对周边城区进行再编建设。其中为了消解地形高差，街区分断而设立的步行体系，不仅可有效缓解交通拥堵问题，同时还提高了整个地块的洄游性，强化了车站作为大规模枢纽站所具备的交通节点功能。2012年涉谷HIKARIE的开业宣告了该区一体化大幕的拉开，内部城市核保证了地下、地上移动的顺畅性，一层、二层则强化了与周边道路的连续性和可通过性（图5-12）。2013年，在其他三项地块的决议中，均纷纷提出建设类似HIKARIE一样的可跨越地面、天桥、地下的多层城市核，以求车站到周边城区的顺畅性得以延续（图5-13、图5-14）。另外在集约换乘空间中，确保了无障碍化的实现，从而提高使用者的便利性及舒适性。围绕

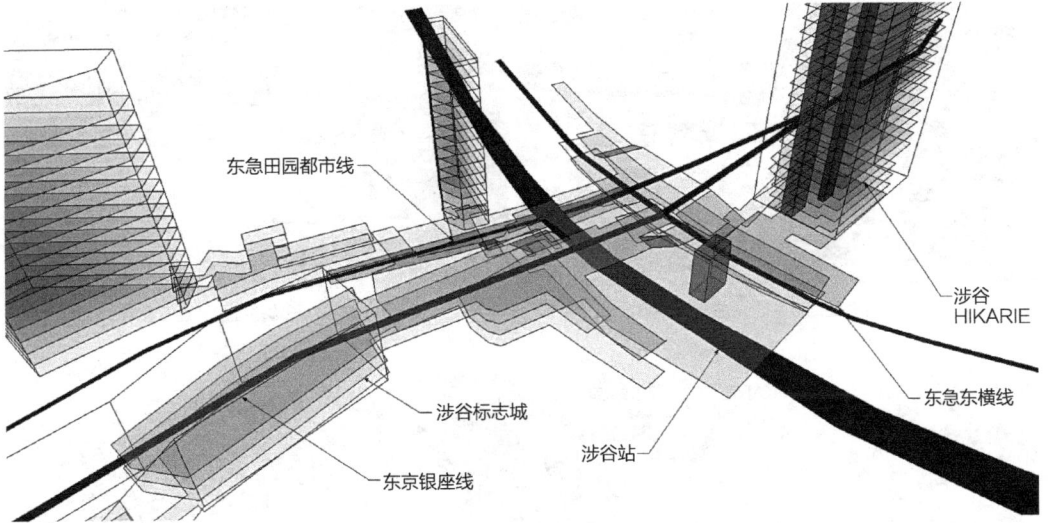

图5-12　涉谷站

（a）

（b）

（c）

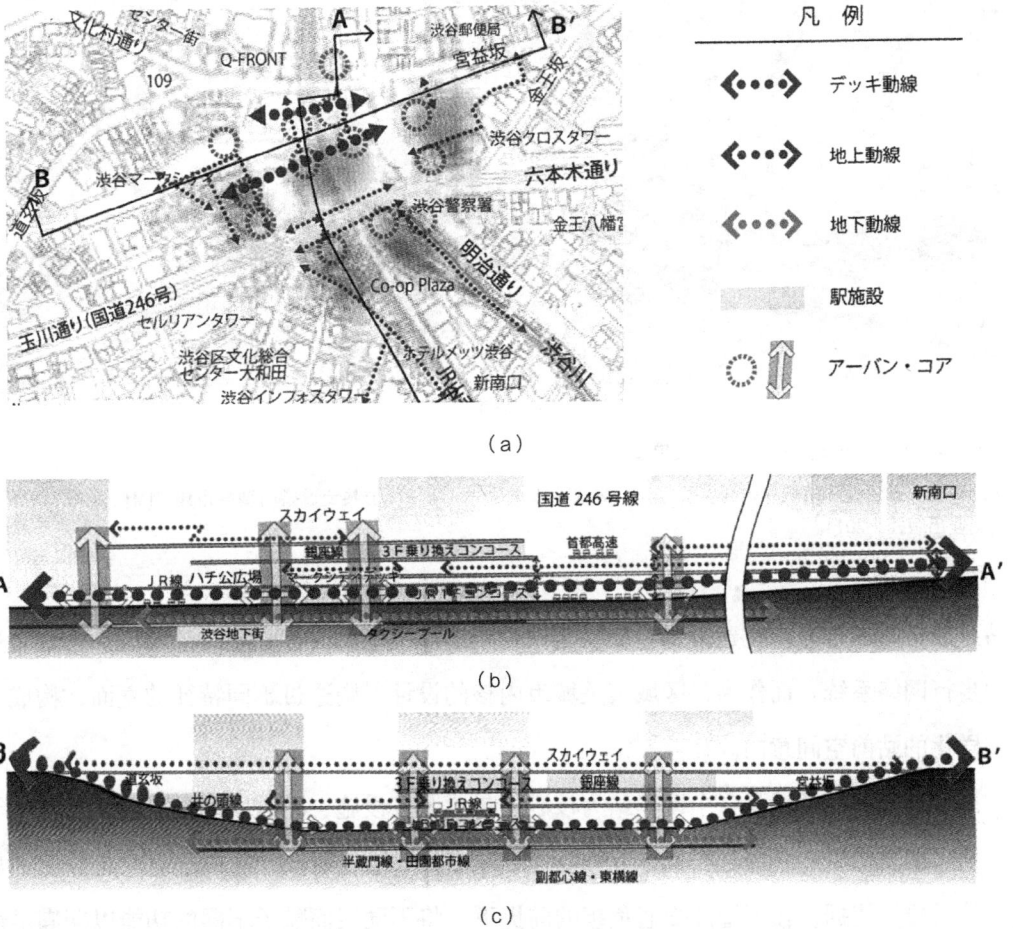

图5-13　步行者系统概念设计

图片来源：日建设计站城一体开发研究会. 站城一体开发——新一代公共交通指向型城市建设[M]. 北京：中国建筑工业出版社，2014。

（a）涉谷站周边基础设施建设现状　　　　　　　　（b）涉谷站周边基础设施建设意向

（c）

图5-14　涉谷区开发前后对比图及设想图

图片来源：日建设计站城一体开发研究会. 站城一体开发——新一代公共交通指向型城市建设[M]. 北京：中国建筑工业出版社，2014。

　　站点进行的城市一体化建设，不仅使车站得到了本质上的改良，同时还形成了有效发达的步行网络系统，而作为各区域玄关城市内核的设计，则通过不同特征的立面，构成了多样化的站前空间意向。

　　香港九龙交通城是一个以车站为核心，包含服务设施、酒店、办公、商业、住宅等多项功能在内，容积率达12.4的超大型城市建设。基地规划设计的核心理念是以三维立体的需要为依据，在不增加交通负担的前提下，将不同层面赋予不同的功能以期满足最大的密度及混合度。一方面，将主要车行线安置在地面层，并配有相应的公交系统，便于使用者的到达和换乘，同时对周边街区的直接联系进行阻断，将原有的街道生活向街区内部进行转移，提高安全舒适性；另一方面，在基地边缘，人行系统通过天桥跨越主干道与九龙交通城的步行网络进行连接，与之相连的购物中心、中庭广场等空间成为完善步行网络的重要节点组成，高出地面18m的屋顶平台则构成包含露天花园、办公、酒店等功能入口的"隐性"地面层。作为交通整合换乘节点的代表，首层巨大站厅的设计迎接来自不同方向的人流，步行系统与商业空间彼此融合，机场线与东涌线在不同层面进行区分，并通过两者间公用的垂直联系提高换乘的效率，如图5-15所示。值得一提的

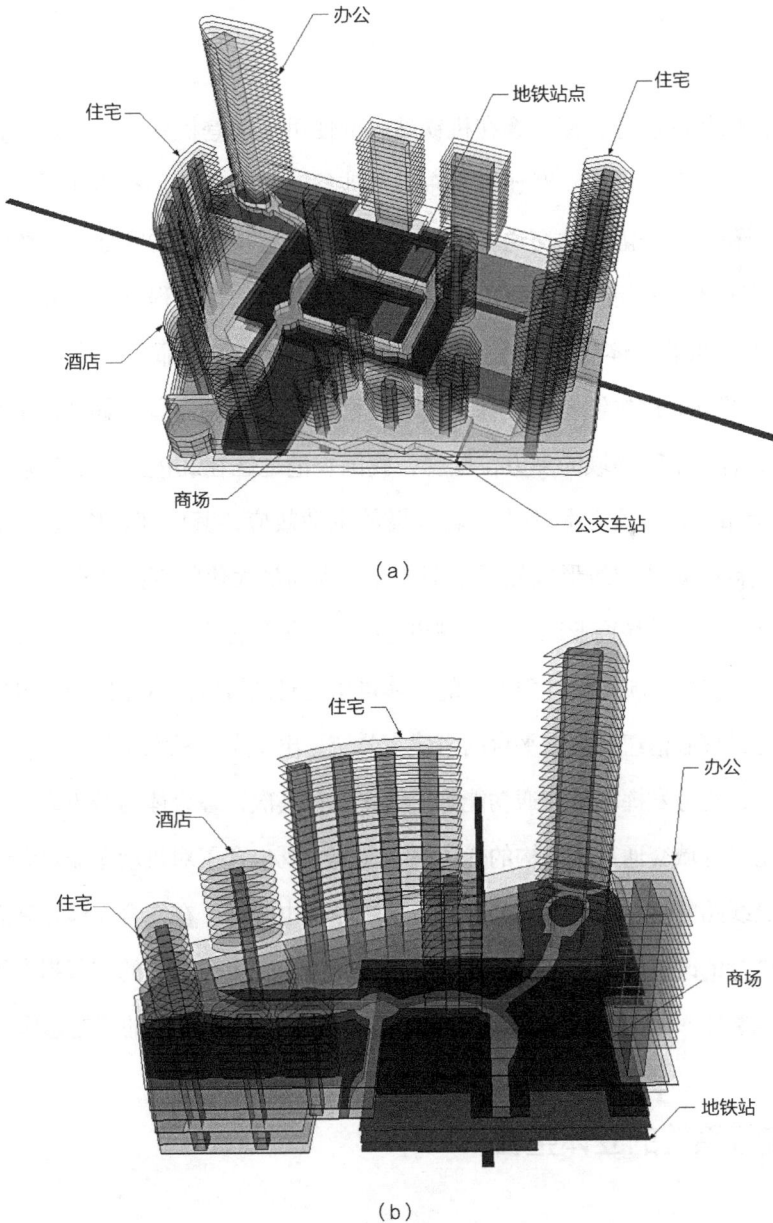

（a）

（b）

图5-15　香港九龙交通城

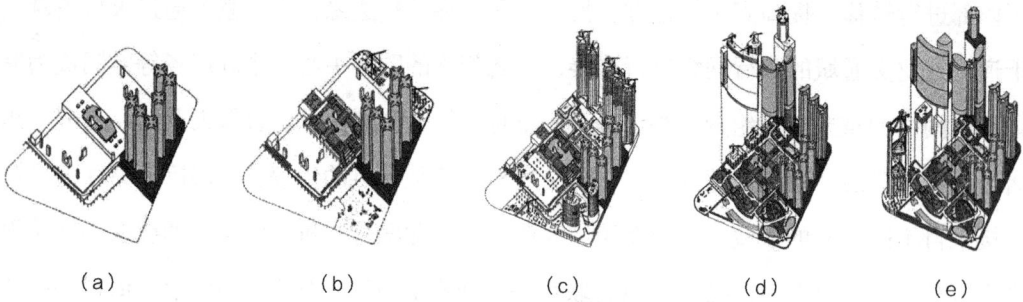

图5-16 香港九龙交通城建设历程

图片来源：Farrell T，Partner S. 九龙超级交通城[M]. 北京：贝思出版社，1998。

是，车站室内值机的服务，使乘客在机铁站内部便可更换登机牌，托运行李，真正做到了"机场回归城市"的设想。对比日本东京都涉谷站，涉谷站是利用地下街的设置扩大空间以获得面积，而香港九龙交通城更多的则是通过屋顶花园的规划和天桥间的连接来构成高密度城市环境的街道景观。由于香港九龙交通城项目工程巨大，故分为七个阶段进行分期建设，虽然总体规划呈水平展开，但不同建筑实施都在其独立的地块分割进行，彼此共享部分通过机制协调确保重要设施和通道的顺利完善，如图5-16所示。九龙交通城的完成需要不同领域的多方位配合，我国香港地区在20世纪中下叶采取的"不干预政策"使得市场动力在项目中发挥着积极的主动效应，其中建设中近乎100%的基地覆盖率以及超高体量的建筑形式便是市场主导下利润最大化的直接体现。

综上所述，地铁站域商业综合体与城市之间的一体化再生主要从三个层面对片区整合起到带动作用：首先，城市设计角度下的一体再生是对区域范围内不同交通设施及工具的有效整合，通过核心枢纽及换乘平台的搭建为公交、出租车、私家车等交通方式提供相应的衔接结合点，充分发挥城市交通功能集成的作用；其次，综合体与城市之间一体再生的过程本身即是对区域交通系统结构的优化整合，其中既包含了对机动车流量和线路方面的控制，如公交线路的调整，小汽车的吸引和限制等，也囊括了在复合立体化理念指导下，对道路网络进行的改造与革新；最后，一体化建设为片区步行系统的完善提供了坚实的物质基础和实现条件，保证了城市交通职能在微观层面的落实及体系的顺畅运作。

5.2.3 慢行系统的立体整合

覆盖地铁站域商业综合体范围内的慢行网络系统，既是针对高密度环境下提高地块活力、保障城市公共交通有效衔接的首要选择，也是可持续发展战略下空间环境系统化的必经之路。

5.2.3.1　慢行系统整合必要性

（1）慢行系统的建立，以地铁站域商业综合体为平台，将城市交通职能与多元建筑功能结合在一起，使城市公益项目与商业开发有机结合，由此产生的经济收益对网络建设形成良好的经济支撑。如结合站点开发的日本地下步行网络，便是通过道路的地下空间和私有空间的一体化建设，来确保站点与城市之间的联系畅通，在保证街区之间充足客流量的同时，用几乎与建筑施工相近的建设成本来完成地下空间的开发和建设。尽管在使用时，可利用的商业面积仅占总规模的50%，但高昂的租赁成本和良好的汇聚性所带来的可观收入，仍为后期慢行系统的建设与完善提供了一定程度上的资金来源。类似这种市场化的发展思路可作为慢行系统网络建设的起始性思维方式，利用地铁站域商业综合体的平台，将商业经营的理念与城市不同交通方式的组织方式系统地结合在一起。

（2）地铁站域商业综合体慢行系统的建立，为城市公共空间资源的优化配置创造了良好的物质条件。在城镇化进程的推动下，现代城市空间被交通路网分割成一块块相对独立的区域，彼此之间缺乏有机联系，公共交通方面难以形成系统，客流汇集有限，资源利用率低下的局面时有发生。如果说地铁站域商业综合体是高密度背景下整合空间资源的有效手段，那么系统内部慢行网络的建立则是联系不同功能与资源的轴线纽带。一方面，分布于建筑内部不同位置的空间与功能，通过立体化慢行系统的建立整合成一个可充分发挥系统能动效应的统一体，提高使用者的舒适性和便利性；另一方面，慢行系统为建筑功能与城市交通建立沟通的渠道，既保证了能获得建筑商业利润的最大化，又促进了城市公共交通的发展完善。

（3）慢行系统是可持续发展战略下，提高公共交通使用比例的主要手段。伴随着城镇化进程的加剧，用地资源的紧张及生存环境的恶劣成为制约城市发展的头等问题，公共交通的无缝化衔接成为缓解交通城市问题的首要选择。地铁站域商业综合体的出现，为以地铁为主导、多样交通方式的整合提供了良好的平台基础，内部慢行系统的建立则通过地下、地面、地上三个基面的衔接，在保障步行安全的基础上，将空间与流线进行融合，以此提高换乘的便利性、舒适性及可靠性。尤其是针对人流较大的站点，完善的慢行系统可加速人流的疏散及汇聚，在保证城市高效性运转的同时，也为自身带来了更多的商业潜力。另外，为满足不同人群对交通的使用需求，诸如无障碍等人性化设施的建立是慢行系统必须要考虑的范畴，也是提高地铁站域商业综合体体验性的手段之一。目前在日本东京、中国香港等城市围绕地铁站域商业综合体进行的慢行系统建设，均有效提高了居民对公共交通的使用比例，减少了对城市资源的消耗利用，可以说慢行系统的建立发展，既是地铁站域商业综合体的活力保证，也是整个城市交通系统成熟完善的必经之路。

5.2.3.2　慢行系统建设的先行导则

1. 思想指导上的统一先进性

慢行系统的发展建立在地铁站域商业综合体与其他交通方式有机结合的基础上，于是城市空间与交通发展思路的有效整合成为慢行系统完善的必经之路。对于统一性来说，虽然在规划层面，各级政府纷纷强调提升公共交通比例，但在现实中，由于城市设计环节的缺失，往往导致美好的构想未能实现。要想充分发挥慢行系统的优势，势必要保证指导思想从宏观到微观的统一，以及不同部门之间发展方向上的一致。同时，慢行系统的统一性还体现在社会公众主体对体系的认同和拥护。民众通过对系统发展情况的了解行使发言权，一方面可为集权部门提供新的建设思路，形成对体系战略的有益补充，另一方面，可作为媒介将理念散布到社会的各个层面，促使公众在增加了解的基础上对慢行体系的支持和拥护，从侧面提高公共出行所占的比例份额。对于先进性来说，城市规划因其与时俱进的特点会随着社会环境的发展而不断变化，相应的指导思想以及运作章程也应在适应规划趋势的同时，具有一定的前瞻先进性。一方面城市空间的发展本身具有高度的科学性，需要相应的意见反馈与调整修改机制等各方面配合；另一方面，不同部门间的理解误差及利益纠葛应在统一先进的指导思想下集中处理，从根本上杜绝诸如办事拖延、互相扯皮等对慢行系统发展有负面影响的不良作风。

2. 现实实践上的整合创新性

虽然围绕地铁站域商业综合体而建立的慢行系统已从规划层面得以重视，但在现实中落实的情况还不多，如何通过现代化的空间体系保障慢行系统的发展完善是实践过程中需要重点关注的问题之一。从整合方面来看，不同交通模式的零换乘是高密度背景下对空间集约立体的有效回应，通过对慢行系统建设形式及方向的把握，将不同交通方式有机整合，统筹管理，在满足城市交通需求的同时，对城市空间资源进行有效配置。同时，无论是投资方还是建设方，都应深刻理解地铁站域商业综合体作为交通枢纽存在的意义，明确协调有机慢行体系的建立是推动公共交通出行比例提高的核心主体，也是提升建筑自身资源空间价值、吸引人流的关键手段。对于创新方面，目前我国地铁建设多发生于老城地带，由此进行的项目建设往往涉及诸多地质、结构等技术问题，为后续慢行系统的建立造成物质上的阻碍，因此技术的创新突破是保证地铁站域商业综合体慢行系统建立的坚强后盾；其次，慢行系统作为公共与私人、机动与非机动的连接点，建设过程中涉及诸多部门的协调和利益间的纠葛，故应在实践体制上进行相应的改革创新，如建立健全的监督体制保证责任与义务的紧密结合，或建立相关统筹协调的部门以平衡因章程规定及管理手段差异带来的矛盾纠纷等。最后，空间上的创新是慢行系统整合的落实点，通过多样空间的设计规划，将不同交通方式联通到一起，做到真正意义上的"零换乘"，既是建立慢行系统的前提条件，也是加强建筑与城市交流的核心所在。

5.3　基于空间子系统建构下的SD法感知研究

　　空间子系统作为系统内部中的关键环节，不但与其他要素紧密联系，还以纽带的形式将不同要素进行整合。本节以人对建筑的感知为切入点，利用SD法对其进行量化说明，将影响设计中的重要因子进行提炼，进而对下一步空间子系统的打造提出相关建议。

　　SD法又称语义分析法，于1957年由奥斯古德（C.E.Osgood）在《意味之测定》一书中提出，是一种利用言语尺度进行心理实验的测定方法。该方法通过既定的尺度分析，对研究对象的概念和构造进行定量描述，因其广泛的适应性常被应用于科学和社会学的各个领域。对于地铁站域商业综合体空间系统的SD法研究可大致概括为：通过使用者对目标空间环境氛围上的心理反应，拟定出针对这些心理反应的"建筑语意"，并赋予其相应的尺度进行分析评价，从而对目标空间得出对等的定量描述。通过这种方式，可将影响平面空间方面的心理、生理反应进行量化处理，将主观看法与客观现实有效相连，为后期项目设计者提供一定的参考依据。

5.3.1 研究方式及相关数据

5.3.1.1 研究方式

研究选取已建成的上海地铁站域商业综合体中营业状况良好的20个项目作为研究范围，这些项目跨越了1995年到2013年近20年的时间历程，可以说基本包含了上海地铁站域商业综合体建设的所有特征。调查对象由两部分组成：一部分是案例本身的使用者，以现场问卷发放、微信网络问卷调查为主要方式，其中为说明情况配以相关案例图片进行阐释。由于不同文化背景以及不同的受教育程度和职业偏差，对于问卷词汇选择的理解存在不同程度上的差异，故在填写过程中存在一定的片面性和缺失性。另一部分的调查对象则是为了弥补词汇理解所带来的误差性，保证问卷反馈的完整性，选择具有相关建筑知识的专业人士，如建筑系学生、老师和相关从业人员等。由于该类人群既是项目设计的参与者也是项目运营的使用者，故而具有相对较高的准确性和全面性，占有问卷回收中较大的比例份额。

根据目前对地铁站域商业综合体空间设计最为关注的方面，通过文献研究和小组讨论的模式选取20组形容词对（节点中心感弱的—节点中心感强的、空间难受的—空间舒适的、空间层次单调的—空间层次丰富的、空间视线打断的—空间视线连续的、尺度局促的—尺度宽敞的、秩序凌乱的—秩序有序的、空间阴暗的—空间明亮的、空间封闭的—空间开敞的、路径曲折的—路径顺畅的、色彩杂乱的—色彩丰富的、内部设施质感差的—内部设施质感好的、外观失衡的—外观协调的、给人无聊感的—极度吸引人的、环境冷清的—环境热闹的、绿化率低的—绿化率高的、给人不安的—给人安全的、整体愉悦度低的—整体愉悦度高的、整体不美的—整体美观的、整体气氛差的—整体气氛好的、整体离散的—整体统一的），并设置5级评价尺度，即：差、较差、一般、较好、好，分别对应得分–2、–1、0、1、2。每个项目案例发放问卷20份，将共计400份问卷进行汇总，得到该项平均值后，绘制出相应的SD法评价折线图。

5.3.1.2 相关数据统计分析

从上海已建成地铁站域商业综合体中选取新世界城、来福士广场、港汇广场、龙之梦购物中心、宏伊国际广场、名人购物中心、上海国金中心（IFC）、虹口龙之梦、日月光中心、越洋广场、静安嘉里、中冶祥腾城市广场、证大喜马拉雅、绿地公园广场、中信泰富申虹、月星环球港、环贸中心、浦东嘉里、K11和五角场万达共20家进行数据调研搜集，通过对样本的统计得出相应的评分表，如表5-6所示。表5-6中，正值表示内部空间感知偏向右边的形容词，反之偏向左侧。

　　将表5-6的得分整理，绘制成图5-17。环贸中心与上海国金中心占据明显优势，其中环贸中心主要通过空间最丰富、视线最连续、尺度最宽敞、整体空间最开敞、最高的绿化率以及最丰富的内容来获得吸引人的最高评价，并在购物的过程中给人以最愉悦、最好气氛的体验，与大众点评超高的人气及受众程度相吻合。国金中心则在节点中心感的强弱、空间舒适度、空间有序度和明亮度、路径顺畅度、内饰质感好坏、外观协调度方面表现最优，并在美观度与外观统一度上有着最高的评价，这与地处陆家嘴国际金融中心，所针对的金领受众人群有着密切的关系，与大众点评网上最高的人均消费单价成正比。除此之外，来福士广场因处于黄金地段——人民广场的地理位置，以及对业态良好的运作管理，使其至今仍保持较高的热闹度和人气。五角场万达则因下沉广场的加入将周边环境有机整合，给人以较高的安全感。与之形成反差的，日月光中心、名人购物中心、新世界城、证大喜马拉雅、绿地公园广场以及龙之梦购物中心的空间感知评价则处于弱势。其中，日月光中心对人流的吸引度最低，并在愉悦度、美观度及气氛度方面也处于最低值，目前商场面临较大的调整和转型。名人购物中心地处繁华的南京路，但单调的空间、极低的绿化率，导致了整个空间给人以封闭和不安的感觉。新世纪城作为上海最早的地铁站域商业综合体，因其建造年代久远，致使空间最为局促、封闭，内饰设施最差、内容最为杂乱，面向的消费群体较为随机，具有不定性。证大喜马拉雅尽管是2012年营业的地铁站域商业综合体，但因其整体氛围低沉以及设计过程中流线方面的阻断，使空间舒适度、明亮度，以及流线顺畅度方面均为最低值，目前其门庭冷清的状态与邻近的浦东嘉里形成鲜明对比。龙之梦购物中心，则因市场定位及地理位置的缘故导致内部空间最为杂乱，整体风格上给人以最不协调感。绿地公园广场则在空间中心感及外观设计统一度方面为最低评价。

　　图5-18为各个项目内部感知得分与平均值的关系。

　　由图5-18可看出，上海国金中心与环贸中心的各空间内部感知值均在平均值以上，新世界城、龙之梦购物中心、宏伊国际广场、名人购物中心以及日月光中心的空间感知基本维持在平均值之下。但随着时间的推移，有关地铁站域商业综合体空间感知的好评度呈现上升趋势，这与近几年投资者与设计者针对使用者消费体验方面的重视不无关系。值得一提的是，尽管来福士广场与龙之梦购物中心建设年代相对久远，但因其准确

表5-6

20个项目地铁站域商业综合体内部空间感知得分

项目因子	来福士广场	龙之梦购物中心	名人购物中心	IFC	日月光中心	静安嘉里	五角场万达	环贸中心	K11	浦东嘉里	中冶祥腾城市广场	证大喜马拉雅	宏伊国际广场	中信泰富申虹	虹口龙之梦	绿地公园广场	越洋广场	新世界城	月星环球港	港汇广场	综合平均
中心感弱-强	0.50	0.46	0.40	1.04**	0.16	0.38	0.20	0.84	0.87	0.79	0.25	0.54	0.52	0.34	0.45	0.12*	0.21	0.36	0.77	1.01	0.51
难受-舒适	0.33	0.07	0.19	0.89**	0.22	0.50	0.77	0.88	0.78	0.50	0.26	0.02*	0.23	0.23	0.08	0.23	0.62	0.05	0.12	0.45	0.37
单调-丰富	0.03	0.20	-0.07*	0.66	-0.04	0.46	0.98	1.01**	0.55	0.61	0.43	0.56	0.12	0.13	0.21	0.43	0.33	-0.06	0.98	0.25	0.39
断续-连续	0.45	0.35	0.04	0.86	0.21	0.75	0.87	0.99**	0.34	0.65	0.43	0.34	0.01*	0.34	0.45	0.54	0.63	0.06	0.76	0.67	0.49
局促-宽敞	0.39	0.25	0.22	0.85	0.64	0.72	0.71	1.02**	0.42	0.62	0.68	0.63	0.32	0.54	0.34	0.55	0.77	0.12*	0.56	0.45	0.54
凌乱-有序	0.37	0.01*	0.04	0.84**	0.20	0.51	0.42	0.78	0.20	0.31	0.14	0.12	0.07	0.43	0.12	0.33	0.63	0.05	0.65	0.65	0.34
阴暗-明亮	0.47	0.23	0.42	1.08**	0.65	0.62	0.61	0.90	0.29	0.35	0.43	-0.03*	0.42	0.54	0.24	0.21	0.75	0.30	0.87	0.78	0.51
封闭-开敞	0.47	0.36	0.18	1.00	0.33	0.84	0.83	1.07**	0.42	0.55	0.73	0.31	0.23	0.54	0.43	0.33	0.23	-0.23*	0.56	0.83	0.50
曲折-顺畅	0.65	0.32	0.41	0.90**	0.50	0.87	0.56	0.80	0.63	0.79	0.50	0.05*	0.45	0.66	0.35	0.67	0.21	0.78	0.79	0.69	0.59
杂乱-丰富	0.01	0.22	0.18	0.73	-0.05	0.47	0.34	1.07**	0.22	0.35	0.36	0.56	0.23	0.23	0.33	0.11	0.53	-0.07*	0.98	0.56	0.37
质感差-好	0.47	-0.2	0.15	1.30**	0.14	0.96	0.11	1.25	0.54	0.91	0.40	0.77	0.20	0.51	0.12	0.33	0.87	-0.44*	0.23	0.49	0.45
失衡-协调	0.15	0.04*	0.41	1.04**	0.08	0.81	0.76	0.95	0.40	0.52	0.35	0.56	0.43	0.12	0.21	0.34	0.79	0.21	0.13	0.32	0.43
无聊-吸引	0.38	0.26	0.25	1.01	-0.46*	0.72	0.87	1.19**	0.63	1.00	0.24	0.12	0.26	0.23	0.34	0.26	0.43	0.23	0.32	0.42	0.43
冷清-热闹	1.11**	0.91	0.64	0.76	-0.34	0.24	0.77	0.94	0.54	0.21	0.03	-0.45*	0.65	0.45	0.87	0.13	0.12	0.74	0.89	0.54	0.49
绿化率低-高	-0.36	-0.28	-0.50*	0.29	0.46	0.41	0.12	0.62**	0.26	0.12	-0.27	0.34	-0.30	0.23	-0.12	0.42	0.32	-0.46	0.13	0.21	0.09
不安-安全	0.56	0.10	0.06*	0.66	0.34	0.71	0.98**	0.92	0.54	0.50	0.17	0.45	0.12	0.76	0.33	0.22	0.67	0.12	0.72	0.61	0.48
愉悦度低-高	0.15	0.18	0.10	0.96	0.09*	0.73	0.96	1.01**	0.30	0.73	0.30	0.13	0.11	0.12	0.21	0.21	0.41	0.14	0.32	0.28	0.37
美观度差-好	0.79	0.03	0.28	1.12**	-0.11*	0.65	0.56	0.91	0.62	0.74	0.16	0.18	0.06	0.67	0.35	0.06	0.53	-0.05	0.67	0.31	0.45
气氛度差-好	0.56	0.44	0.25	0.88	-0.05*	0.77	0.43	1.15**	0.35	0.58	0.16	-0.03	0.23	0.34	0.54	-0.01	0.66	0.13	0.78	0.33	0.42
统一度差-好	0.44	0.34	0.34	1.01**	0.32	0.77	0.56	0.97	0.21	0.45	0.15	0.23	0.32	0.35	0.41	0.15*	0.55	0.24	0.81	0.31	0.45

注：*表示该形容词对最低得分；**表示该形容词对最高得分。

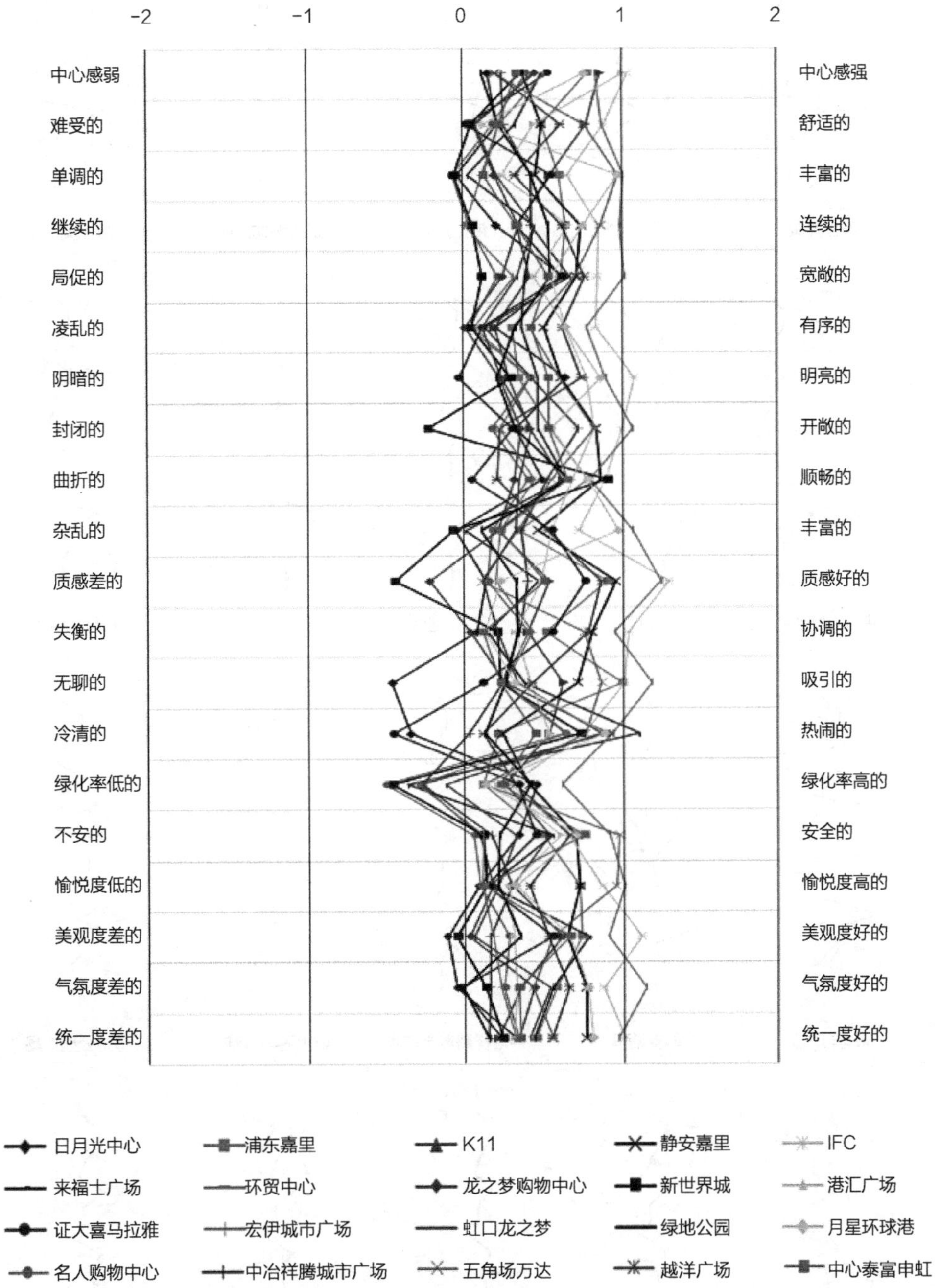

图5-17　上海地铁站域商业综合体内部感知比较

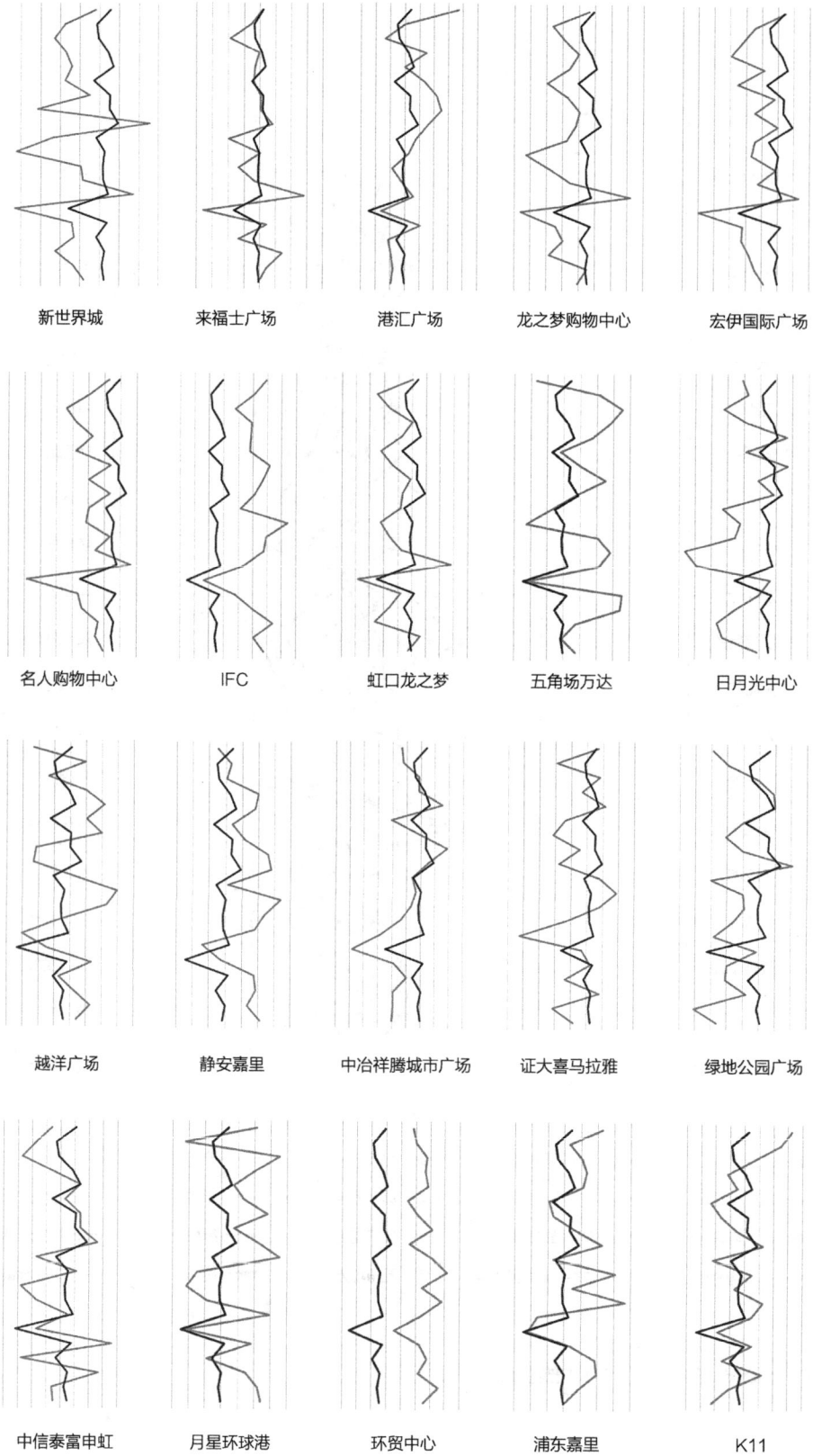

新世界城　　　来福士广场　　　港汇广场　　　龙之梦购物中心　　　宏伊国际广场

名人购物中心　　　IFC　　　虹口龙之梦　　　五角场万达　　　日月光中心

越洋广场　　　静安嘉里　　　中冶祥腾城市广场　　　证大喜马拉雅　　　绿地公园广场

中信泰富申虹　　　月星环球港　　　环贸中心　　　浦东嘉里　　　K11

图5-18　地铁站域商业综合体内部感知与平均值之间的关系比较（深色线代表平均值）

的定位和后期良好的运营，其目前仍拥有较高的受众度和中式的消费人群，另外，绿化上的缺失仍是各个地铁站域商业综合体需要注意的问题。

5.3.2 因子分析法的运用及空间感知的评价

5.3.2.1 因子分析法的运用

因子分析法作为SD法相关数据处理的补充方法，往往结合SD法的数据统计一起使用，即通过对各种被测变量之间关系的研究，寻找出一种可概括的、便于理解掌握的关系属性。如果将包含态度、喜好、认识等不能观测的基本特征认作不能直接观测的潜在变量，那么针对空间美感度、体验愉悦度以及形式统一度的测量，则被看作潜在变量的一种外观表现。通过因子分析，将相关性较高、联系紧密的可测量变量分为同一类，共同组成一个本质因子（或基本结构），以较少的构念代表原本较复杂的数据结构。这里说的构念指的是心理学上的一种理论构想或特质，虽然它无法被看到，但心理学却通过对它的存在假设来解释一些个人行为。因子分析的主要目的即是用来认定心理学上的特质，根据出现的共同因素而确定观念的结构成分，根据量表或测验抽取的共同因素，可知悉测量或量表有效测量的特质或态度是什么[①]。因子分析法是一种潜在的结构分析法，其模型理论中假定每个指标均由两个部分构成：一个是共同因素，另一个是唯一因素也称独特因素，共同因素的数目少于指标数（可观测量值），每个指标或原始变量皆有一个唯一因素。即一份量表里有n个分项，就会有n个唯一因素，共同因素的数目通常小于n。

主成分分析法作为因子分析法中最重要的方法之一，是由Pearson所创，由Hotelling加以发展的统计方法，是以线性方程式将所有可测变量加以合并，并计算所有可测变量共同解释的变异量，即是通过少数的潜在变量判定数量众多的外观可测变量之间的相互联系。主成分分析法适用于单纯简化变量成分，进行因素分析时，变量共同性起始估值设为1，假设要萃取全部的共同因素，最后的共同性估计值则依据所萃取后的共同因素数目而定。

---

① 吴明隆. 问卷统计分析实务—SPSS操作与应用［M］. 重庆：重庆大学出版社，2010。

5.3.2.2　因子分析结果

将SD法所得数据输入到SPSS软件中，选择主成分分析法进行因子分析，得出每个因子的特征值（Total）、贡献率（% of Variance）和累计贡献率（Cumulative %），得到了表5-7。从表中可看出：用19个因子可以对地铁站域商业综合体的空间感知进行解释，以特征值大于1为标准对因子进行提取，其中前三个因子就可以解释影响空间感知75.9%的内部关系，具有较高的信赖度。由表5-8可发现，20个变量在共同因素1的因素负荷量只有两个小于共同因素2的负荷量，因而无法查看变量与其所归属的成分，故为了更易于解释因素负荷量，决定对其进行转轴处理。转轴以后，变量在每个因素的负荷量要么变得更大要么变得更小，其目的在于通过对各因素负荷量大小的改变，依据题项与因素结构关系的密切程度，调整负荷量的大小，转轴后，每个因素的特征值会变化，但每个变量的共同性不会改变。将因子进行直交转轴分析，得出表5-9，经转轴后的成分矩阵可以很明显看出，变量负荷量的差距被拉大，易于下一步对因子进行解读。由表5-10和表5-11可看出，转轴后3个公共因子累积贡献率达到75.9%。

整体解释的变异数　　　　　　　　　　　　　　表5-7

Component	Initial Eigenvalues			Extraction Sums of Squared Loadings		
	Total	% of Variance	Cumulative %	Total	% of Variance	Cumulative %
1	11.643	58.216	58.216	11.643	58.216	58.216
2	2.295	11.474	69.690	2.295	11.474	69.690
3	1.244	6.218	75.908	1.244	6.218	75.908
4	0.987	4.933	80.840			
5	0.877	4.385	85.225			
6	0.744	3.719	88.944			
7	0.547	2.734	91.678			
8	0.428	2.140	93.819			
9	0.349	1.747	95.565			
10	0.248	1.238	96.803			
11	0.196	0.979	97.782			
12	0.163	0.814	98.596			
13	0.124	0.620	99.217			

续表

Component	Initial Eigenvalues			Extraction Sums of Squared Loadings		
	Total	% of Variance	Cumulative %	Total	% of Variance	Cumulative %
14	0.086	0.429	99.646			
15	0.035	0.174	99.820			
16	0.022	0.111	99.931			
17	0.008	0.038	99.969			
18	0.005	0.023	99.992			
19	0.001	0.007	99.999			
20	0.000	0.001	100.000			

未转轴因素矩阵　　　　　　　　　　　表5-8

	Component		
	1	2	3
断续 – 连续	0.905	−0.063	0.093
凌乱 – 有序	0.889	−0.003	0.351
愉悦度低 – 高	0.875	0.016	−0.255
统一度低 – 高	0.850	0.227	0.166
美观度低 – 高	0.828	0.027	−0.080
封闭 – 开放	0.825	−0.042	0.111
气氛度差 – 好	0.820	0.393	−0.054
不安 – 安全	0.817	−0.110	0.247
无聊 – 吸引	0.816	0.269	−0.438
难受 – 舒服	0.815	−0.017	−0.181
局促 – 宽敞	0.814	−0.505	0.038
质感差 – 好	0.800	−0.322	−0.153
色彩杂乱 – 丰富	0.786	−0.011	−0.072
层次单调 – 丰富	0.775	−0.114	−0.236
失衡 – 协调	0.765	−0.224	−0.356
阴暗 – 明亮	0.726	0.179	0.492
中心感弱 – 强	0.526	0.396	−0.172
路径曲折 – 顺畅	0.443	0.435	0.373

	Component		
	1	2	3
冷清－热闹	0.214	0.910	0.005
绿化率低－高	0.596	−0.607	0.298

转轴后的因素矩阵　　　　　　　　　　表5-9

	Component		
	1	2	3
失衡－协调	0.852	0.180	−0.063
无聊－吸引	0.848	0.139	0.438
愉悦度低－高	0.833	0.323	0.179
质感差－好	0.778	0.364	−0.175
空间单调－丰富	0.768	0.280	0.035
难受－舒适	0.748	0.347	0.130
局促－宽敞	0.709	0.527	−0.371
美观度低－高	0.690	0.435	0.166
断续－连续	0.665	0.620	0.071
色彩杂乱－丰富	0.660	0.416	0.121
气氛度差－好	0.600	0.446	0.521
封闭－开放	0.588	0.586	0.078
阴暗－明亮	0.243	0.828	0.239
凌乱－有序	0.488	0.816	0.101
不安－安全	0.514	0.691	−0.005
统一度低－高	0.524	0.642	0.340
绿化率低－高	0.404	0.604	−0.533
曲折－顺畅	0.043	0.559	0.458
冷清－热闹	−0.006	0.122	0.927
中心感弱－强	0.439	0.174	0.490

整体解释的变异数（转轴后）　　　　　　　　　表5-10

Com-pon-ent	Initial Eigenvalues			Extraction Sums of Squared Loadings			Rotation Sums of Squared Loadings		
	Total	% of Variance	Cumulative %	Total	% of Variance	Cumulative %	Total	% of Variance	Cumulative %
1	11.643	58.216	58.216	11.643	58.216	58.216	7.649	38.244	38.244
2	2.295	11.474	69.690	2.295	11.474	69.690	5.017	25.084	63.328
3	1.244	6.218	75.908	1.244	6.218	75.908	2.516	12.579	75.908
4	0.987	4.933	80.840						
5	0.877	4.385	85.225						
6	0.744	3.719	88.944						
7	0.547	2.734	91.678						
8	0.428	2.140	93.819						
9	0.349	1.747	95.565						
10	0.248	1.238	96.803						
11	0.196	0.979	97.782						
12	0.163	0.814	98.596						
13	0.124	0.620	99.217						
14	0.086	0.429	99.646						
15	0.035	0.174	99.820						
16	0.022	0.111	99.931						
17	0.008	0.038	99.969						
18	0.005	0.023	99.992						
19	0.001	0.007	99.999						
20	0.000	0.001	100.000						

因子数确定　　　　　　　　　表5-11

因子数	两乘和	寄与率（%）	累计寄与率（%）
因子1	7.649	38.244	38.244
因子2	5.017	25.084	63.328
因子3	2.516	12.579	75.908

　　根据SPSS软件计算得出的结果，将负荷量按照大小顺序进行排列得出表5-12。在因子1的评价项目中，负荷量在0.58以上的有12组，分别是外观协调度、吸引力度、整

体愉悦度、内部设施质感、空间层次感、空间舒适度、空间尺度感、整体美观度、视线连续性、色彩丰富度、整体气氛度、整体空间感，这些因素与人们的活动体验有着极大的相关性，故将因子1命名为体验因子，其中整体协调度的值最高，为0.852。因子2的评价项目中，负荷量在0.55以上的有6组，包含空间光感、空间秩序感、给人安全感、整体统一度、绿化率高低以及路径通达性，这些因素与空间物质环境的塑造有着直接的关系，故将因子2命名为环境因子，其中空间光感的评价值为最高，达0.828。因子3的评价项目中，负荷量在0.49以上的有两个，即环境的幽静度和节点的中心感，由于这两个方面对整个氛围的塑造有着很大的影响，故命名为氛围因子，其中又以环境幽静度0.927的评价值为最高。

因子负荷量表

表5-12

因子组名	评价项目	因子1	因子2	因子3
体验因子	整体愉悦度	0.852	0.180	−0.063
	吸引力度	0.848	0.139	0.438
	外观协调度	0.833	0.323	0.179
	内部设施质感	0.778	0.364	−0.175
	空间层次感	0.768	0.280	0.035
	空间舒适度	0.748	0.347	0.130
	空间尺度感	0.709	0.527	−0.371
	整体美观度	0.690	0.435	0.166
	视线连续性	0.665	0.620	0.071
	色彩丰富度	0.660	0.416	0.121
	整体气氛度	0.600	0.446	0.521
	整体空间感	0.588	0.586	0.078
环境因子	空间光感	0.243	0.828	0.239
	空间秩序感	0.488	0.816	0.101
	给人安全感	0.514	0.691	−0.005
	整体统一度	0.524	0.642	0.340
	绿化率	0.404	0.604	−0.533
	路径通达性	0.043	0.559	0.458
氛围因子	环境幽静度	−0.006	0.122	0.927
	节点中心感	0.439	0.174	0.490

由因子评价分析可以得出，影响空间感知的三个因子中，体验因子和环境因子最为重要，累计寄与率达63.33%，氛围因子次之。在体验因子中，使用人群的愉悦度位列榜首，空间吸引力及外观协调度分列二三位，内部设施质感比空间层次和舒适性更加重要，而有关外观造型及色彩方面则是更为次之的考虑因素。由此可发现，使用者更加看重的是在活动过程中的体验和愉悦度，整体美观度及空间感对其影响并没有想象中那般重要。值得一提的是，内部设施的细节处理也成为影响体验感的重要因素之一。通过对体验因子方面的改良来吸引人流，保证地铁站域商业综合体的良好运作成为近几年管理者的总体调整思路，符合站域商业综合体的发展方向。环境因子中，对空间光感的关注度为最高，其次为空间秩序感与安全感，由此可得出，地铁站域商业综合体在设计过程中，除了对空间舒适性和层次性的考虑以外，空间带给人光亮、秩序、稳定的感觉也成为影响空间品质的重要因素，尤其是对地铁站域商业综合体复杂的功能和流线处理方面更为重要。在氛围因子中，对空间感知的影响、环境幽静度的影响要大于节点中心感。以来福士广场为例，尽管建设年代较早，其节点中心感为0.50，略低于平均值0.51，但因其地处人民广场三线交汇处，拥有南京路、外滩、人民公园等众多人流来源，加之管理者良好的运营，导致其以1.11的热闹度高于其他地铁站域商业综合体，维持着较高的人气。

5.3.3 空间子系统的设计对策

基于前面所述的SD法和因子分析得出的影响地铁站域商业综合体空间感知的3个主要因子，成为建构空间子系统的核心要素，本节将针对这3个方面制定相应的设计对策。

5.3.3.1 体验消费空间的营造

因子分析法得出整体愉悦度、吸引力度、外观协调度、内部设施质感、空间层次感、空间舒适度、空间尺度感、整体美观度、视线连续性、色彩丰富度、整体气氛度以及整体空间感12个要素属于影响空间感知的第一影响因子，说明了人们对于体验消费的追求比任何建构设计都更加重要。体验式空间打造的关键在于对顾客心理及活动过程中感官愉悦度的满足，通过一个以使用者为中心体验场所的打造，创造出一种新奇趣味且富于参与性的氛围空间，并用一种使人赏心悦目的方式来提供服务。

首先主题的个性化发展是体验式空间最为显著的特征，通过空间不同场所的主题表达，使休闲娱乐所带来的感官刺激和愉悦度成为空间感知的主要追求，如愉悦度得分最高的环贸中心，便是在"夜行消费"主题塑造的基础上，提高空间的硬件竞争力，如连接不同基面跨层扶梯的设置，对结构柱、中庭轮廓甚至是扶梯墙壁细节的精致处理，以及体现潮流的波浪形动感天花和局部色彩墙的装饰，无一不吸引人们追寻不同的感知体验，在彰显个性的同时实现商业的利润价值（图5-19）。

其次，将使用者行为模式情景化处理是提高地铁站域商业综合体活力的关键环节。地铁站域商业综合体作为大型的复合空间，多元要素之间的间隙演变成最具生命力的城市公共空间，互动开放的广场、连接不同基面的廊道以及贯穿整体的中庭，均在鼓励消费者驻足延长逗留时间，创造了不同阶层人群对话的机会。对于建筑设计者来说，如何将城市生活最大化地引入场所表达，使空间更好地服务于场所，是未来地铁站域商业综合体空间建构的主要考虑方面。最后，空间设计与使用者活动的有机结合是体验消费空间营造的本质，通过促进建筑与人之间、人与场所之间的交流，产生令人难忘的空间感受，体验到互动的乐趣。如不同的立体空间与多样主题的搭配，多媒体功能与空间设计的有机结合，以及诸如展示、演艺文化类功能的加入，都在丰富活动体验的同时，增加了空间的趣味性和互动性。

5.3.3.2 高品质环境空间的打造

从因子分析法的结果上看，环境因子的优化提高主要可从空间秩序性、交通顺畅性以及绿化普及性三个方面进行塑造。

对于空间秩序性主要从人性化的角度进行改善，这里的人性化主要是指通过空间光感的塑造以及多元要素的整合来增强使用者在行为活动中的安全感，从而提高地铁站域商业综合体的吸引力，改善因功能空间的过度聚集造成的压迫感，进而从整体上提高空

（a）　　　　（b）　　　　（c）

图5-19　上海环贸中心

（a）　　　　　　　　　　（b）　　　　　　　　　　（c）

图5-20　上海静安嘉里

间子系统的环境品质。人性化的设计思路，应作为城市空间环境建设的核心理念，始终贯穿拥有大量城市职能及公共服务设施的地铁站域商业综合体设计。对地铁站域商业综合体交通顺畅空间的塑造既包含了建筑内部空间的流线的处理，又包含了与城市中介空间的打造。内部流线结合空间设计通过合理安排人流组织，保障多元要素之间转换的顺畅快捷性，实现最大化的经济效益；中介空间，作为连通建筑与城市之间的媒介，应在保障城市交通职能发挥的同时，将站域商业综合体的多元功能与其进行整合，进而将空间的利用率最大化发挥。应该说内外空间流线的通畅性是保证城市公共空间及环境资源充分利用的前提条件，是城市空间一体化建设的有力推手。对于绿化普及性，在针对空间感知的调研分析中，尽管绿化率并没有获得想象中的高度关注，但随着人们对自然环境的渴望，景观艺术性的美化可大大提高空间的环境品质，进而提升项目的整体吸引度和愉悦度。例如在上海新地标静安嘉里的设计中，面对寸土寸金的周边环境，建筑并非占满整个场地而是通过安义路的改建，开辟出3000m²的开放中庭作为广场，"大小陈设"如同绘画中的留白，文化氛围由此展开。毛主席旧居的保留、历史陈列馆的打造以及每月一次的文化推广活动都极大地提高了其内在的潜藏效益，不断地将文化资源转化为收益成本（图5-20）。

5.3.3.3　活动氛围空间的创造

氛围因子主要包含了环境幽静度和节点中心感两个方面。对于环境幽静度，除去因地理位置及周边环境因素所带来的影响外，内部相关业态的设置也是氛围创造中不能忽视的关键要素之一。在对节点中心感的塑造上，一方面应通过空间功能的垂直立体整合，将人流进行汇聚，通过自身的立体化对城市三维立体化的发展进行引导，促进建筑与城市间有效连接空间的建构；另一方面，节点中心作为地铁站域商业综合体联系不同要素的关键点，它的创造与多样应突破有关权属及形式方面的限制，无论是室内还是室外，地下或是地上，都应在广泛的空间界定下进行不同程度的整合，进而将节点的中心汇聚感激发到最大化。这种中心节点无范围、无领域、无限制的整合过程，势必会将行色各异的城市活动引入空间，形成具有人气的氛围空间。值得一提的是，在有关氛围空间的创造方面，城市文化的加入起到了非常重要的提升作用。K11便是目前通过艺术氛围的打造来提升商业潜质的典型案例，除去B3层专门的展览空间，更有15件当代艺术品分布于各个楼层，使艺术与空间相互融合，加之城市农场的设计，充分展现了其艺术、人文和自然的核心理念，无论是开幕、活动、讲座、设计竞赛还是展览，都促进了人们与艺术的良好互动（图5-21）。如2014年举办的莫奈画展，开展前订票便达7万张，单日最高观展6000人次，最终累计40万观展量，其提高了购物中心20%的营业额和70%的租金，是一次巨大的成功。

（a）　　　　　　　　　　　　　　（b）

图5-21　上海K11

资料来源：Charlie Xia，严佳钰. 上海K11购物艺术中心[J]. 建筑技艺，2014（11）。

第6章

地铁站域商业综合体
建设实施的相关机制

本文的第3、4、5章分别从城市、区域以及系统三个层面探讨地铁站域商业综合体的运营，通过研究可以发现，在系统论的角度下，不同层次间以及要素与要素间是密切联系的，共同作用发挥出"1+1＞2"的整体效应，有效推动了城市空间立体化的塑造，保证了可持续发展战略的实现。面对当今城镇化的加剧发展，作者希望能在高密度国情的背景下，通过对地铁站域商业综合体发展现状和对策的总结，为以后相关设计提出一定的建设性建议。

6.1 地铁站域商业综合体城市框架下的开发策略

6.1.1 城市空间整合下的规划价值

城市规划作为城市发展过程中对偏离目标发挥修正作用的机制，通过对城市土地使用及变化上的控制，对现有空间秩序进行维护并由此建立更加符合社会发展价值的新空间体系。地铁站域商业综合体作为建筑与城市职能相结合的典型代表，它的认识与整合亦是城市空间的整合反映，在规划中有着极为重要的战略价值。

（1）地铁站域商业综合体空间体系的建立以及多元功能的汇聚对城市框架结构产生着深远的影响，并从一定程度上决定了区域内空间和土地的利用率。随着城市由单中心向多中心的转变，站域商业综合体在合理开发土地、优化资源配置方面所起的推动作用，不仅使空间利用更趋于理性，还推动了城市规划的健康发展，进而提高整个城市的综合竞争力。基于城市框架下的系统观，可发现有关地铁站域商业综合体的项目开发，均在城市中发挥着较强的集聚效应，对功能分区的打破给城市整体布局带来了深远的影响。众多实践案例表明，不同的城市功能空间都有向拥有便捷交通尤其是良好步行景观和公共活动场所区域靠拢的趋势，并在此基础上以公共空间网络的形态吸引建筑布局，而这种空间的不自觉集聚又会带来城市类型空间形态的调整和分化，进而引发框架结构的转变。值得一提的是，根据之前对北京、上海、广州城市空间结构的分析可看出（第3章），地铁站域商业综合体的出现与特殊条件下地铁的大力建设有着直接的正向关系，城市结构的转型也在此过程中得以加速，如果说地铁线网是推动结构转型的骨架基础，那么地铁站域商业综合体的建设则是激发地块活力、保证转型顺利进行的主要推手。

（2）地铁站域商业综合体作为一种商业类型建筑，它的功能配置除了应满足城市公共特性外，还应符合市场经济规则下的商业开发原则，以期实现土地利润的最大化增值。而对于地铁站域商业综合体内部因功能复合所表现出的不同配比，则是城市布局的一种微调和修正，是在空间结构的需求下，对规划体系与实际情况脱节现象的有效弥补。尽管地铁站域商业综合体的建设需要考虑城市交通枢纽以及客流疏导能力的发挥，但针对不同规划部位和不同区域环境，站域商业综合体的功能布局和空间网络势必会有着不同的侧重点。从某种程度上说，项目功能的配比必须建立在对周围业态环境和需求调研的基础上，而周围功能的布局又随着项目的建设运营不断优化，商业、商务以及居住等功能根据自身特点选择合适区位逐渐靠拢，从而实现城市功能与公共空间的高度匹配。以我国香港为例，城市型地铁站域商业综合体以大型商场为主，酒店、公寓、写字楼为辅，并包含停车场和中心绿地；居住型地铁站域商业综合体以住宅为主，商场为辅，结合绿地和居民广场进行人流疏散，并围绕四周设置休憩性绿地；交通型地铁站域商业综合体则通过商场对区域功能需求进行一定弥补，在底层布置大规模广场和道路，并结合绿地布置大量停车场来疏散人流，住宅则围绕广场和绿地进行布置。

（3）地铁站域商业综合体作为城市体系的重要要素之一，它的建设发展受到来自宏观、中观、微观层面规划设计的影响，并不断将城市内部的物质流、信息流和能量流进行整合汇聚，进而形成完善、协调的公共服务网络体系。地铁站域商业综合体是承载城市公共生活的主要载体，通过对活动场所的营建，对城市结构的引导，以及对不同要素的有机融合，将人文内涵与项目建设相结合，引发场所的联动发展，在最大限度地体现环境资源与空间体系作用的同时，为城市规划带来一定内涵上的补充和提升。尽管地铁站域商业综合体的环境塑造仅仅是城市环境整体的一部分，但通过发展建设契机，将其他类型空间资源有效相连，依托完善的网络布局围绕地铁站点形成更具深层寓意的城市环境体系，在此过程中，无论是微观空间的结合还是中观网络的形成，再到宏观完整体系的塑造，都反映出地铁站域商业综合体在环境资源整合上的规划价值。

6.1.2　统一理念指导下的健全机制

要保证地铁站域商业综合体的良好发展，应根据我国现阶段的国情和城镇化进程状况，对相关城市机制做出进一步完善，形成符合我国城市空间特色的指导理念。

（1）对于其他国家的发展历程，大多数政府在城市化进程中更加强调引导作用的发挥，在统一理念的指导下通过相关机制法规的完善，利用既独立又体现政府影响力的专门机构作为发展和建设的主体，使政府更加关注对大局的把控，从一定程度上避免了不同领域之间的矛盾纠纷。以日本为例，2001年政府希望通过对省厅垂直化的改革来实现消除弊端、减少实物量和提升效率的目的，由此导致管理轨道交通设施的运输省和管理道路、建筑物等城市设施的建设省被合并成国土交通省，最终使轨道交通车站、周边建筑、交通广场、道路、建筑物等都由一省统一管理，之前分散推进的各项事业和审批手续也都因此实现了便捷的一体化。此外，2005年设立的以站城协动事业为代表的交通节点建设支援制度，以及鼓励步行网络建设等公益项目的城市开发制度，都对以地铁站域商业综合体为主体的站城开发起到了巨大的推动作用。尽管目前我国地方政府在指导意识上对站域商业综合体的开发有着强大的信心，但围绕建设的相关机制建立仍需进一步完善。

（2）地铁站域商业综合体作为商业建筑的一种，有着巨大的商业经济开发价值和空间形式特征，国外很多城市在修建地铁的过程中通过调动地铁公司、商业企业以及房地产企业的开发热情，实现经济利益的共享，在有效减轻政府和地铁公司财政资金压力的同时，为日后项目市场化的管理运营铺平了道路。目前我国在面对运用成熟机制解决城市空间发展方面仍处于起步阶段，一方面对市场化运作规律的把控缺乏足够经验，各方面利益难以平衡，在现场实际操作环节常常出现两种极端：要么为满足政府想取得的商业开发成果，导致市场资源无法合理分配，企业的热情参与大打折扣；要么因缺乏相应机制对建设环节的限制管理，导致对商业利益的过分追求，牺牲过多公众利益和环境资源，大量空间财富和经济效益无法回馈广大市民，最终使项目难以推进，缺乏可持续的发展前景。另一方面，现行建设机制与市场化的开发模式不相适应，直接对城市空间发展产生束缚，阻碍了地铁站域商业综合体整体设计的改革创新，其中，不同职能部门间的矛盾纠纷、职责约束以及交叉管理等方面是主要诱因。

（3）有关地铁站域商业综合体相关机制的完善还应将广大公众的参与和监督纳入到体系建设中。从项目策划开始，政府应提倡广开言路，强调思想的解放和体制创新，重要决策过程通过民主平台向群众透明开放，调动广大市民的积极参与性，确保公众利益不被损害。另外在项目推进的过程中，应充分发挥学术界和社会各界知识力量的作用，将实践研究和问题反馈纳入到机制完善体系，帮助城市建设收集资料、积累经验的同时，有效提高市民对城市建设水平的认识，有利于良好公德观念的提升，也为地铁站域商业综合体的可持续发展提供了源源不断的动力。

另外，城市框架下对于地铁站域商业综合体的发展除了指导机制的完善，还需要相关政策法规的保驾护航。一方面，地铁站域商业综合体的空间开发涉及包括政府、企业、公众在内的多重利益，如果没有相关政策法规与之配套，势必无法在发展过程中保证各方利益的平衡协调；另一方面，有关空间权立法的建立是保证空间立体化进程的必要手段。随着高密度背景下市场经济地位的提高、建造技术的发展以及城市生活水平的需求，用地管理逐渐趋于灵活，有关空间权的探讨也成为近年来关注的焦点之一。尽管有日本的《宅铁法》、德国的《地上权条例》以及我国台湾地区的《大众捷运法》作为相关参考，但目前我国大陆仍未对空间权建立起一个明确的研究支点，有关空间范围的界定形式也未做出适合城镇化进程建设的规定，致使我国在土地与空间立体化利用控制和管理方式的研究方面，基本属于空白。空间法体系的缺失加上土地所有权公有的国情，导致缺乏一定的城市建设前瞻性。因此探讨适合我国国情的空间权立法依据，并建立行之有效且具有前瞻性的立体空间利用法律体系，是确保未来地铁站域商业综合体良性发展的基础。

6.1.3　多节点规划导向下的开发管理

在城镇化快速进程下的中国，面对人多地少的基本国情，通过围绕地铁站点的开发提升枢纽职能的魅力，成为拉动沿线全体价值的关键所在。地铁站域商业综合体作为开发中极为重要的组成部分，它的高密度开发可有效提高城市的便利性和运送转换力，进而形成集约型的城市结构，而为了满足建筑与城市有机融合的目的，将时间管理要素有计划地引入规划显得尤为重要。目前我国地铁站域商业综合体的建设主要存在两种"时间差"形式：一种是在传统城区中，已建成项目和成熟商圈与地铁建设之间的时序错位导致空间立体化开发受阻，另一种则是由于尽管地铁与周边城区建设可一次性投入使用，但区域的完善仍需一定时间的磨砺，由此造成的时间差，多以城市新中心待建或正在建设项目的形式存在。

对于新城区来说，车站周边具有极大潜力的商业街区应随着整体城区的不断完善，实现不同的功能需求变化。如住宅用地建设之前，周边土地的利用密度会相对较低，随着住宅用地的建成以及入住人口的增加，有关超市、餐饮、商场、办公等相关设施的要求会越来越高，因此围绕站点的土地开发应随着城区的完善，在不同阶段有不同的功能内容与之对应。针对位于相对成熟传统商圈的地铁站域商业综合体项目，由于区域本身已具有较大的商业潜力，通常会最大限度地设定容积率，这就使围绕地铁站点进行周边集约的社区营造变得非常重要。在强烈需求下大都为一次性建成，但仍应针对不同时间分阶段应对，考虑通过内容转换来满足对社会经济的变化。此外，就算面对不得不从根本上进行更新的情况，也应制定针对开发时所带来的新变化的项目规划，如日本涩谷站便是从以百货店为中心的商业设施开始，逐渐进入建设商业、办公甚至文化设施的一体化复合型开发。相对于传统城区来说多中心发展下的新城区有着更多的不确定性，地铁站域商业综合体作为地块活力的带动者，应根据发展情况制定更为全面和具有明确时间节点的规划设计。初期从沿线开发到人口增多阶段，对站点商业、商务设施的需求并不明显；中期随着人口的增多和需求的扩大，应考虑对周边土地临时性的开发运用；后期则应根据周边城区的成熟度，针对主要矛盾展开真正的城市设计。换句话说，将有效时间管理与站点开发相融合，在这种不确定性较高的情况下，保持随机应变，满足需求转化的同时能够为未来发展保留一定余地，是地铁站域商业综合体作为多中心活力激发点的重要前提。

城市规划层面，在TOD模式的研究基础上进一步延伸发展为应对高密度背景下，以提升地铁利用率为目的的紧凑城市集合体。鉴于交通在城市可持续发展方面的重要性，世界银行在有关《通过公共交通改造城市》的报告书中指出：作为可持续发展城市的代表，无论是东京还是香港都有大量以地铁站域商业综合体为代表的空间一体化开发案例，并通过土地利用及社会基础设施建设将未来城市远景切实地反映到规划中。香港与东京的共同点，均是在大规模建设高速城市轨道的基础上，通过住宅及车站周边房地产的一体化开发来平衡在基础设施建设上的巨大花费，进而对城市整体发展做出一定贡献。这两个地区无论是在开发模式还是在利益回收方式上的创新都是史无前例的，对处于城镇化急速进程下的其他城市提供了一种可行方向。以地铁为公共交通核心的TOD模式，使得紧凑空间成为可能，公用设施的投资以面状而非线状的展开形式，不仅有利于提高投资效益还对运营费用的降低有着积极的推动意义。需要指出的是，尽管一直强调发展的可持续性，但在实施层面，我国城市总体规划往往过于僵化，与城市交通迅速增长的需求相矛盾且缺乏灵活性；另一方面，总体规划与资金计划的脱节以及缺乏切实可行的市政融资机制，均导致各城市往往通过牺牲公众的长远利益来解决现有的迫切需求。因此，应在高密度TOD模式的坚持指导下，对现有城市规划程序进行相应改革，确保土地开发与交通战略成为长期规划过程中重要的一部分，并与此形成良性互动。

6.2 地铁站域商业综合体区域视角下的整合应用

6.2.1 现状发展下的多元矛盾

在对北京、上海、广州三个城市已建成的地铁站域商业综合体进行归纳分析的基础上，可总结出我国地铁站域商业综合体发展的整体情况，能够较清晰、全面地反映出其中的主要矛盾。地铁站域商业综合体作为应对多元矛盾下的一种综合模式，其核心在于将城市交通职能与立体空间体系以及其他相关机制有机融于一体，整体体现系统学相关性、开放性和适应性原则。对此过程进行抽丝剥茧，可完整地认识不同要素间的层次和结构，从而把握现状情况下影响地铁站域商业综合体建设发展的主要矛盾。

1. 地铁站域商业综合体发展与空间要素的矛盾

对于交通空间方面，地铁站域商业综合体是以地铁站点为中心建设发展的，没有了地铁交通的支持，站域商业综合体自然就失去了其存在的意义。反之，地铁需要通过站域商业综合体的空间建设将区域不同资源进行整合，并进而体现出交通对城市结构的引导和完善，尤其是在可持续发展战略下，围绕站点进行不同交通要素的整合，更是依赖由地铁站域商业综合体所提供的空间衔接和网络资源，两者之间呈现出互相制约且互动协作的关系。对于公共空间，地铁站域商业综合体的空间体系建立对城市空间集约化发展有着极大的推动和促进作用：一方面，城市空间需要通过地铁站域商业综合体的空间立体化将建筑内部与周边环境进行整合，另一方面，地铁站域商业综合体空间的发展离不开现有环境及规划格局的配合和支持，只有将两者关系协调处理，才能合理地解决彼此间的矛盾，实现区域视角下的互利共赢。

2. 地铁站域商业综合体发展与文脉环境的矛盾

地铁站域商业综合体作为高密度背景下城市布局的衍生模式，代表了现代化紧缩城市的主要形态，拥有着鲜明的城市性印记和表征，有关地铁站域商业综合体的发展不仅是个体的发展更是区域乃至城市空间的变革，它的大力建设将传统城市置于未来方向交叉口的敏感地带。不可否认的是，地铁站域商业综合体因其庞大的规模和复杂的功能给传统城市肌理带来了根本性的改变，原有的城市格局被打破，因项目建设而完善的步行网络体系将原本支离破碎的城市布局进行有机重组。地铁站域商业综合体的建设发展在这里与城市文脉产生着激烈的冲突和对碰，两者间的制衡之路充满着挑战也蕴含了极高的失败风险。另外，地铁站域商业综合体通过空间功能的集约化发展，为区域地块留出了更加宽阔的建设范围，在为城市绿地的置入提供物质基础的同时，也会因集聚状态下的不良发展，导致环境压力的激增，引发交通拥堵、环境污染等城市病的进一步恶化。因此，在地铁站域商业综合体的建设开发过程中，不仅要关注现代设计与传统文脉之间的平衡关系，还要对环境资源的合理利用做出一定规划，将开发所带来的不利影响降低到最小值。

3. 地铁站域商业综合体发展与城市建设的矛盾

地铁站域商业综合体对城市建设的影响存在着"自下而上"和"自上而下"的两种行为作用模式。对于"自下而上"来说，多是在市场规则的运作下，将环境资源进行汇聚，是一种由无到有，由单一到多元的自发生成过程；对于"自上而下"来说，则是基于规划理念的指导，设计管理者依据经济、交通、景观等因素的影响，预设地铁站域商业综合体的可能生长点，或是对现有项目进行调研分析后，通过进一步设定改造来形成"新"的地铁站域商业综合体，在传统商圈的改造更新中较为常见。然而无论是市场规则下的"自下而上"占主导，还是领导决策下的"自上而下"为核心，或是两者交替进行，都应在发展过程中以对城市的适应性为最终指导原则。"自下而上"是区域发展自身需求的表达，但若没有设计管理者自上而下的引导，必然会导致环境品质与行为活动的尖锐矛盾，反之，自上而下作为少数人决策的结果，若忽视自下而上的作用，势必会为区域的发展带来不可逆的严重后果。目前我国很多城市中的"鬼城"，便是由于自上而下的盲目执行，而造成了无法估量的损失。因此，在城市建设的背景下，面对"自下而上"及"自上而下"带来的生存和危机，地铁站域商业综合体的发展应根据不同特征和阶段，找准利弊之间的平衡点，在协调促进中争取互利共赢的局面。

6.2.2 区域框架视角下的整合原则

1. 综合性原则

地铁站域商业综合体作为城市框架下的开放系统，它的建设发展离不开对周边区域资源的全方位综合应用。一方面，在空间上，要打破传统公共空间的形式定义，充分发挥系统的城市性，模糊建筑与城市之间的边界，将建筑内部的中庭、门厅甚至连廊、步道等元素作为连通区域不同地块公共空间的组成部分，不但有利于站域商业综合体系统的多功能开发，还对区域范围内公共空间的网络拓展起到了很好的推动作用。此外，在对内部空间进行立体化开发的过程中，还应注重与周边公共空间资源的联系，把诸如下沉广场、屋顶平台等元素发展成地铁站域商业综合体公共空间系统中重要的开放节点，对地表开放空间进行弥补的同时，改善了城市绿化及景观环境。另一方面，在功能上，地铁站域商业综合体作为承载城市交通枢纽的开放系统，因区位中心的重要性和充足持续的客流，使其具备了综合多元要素的客观基础和积极条件。通过不同功能及设施的综合性整合，不仅促使区域内公共空间城市性的提高，保证系统化运作的整体优势，还可通过量变引起质变来挖掘空间利用潜能，从而提升整体空间的高效集约性。值得一提的是，随着时代的进步和社会的发展，通过文化设施的导入，塑造具有该地区特征的文化、艺术活动基地，创造出具有吸引力、交流性和流行传播性的个性空间，成为功能综合下的又一发展趋势。

2. 整体性原则

地铁站域商业综合体作为城市环境中一个开放有机的系统，其整合的目的不仅局限于内部某片区或者某要素的整合，而是在区域环境角度下，对不同层面的全盘考虑，对不同体系和不同资源的整体优化，在确定彼此间互动协作关系的基础上，将整体性价值最大化发挥，以此带动城市空间结构的和谐发展。如东京站八重洲口的开发，便是在项目的建设中完成了对站前广场的更新，通过将南北几栋非一体化的建筑进行一体化设计，扩大站前广场进深，赋予公交、出租车等交通节点功能，使土地的高效利用成为可能。另外，总长超过300m的沿街绿化，对雨水、中水的回收利用，缓和热岛效应的喷雾装置，以及降低环境负荷的风力发电等，都反映出在整体原则的指导下，对可持续发展战略实施的支持和拥护。此外，通过地铁站域商业综合体与区域环境资源的整体性把控，将能够感知车站特性的大空间作为交通和人动态可视化场所进行塑造，使站点空间担负起体现区域标志性特征的角色，以提高地块的核心竞争力。如日本港未来站的"车站核"设计，便是利用贯穿地下三层和地上五层的垂直路线设计，将不同资源和人流在这里汇聚，使到访者无论在何处都能有身居室外公共空间立体城市的感受，特别是有街头艺人表演时，整个QUEEN'S SQUARE横滨仿佛已经不是建筑物，而是一个不断诉说街道故事的"发声器"，"道路"上的行人扮演着主要的角色。

3. 洄游性原则

地铁站域商业综合体与道路设施的整合，通过对地形的适应和多元功能的集聚，形成不同层次的复合空间，在与周边地块相连的基础上，发展成集多种交通设施和功能为一体、具有洄游特性的换乘枢纽平台，不仅满足了人们出行的基本需求，还创造了适合人们休憩需求的舒适空间。为了形成以站域商业综合体为中心的洄游网络系统，考虑不同阶段开发的时序性，应在项目初期就确立以街区为单位，统领地区发展的大方针，即在区域范围内建立关于不同交通整合的设计蓝图，并在思想上达成共识。不同开发商基于这个前提，针对项目建设情况来确定具体的流线贯通和向其他街区的延伸，通过步行网络系统的共享保证以车站为中心，繁华地块与广域范围的连续性，建立使用者能安心通过并乐于来访的城区。值得注意的是，地铁站域商业综合体作为城市交通职能的载体，相关洄游性效应的发挥多是基于交通功能高度集约复合的前提下，若离开了这个基础支撑，那么洄游空间的发展便失去了立足点，城市空间的引导和集聚作用也会因此大打折扣，进而丧失整体性集约化发展和系统建设的意义。

6.2.3 联系不同要素下的城市设计

如果说城市规划是宏观视角下对布局结构的组织安排，那么城市设计则是中观视角下基于环境调研，对规划内容的补充和完善，是深化了的环境设计。针对不同层次、不同要素的具体整合操作，城市设计以规划涉及的相关法律政策为指导，从景观建构、文脉延续以及人文环境等方面进行延伸塑造，更加关注对人的感知和体验。正是因为城市规划的宏观指导性，使城市设计的工作更加合理且富有建设，规划为设计提供了相应的思想政策指导和思想政策控制，而不进入具体实践环节；设计则通过公众参与、建设实施、经营管理等综合手段，将规划的目标给予表达和落实。城市设计环节的缺乏是导致项目建设与规划布局脱节的关键因素，尤其对涉及不同系统和众多要素的地铁站域商业综合体，城市设计更是建设发展中不可缺少的必需过程。

1. 三维整合的必要条件

城市设计作为三维形态整合的实质，它的相关创作主要建立在对不同要素的关系组合上，设计者不仅要考虑物体本身，还应在区域视角下思考与其他物体之间的关系。由于城市设计和不同的要素关系涉及工程建设的三维性，因此城市设计中的整合即是在操作框架和机制内容中，围绕不同基面的三维整合，具有较强的三维特性。正如沙里宁在《城市——它的发展、衰败和未来》一书中所强调的那样："城市设计是三维的空间组织艺术"①。一方面，在地铁站域商业综合体的建设过程中，城市设计环节的加入涵盖了与项目发展有关的全方位内容，为三维立体整合的可行性和操作模式选择奠定了技术基础；另一方面，城市设计通过对空间发展格局、区域土地利用情况以及地铁站域商业综合体建设目标的整体性分析和研究，建立适应当地情况的三维整合模式以及针对不同问题的激励和保障措施，为投资者提供相应的开发指导意见。由此看来，城市设计是保证不同要素进行三维整合、将立体化系统进行具体实施的建构方式和有效途径。

2. 联合开发的重要依据

地铁站域商业综合体具备将不同要素整合的联合开发前景，城市设计是保证协调统筹过程顺利进行的重要依据，起着核心的影响作用。当围绕站点产生诸如地铁站域商业综合体开发的意向时，城市设计相关的研究工作也因此而展开。首先，城市设计作为将企业、政府、市民等多种力量对项目开发的构想，通过设计师创造性的构思过程和对区域发展状况的系统研究，以图文的形式表达出来。社会各阶层力量和思维围绕该成果进行不断碰撞，在不断深化的过程中呈现螺旋上升的态势，最终形成平衡各方利益的基础性文件，为下一步的开发建设做出指导。其次，城市设计作为保障联合开发顺利进行的重要依据，除了对区域不同要素的统筹研究具有关键指导意义以外，相关政策法规的制定、决策机构的组建以及管理部门的设置等都离不开这条轨道主线，同时也是制约权利与市场，确保公私合作、互利共赢的重要内容。最后，城市设计的过程，是一个让公众得以清晰、直观地参与城市发展的研讨平台，它的开放透明在提高公众对城市建设积极性的同时，还增加了对所处城市的归属感，将民主监督机制进一步发挥，以此保证联合开发顺利实施。

3. 可持续发展的战略保障

城市设计既是对地铁站域商业综合体分期建设的督促，也是对可持续发展战略的重要保障。就目前我国地铁站域商业综合体的发展来看，很多项目过于注重眼前利益和短期成果，盲目跟风做大而忽略了城市空间对更新的需求以及土地利用可持续发展的可能，导致传统区的更新无法形成统一的有机体，新城区的发展缺乏计划性。城市设计环节的加入可有效缓解这些状况的发生，保障可持续发展机制的顺利执行。一方面，城市设计作为工程规划与建设的桥梁，针对区域空间的发展制定了长期策略和总体计划，建

---

① 董贺轩. 城市立体化设计——基于多层次城市基面的空间结构 [M]. 南京：东南大学出版社，2011.

立符合可持续发展的相关导则，对项目发展起到约束和规范的作用。另一方面，城市设计是在多方利益平衡下对区域现状反复研究的过程，在立体化思想的基础上促进基面与不同要素的整合以及空间的更新，注重项目成果的弹性发展并预留一定的调整余地，这些行为均与可持续发展战略的核心意义不谋而合。

6.3 地铁站域商业综合体系统内部的立体化实现

6.3.1 多样功能外向下的立体差异

地铁站域商业综合体由于不同功能之间的汇聚而有着鲜明的城市外向属性，不同功能对比下，居住功能私密性最高，酒店、办公次之；商业需要通过高开放度来保证自身客源的充足和营业利润的攫取；交通虽应有一定的开放度来保证与外界交流的顺畅，但考虑到有关安全问题，仍保留一定的自我封闭性；基础设施既需要隐蔽的空间来保障自身功能运作，又需要与其他要素配合以实现自身价值；休憩娱乐则因其公共的活动属性相对其他功能来说是一种完全开放的功能类型；对于自然景观与绿化，无论从视觉还是触觉，都具备很高的城市功能和较强开放性。由此看来，作为外向特征最为明显的功能，商业、公共活动、自然景观和交通与城市的联络密度最高，办公、休憩娱乐次之，住宅、酒店为最低。

考虑地铁站域商业综合体将城市交通职能进行融合的特殊情况，交通功能的城市性在此得以充分发挥，不同交通要素以及同一交通要素的不同线路，围绕项目的建设进行整合，成为推动系统立体化实现的必要条件；商业作为城市功能中最为活跃的因子，通过对其空间潜力的挖掘塑造，赋予立体化建设更多的可能性和创造性；公共活动作为加强城市功能联系的纽带和运作的催化剂，同样拥有着较高的城市外放度；自然景观则因其对运作效率的调节，在缓解高密度背景下城市拥挤状态的同时，也对地铁站域商业综合体系统的人流汇聚作用做出了一定的贡献。另一方面，休憩娱乐与办公在一定时间段内，与城市的对外联络是受到限制的。与公共活动相比，休憩娱乐是有选择地与部分功能相连，服务对象也是在限定范围内，并非面向城市所有要素；办公主要是与其有直接关系的功能相互联系，活动主体配以相关场所便可使功能延续实现；至于住宅则由于其特殊的安全需求和独立性，使其具有极高的私密性，公共外向度最低。

地铁站域商业综合体将城市功能进行不同内容、不同程度的整合，并通过不同层次的基面来组织功能关系。对于系统内部来说，不同功能之间彼此联系又相互独立，都与城市发生着直接或间接的活动联系；对于城市来说，多元业态的功能组合既是地铁站域商业综合体的一部分，也是城市框架建构中不可或缺的组成因子。无论是不同功能之间，还是功能与城市之间，都需要不同层次的基面进行有机相连，而恰恰又因为不同功能在地铁站域商业综合体空间区位的立体差异，导致了充当联系媒介的基面的立体化整合。另外，系统的开放性和城市性使内部要素与城市基面紧密相连，因此对于有限的城市空间，地铁站域商业综合体内部要素不同的空间区位势必会引起城市基面的立体差异。

综上所述，地铁站域商业综合体在强化主体内容、提高城市用地混合度的前提下，对城市功能的丰富聚合起到了极大的推动作用，同时，系统内部多元功能的立体差异性，又为城市空间立体化混合发展提供了坚实的基础条件。地铁站域商业综合体在发展过程中，既要根据对不同功能的需求指导开发建设，又要充分利用功能布局的空间差异性，为立体塑造提供更多的可能，在对空间潜力进行挖掘的基础上，推动城市整体空间的立体性发展。

围绕站点开发的地铁站域商业综合体建设成为当下一种潮流趋势，作为将商业、办公、酒店、住宅等多种城市功能高效聚集于一体的立体化系统，它的开发在功能汇聚和空间塑造方面均取得了良好的成果。不同功能之间通过紧凑的三维组织形成统一有机体，促使地铁站域商业综合体演化成囊括城市活动的区域核心，并因此获得了较高的经济收益。从某种程度上来说，地铁站域商业综合体代表了目前经济与技术最高的整合模式。

6.3.2　复杂站城一体下的立体推动

所谓站城一体，实际上指的是地铁站点与城市相辅相成实现共同开发的结构模式，最终结果常以地铁站域商业综合体的形态呈现在众人面前。随着城镇化的快速进程，低密度、单一的交通布局已不能满足当前时代的发展需求，以地铁站域商业综合体为媒介，将公共交通和私人交通进行整合而逐渐演化为区域交通枢纽核心的过程，已成为当前城市建设势在必行的发展趋势。基于不同交通系统的有机融合，面对有限的土地资源，站域商业综合体系统逐渐朝着空间三维立体化的方向迈进，在此过程中，无缝换乘体系的建构以及步行网络体系的编织成为站城一体指导思想下推动立体化进程的主要因素。

对于无缝换乘来说，在强调以地铁为中心，建立可便捷高效地实现地铁与地铁、地铁与公交、地铁与私家车，甚至地铁与非机动车的无缝隙对接，成为各大城市围绕地铁站点进行开发，进而形成区域核心枢纽的主要特征之一。在此过程中，不同交通系统对不同城市基面的需求，推动了集约立体空间的实现。一方面，通过对传统单一交通系统占地的做法进行改善，利用竖向分区上的差异将各类交通合理分配于地铁站域商业综合体的空间网络体系中，充分发挥立体化的集约优势，极大地节约了城市有限的土地资源，获得了更为经济紧凑的交通网络系统，降低整体换乘代价。以日本西铁福冈站为例，地下层与地下街和地铁进行相连，一层取消原有公交中心的设定作为公共广场向步行使用者开放，二层保留原有轨道车站的位置，三层将一层被取消的公交中心在还原的基础上进行扩建，四层以上为可容纳460辆汽车的停车场以及商业和文化设施。该举措从根本上将地铁与交通设施的布置进行了再编，解决了地块曾经因地铁人流增多带来的列车规模扩大、公交中心周边交通混杂以及众多人流线的组织问题，不仅提升了天神地区枢纽站的交通功能，还推动了城市空间的立体塑造进程，为市民提供了更为便捷的使用方式和更高的舒适度。另一方面，多种交通系统的集聚提高了城市空间的集成度，不同功能因此获得了更加灵活的发展模式和拓展空间，鉴于其自身系统的开放城市性，内部的空间塑造势必会与城市基面保持紧密联系，促使地铁站域商业综合体的发展跨越了二维视角上的单一层面，而呈现出更加丰富多样的空间形态，进而推动城市的立体化整合。综上所述，考虑到地铁交通设施的特殊地理位置和城市集约化发展的战略需求，围绕站点开发的地铁站域商业综合体建设更倾向于将城市功能和交通换乘以竖向空间进行组织，在立体化功能和无缝隙换乘平台的建立下，实现有限地块高强度开发的目的。

对于步行网络体系的编织，无缝隙换乘是实现交通资源整合、空间立体化建构的骨架，而步行体系则是联系不同骨架间的毛细管网，是实现空间立体化塑造的切实保证。作为交通系统中重要的组成因子，步行网络的完善不仅是联系区域内独立地块的有效手段，同时也是保证地铁站域商业综合体高效运转的核心所在，尤其是对于客流量较大，以及包含不同系统要素转换的空间而言，步行网络的立体化建设更是当务之急。步行网络作为联系系统不同要素间的纽带，承担着输送信息流、能量流和物质流的作用，同时多层面步行交通的高可达性，也对地下、地上的使用价值给予了极大的提升，减少不必要的流线空间。当步行网络达到一定规模时，在系统开放城市性的促进下，势必向城市空间进行拓展延伸，与城市空间发生着直接的流动关系，通过空中、地下步道对地面人群进行分流的同时，缓和因人群拥挤而带来的交通问题，创造舒适的步行环境。据统计，日本城市火车站地区的地下步行系统可分担40%~50%的人流，新宿站南口地下街，则因吸引45.7%的客流量，而大大缓解了地面交通拥挤的状况[①]。另外，步行网络系统的完善除了保证交通职能的运转外，还为公共活动提供了一定的展示平台。可以说，步行系统在地铁站域商业综合体的建设中发挥着承上启下的衔接作用，既通过立体空间的建构将不同功能要素进行相连，又利用城市与功能间的紧密关系推动步行立体化的建设进程，从而赋予地铁站域商业综合体强大的活力和发展前景。

6.3.3　高密度背景感知下的立体体验

根据之前对地铁站域商业综合体的空间感知调研分析可以发现，人性化的高品质空间塑造是当下体验消费时代吸引人流、攫取商业利润的有效手段，在密集城市的建设环境中用三维垂直模式来替代传统的二维平面模式，成为解决自身功能和复杂空间关系并与城市环境协调共生的主要方式。换句话说，面对高密度的城市环境，当建筑必须接受通过竖向空间拓展来满足高品质人性化的空间追求时，二维平面被三维立体理念替代是必然的逻辑结果。香港中文大学吴恩荣教授曾经指出："一个高密度城市已经无法仅仅是单一平面维度的，从平面上选择发展模式或是从剖面上解决我们的环境质量已不再有效，未来的城市设计中大体量建筑空间的多层面利用将成为一种普遍现象，设计将突破现代主义对高层塔楼平面的限制而形成有机渗透的三维城市"[②]。

三维立体模式的基本思路即是通过功能和空间朝向天空或地面垂直竖向的三维拓展，利用多维度组构、布局来化解彼此间的不同矛盾，并以此建立立体形态系统。基于多向度叠加、悬挑、漂浮等手段的应用，在整合建筑与环境、促进土地集约化利用的同

---

① 董贺轩. 城市立体化设计——基于多层次城市基面的空间结构［M］. 南京：东南大学出版社，2011.

② 吴恩荣. 香港的高密度环境和可持续——一个关于未来的个人构想［J］. 世界建筑，2007（10）.

时，还满足了不同使用者对高品质人性化空间的追求。京都车站，作为日本最大规模的车站之一，它的设计和建设不仅满足了交通需要，更是将城市功能高度复合的典型代表。在总建筑面积达23.8万 m² 的巨大规模中，除了诸如JR线、城铁、地铁等交通线路外，还囊括了百货公司、购物中心、文化中心、博物馆、酒店等城市设施，并有大量的室外和半室外活动空间与之配套。同时，三维立体的空间形态设计成为地块多样功能解决的关键办法，内部超大尺度灰空间的设置则是保证空间品质、吸引人流的重要手段。半开敞的大厅通过多首层的变化将不同区域融合，内部台阶和退台的倾斜设计赋予场所以假象地形，使项目脱离单纯的车站功能，而作为展示生活的舞台与当地市民和游人发生着更为密切的关系。由此看来，不同的功能及流线在中庭的三维空间驾驭下产生了垂直方向的运动，相反地，功能流线的垂直运动在促进空间与交通整合的同时，又对空间立体化起到了良好的推动作用，两者之间呈现互动协作、互为发展的趋势。

高密度背景下的三维空间立体，不仅可缓解因功能明确而带来的空间单调感，还能通过地下、地面与地上的有机融合，在提高城市效率、缓解交通问题的同时，为空间品质的塑造带来更多的创新和可能性。诸如利用空中花园、步道连廊的设计来提升高层的人群吸引力，或是利用地下商场、贯通空间的打造来消减"地下空间迷失症"，也可通过多首层理念的引入模糊不同基面的分界，从而为公众提供良好的休憩娱乐平台。值得一提的是，目前我国围绕地铁站点展开的站域商业综合体建设大都仍停留在初步阶段，尽管部分商家已意识到地铁的重要性，但因种种原因无法将站厅空间与项目整体考虑，单一无聊的步道成为联系两者的主要选择，类似手法的设计不仅无法充分发挥三维立体的集约优势，还因品质的降低在无形中损失了部分客流，不得不说是一大遗憾。另外，空间立体品质的塑造势必离不开景观三维化的分布打造。随着人们社会意识的逐步提高，将建筑与城市、人工与自然有机融合成为提升空间品质的关键因素。例如日本六本木，便是通过对植物的精耕细作，将消费者对自然的迫切体验与购物休闲融合在一起，从而创造出一个可游、可观、可感的都市森林。面对高密度人口的国情以及互联网电商的冲击，未来的地铁站域商业综合体必然在利用三维立体模式塑造更高品质空间的同时，通过细部的处理和景观的介入，打造出更为人性化、更加和谐自然且具有鲜明个性的感知空间。

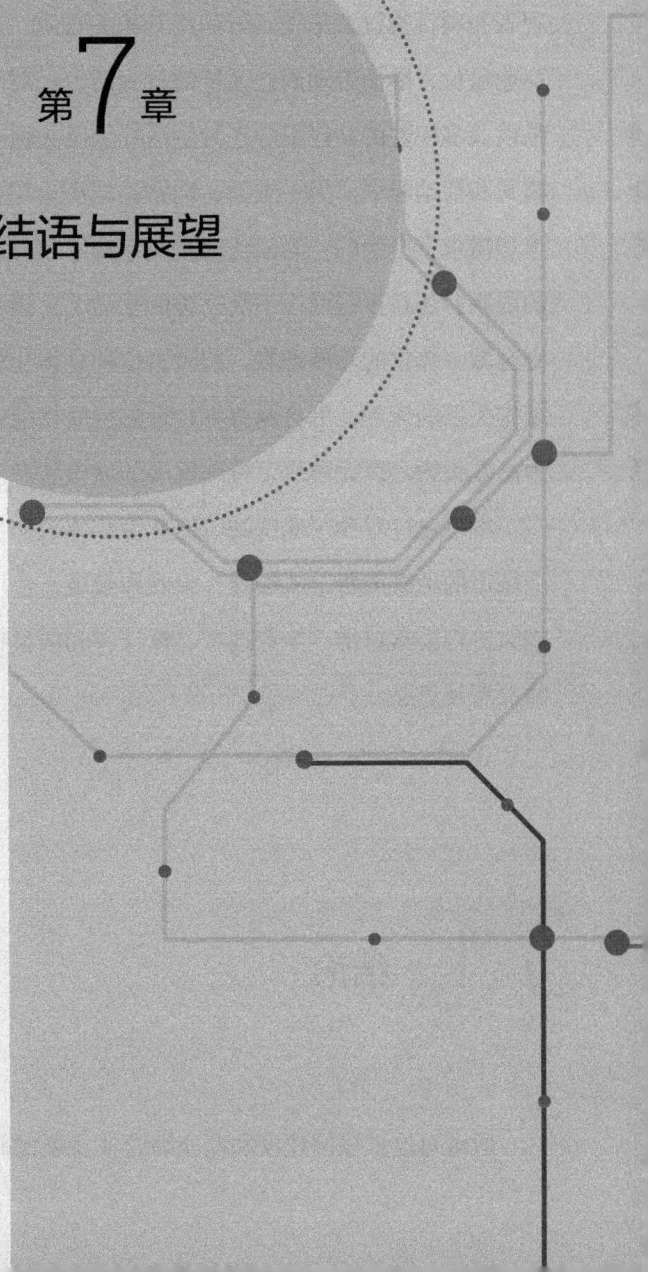

第 7 章

结语与展望

随着城镇化进程的发展及人口生存空间的扩张，环境复杂度的增加促使空间的使用概念发生着急剧的变化，城市空间由之前的二维平面逐步被三维立体所替代，并在科技进步和高密度人口国情的推动下，转化为解决都市问题、改变城市发展模式的方法，并对空间结构未来的发展方向产生着深远的影响。我国自进入地铁建设黄金时代后，围绕站点所进行的商业开发便迅速成为城市设计的焦点，相关周边土地的发展及价值以及城市战略布局也随之发生了巨大的改变。

地铁站域商业综合体作为站点建设中典型的商业开发代表，对于城市发展所起的积极带动作用主要表现在两个方面：一方面，项目建设利用客运人流促使周边区域产生新的高密度空间节点，由此引发与传统行为不同的集聚模式及公共活动关系。对于城市管理者和项目投资者来说，可利用其相关特质，通过不同的土地结合模式创造出最大化的商业溢价，继而带动周边区域的行为活力；对于使用者和消费者来说，多模式的交通换乘以及多样性的功能组合在为生活提供巨大便利的同时，也潜移默化地改变了人的出行模式和活动习惯。另一方面，地铁站域商业综合体空间的立体化是在城市立体化建设的迫切需求下产生的，立体化的空间建构不仅打破了原有不同地块、不同基面、不同领域的限制，还在步行网络不断完善的推动下，逐步对破碎的公共空间进行整合，呈现出核心区域一体化的发展态势。同时，这种立体化的发展模式，通过对交通系统与城市空间结构关系的梳理，可将原有不合理的空间机能进行扭转调整，促使区域对土地的利用更为高效集约，以此形成可持续发展的城市状态。

本书通过对我国地铁站域商业综合体的初步研究，尤其是对北京、上海、广州这三个城市的考察调研，从宏观、中观和微观三个层面对地铁站域商业综合体的发展现状及规律进行摸索总结，为管理者、设计者和项目投资者对城市模式的下一步发展提供一定的参考及思路。

7.1 结论

通过对地铁线网建设和商业综合体发展的脉络梳理，得出地铁站域商业综合体的发展历程，在系统理论的指导下，立足于城镇化的高密度国情，分别从城市框架下的宏观、区域视角下的中观以及内部系统下的微观对影响地铁站域商业综合体的相关要素进行研究，并为下一步建设提供具有针对性的建议性意见。

对于城市框架下的宏观，主要是探讨城市结构与地铁站域商业综合体之间互动协作的关系，在此过程中，地铁网线的建设是不能被忽视的。尽管目前我国步入了地铁建设的黄金时代，线网设计也成为城市规划中非常重要的部分，但从全国范围来看，相关建设仍处于起步阶段，发展之路任重道远。通过对北京、上海、广州三个城市已建地铁站域商业综合体的分布与城市商圈结构和人流趋势的对比，不难发现，三者之间呈现出良好的正相关关系：人流是商圈和项目活力的源泉，商圈的形成对人流集聚和项目定位产生吸引，项目建设又进一步带动人流和商圈结构的发展。因此，当人流趋势与商圈结构及项目布局相吻合时，会导致经济效益的最大化发挥，促进形成城市商业良性循环，如图7-1~图7-3所示。由此看来，地铁站域商业综合体的定位选择无论是对投资管理者还是对决策设计者来说，都应是慎重考虑的，尤其是在规划阶段，更是要从整体"面"的角度来考虑项目建设对城市结构转型的推动作用。地铁站域商业综合体是以地铁站点为原点进行的建设，与之伴随的交通、经济和社会效益也必然以此向周围进行扩散，其中以对线网健全城市的增益效应最为明显。但值得一提的是，尽管地铁站域商业综合体对城市活力的带动有着巨大的积极意义，但商圈的形成和城市副中心的建立往往需要不同等级多项目的支撑，考虑到我国建设史较短，故而有关地铁站域商业综合体对新城空间结构的具体影响仍需进一步观察研究。

地铁站域商业综合体对城市空间结构的布局调整，应首先在城市规划阶段确定站点区域在城市发展过程中所承担的不同战略作用，在得知城市发展目标及特色的基础上，

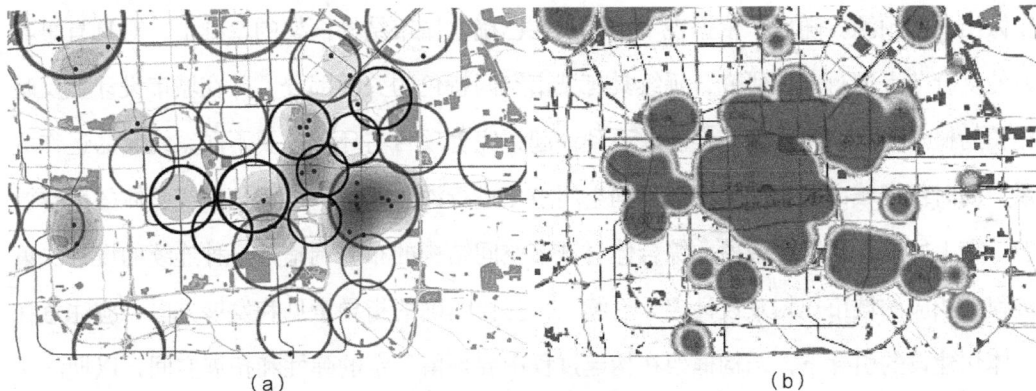

(a)　　　　　　　　　　　(b)

图7-1　北京商圈结构、地铁站域商业综合体Kernel图、人流趋势

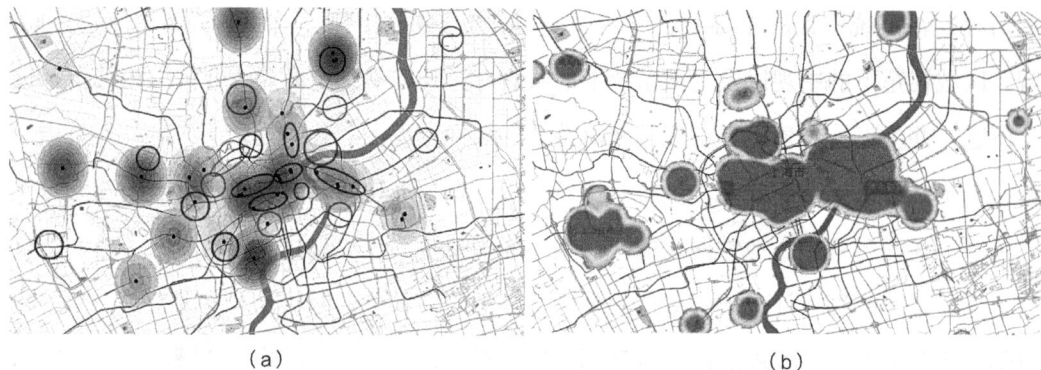

（a）　　　　　　　　　　　　　　　　（b）

图7-2　上海商圈结构、地铁站域商业综合体Kernel图、人流趋势

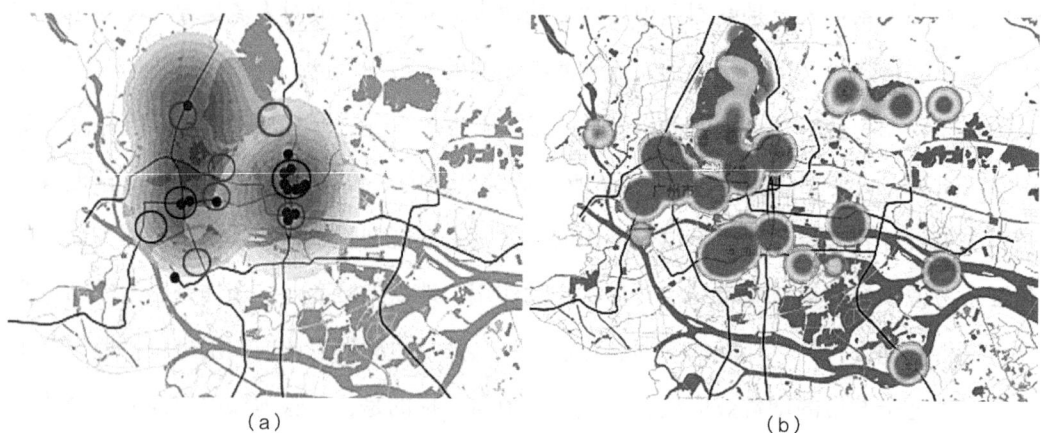

（a）　　　　　　　　　　　　　　　　（b）

图7-3　广州商圈结构、地铁站域商业综合体Kernel图、人流趋势

对不同系统之间的空间关系进行梳理，制定合理的衔接方式和发展策略，并以导则形式为下一阶段的布局调整方向做出指导。与该阶段相关的城市设计，应以区域整体和城市空间的衔接为主要内容，如针对不同基面公共空间之间的协调平衡、不同交通系统之间的整合连接、城市风貌与景观环境的初步构想等，同时应对调整后的空间结构和机能运作做出大胆预测。随后，依据现实情况，在已确立城市结构框架的基础上，对具有影响力的复合节点进行专项研究，延续具有城市空间特色的关键部分，并在城市设计上反映相关的概念构想，将构架与实际联系到一起，完善项目与环境以及不同系统间的运作关系。同时依据城市初步构想图对不同空间节点进行深化调整，以优化系统整体的运作效能。综上所述，地铁站域商业综合体对城市空间结构的布局调整是一种连续的设计决策过程，相应的城市规划及设计应为后续工作提供明确的指导意见和发展方向。应注意在一体化建设的引导下，结构框架在构建过程中要预留一定的弹性和拓展空间，以期满足布局不断优化的调整需求。

对于区域框架下中观层面的研究，主要是通过对北京、上海、广州三条线路的梳理建立因子框架模型，并利用ARCGIS平台对地铁站域商业综合体的周边要素进行分析，探讨其与复杂环境之间的融合，如表7-1所示。以站点为圆心，通过500m内土地利用模式的分析可发现，除去政策导向明显的区域外，大部分站点周边地块的开发仍以住宅为主，公共用地与城市绿地则依据不同情况有着不同的表现，从侧面反映出地铁站域商业综合体的顺利运营离不开固定居住人群的支持。从三个城市三条线路的建设情况来看，北京1号线和上海2号线线路完成较早，当时对站点前瞻性的估计不足，成为后期制约区域空间一体化发展的主要因素。广州1号线则借鉴了港铁经验而足够重视地下空间开发，才形成目前庞大的地下商业规模，以及当下国内最为集中的地铁站域商业综合体聚集点。在总结归纳影响地铁站域商业综合体分布因子的基础上，利用ARCGIS平台建立框架模型得到表7-2，可发现，不同城市对应的因子有着不同的权重值，北京1号线因其特殊的位置受政策导向影响最大，而较忽视了市场对其选址的指导性以及周边环境的支撑完善度，应通过引导地铁站域商业综合体向西发展，利用其对周边区域活力的带动作用，来优化城市空间布局。上海2号线已完成项目在理性规划和市场规则控制下有着相对良好的凝聚力和较高的商业价值，未来虹桥站点以及世纪大道站点的开发应成为重点考虑对象。广州地铁站域商业综合体在三个城市里的布局最为密集，这与1号线建设施工的理念相关，以后发展应注意进行有意识地疏导，避免过度竞争的滋生，利用项目建设带动沿线空间的翻新和改造。总体而言，在不考虑政策介入的影响下，商圈的辐射范围、交通的通达性、基础设施的完善程度以及诸如公园景点等增益因子的加入是影响地铁站域商业综合体选址的主要因子，不同城市应根据自身的现实情况建立相应的框架模型，从而对项目的前期策划进行指导。需要注意的是，尽管目前已建成地铁站域商业综合体多出现在城区的传统商圈，但随着城市多中心结构的转型，新城商业氛围的打造以及配套设施的完善，有关郊区地铁站域商业综合体的建设势必成为未来主要的发展方向之一。

北京、上海、广州地铁站域商业综合体区域土地开发利用对比图　　　　　表7-1

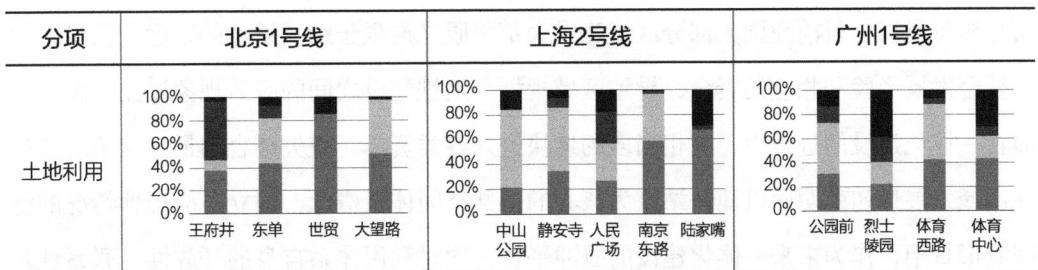

北京、上海、广州地铁站域商业综合体区域综合因子项对比图　　　　表7-2

城市	综合因子
北京	
上海	
广州	

　　所谓城市一体化不仅包括了交通的改善和空间的扩张，也囊括了与之相关的经济土地发展，地铁站域商业综合体所带动的区域建设作为构建一体化战略的重要组成部分，逐渐演变成当下城市管理者、设计者甚至开发投资者最为关注的话题之一。由之前的调研分析可发现，目前我国大部分区域建设大都将眼光局限于线网设计的密度和数量，缺乏整合发展经验和相应的资金，导致区域规划与地铁建设之间的脱节现象屡见不鲜。进而在一体化建设的进程中，有相当多的地块进入各类资本，丧失整合的最佳时机。故应在区域发展最初就明确以地铁站点为核心的公共空间体系概念，建立适应当地情况的空间雏形骨架，作为未来一体化建设的缓冲平台，同时利用体系自身的开放性、联系性及

兼容性向周边地块进行扩张延伸，进而对整个系统加以完善。

对于内部系统的微观层面，主要从业态、交通以及空间感知三个方面进行研究。业态作为商业类建筑的命脉，它的发展既是对多元需求的满足也是系统内部公共活性最强的核心要素。面对当下激烈的同行竞争，只有根据需求找准定位，通过对个性要素的不断强化增强内部竞争力，才能保证运营的顺利进行。同时，除了主要消费人群的转换，电商的剧烈冲击也成为刺激业态调整的主要因素，而为了提高消费者愉悦感观度的体验，线上线下平台的建立以及会员制的发展将是未来商业管理中关键的一环。地铁站域商业综合体作为城市交通的重要节点，与城市不同基面的对接整合导致其内部流线和空间塑造紧密相连。以地铁站域商业综合体为平台，将不同交通要素进行整合形成的无缝接换乘，是高密度背景下城市发展的主要目标之一，也是进一步提高公共交通出行比的核心所在。在此基础上形成的慢性系统，不仅有利于内部不同要素间的联系，提高运作效率，还加快了区域地块之间的整合，使城市空间更有机统一。在空间感知方面，通过对上海已建成的地铁站域商业综合体调研分析发现，使用者在消费过程中对愉悦度和舒适度的要求最高，这与目前管理者针对商场业态转型的方向不谋而合。内部设施的细部处理、空间的层次尺度以及视线的连续性也获得了极高的关注度。另外，面对诸如地铁站域商业综合体包含众多功能和流线的建筑来说，有关安全感的塑造也是空间感知中不可忽视的一环，如表7-3所示。

地铁站域商业综合体因子负荷量表　　　　　　　表7-3

因子组名	评价项目	因子1	因子2	因子3
体验因子	整体愉悦度	0.852	0.180	-0.063
	吸引力度	0.848	0.139	0.438
	外观协调度	0.833	0.323	0.179
	内部设施质感	0.778	0.364	-0.175
	空间层次感	0.768	0.280	0.035
	空间舒适度	0.748	0.347	0.130
	空间尺度感	0.709	0.527	-0.371
	整体美观度	0.690	0.435	0.166
	视线连续性	0.665	0.620	0.071

续表

因子组名	评价项目	因子1	因子2	因子3
体验因子	色彩丰富度	0.660	0.416	0.121
	整体气氛度	0.600	0.446	0.521
	整体空间感	0.588	0.586	0.078
环境因子	空间光感	0.243	0.828	0.239
	空间秩序感	0.488	0.816	0.101
	给人安全感	0.514	0.691	-0.005
	整体统一度	0.524	0.642	0.340
	绿化率	0.404	0.604	-0.533
	路径通达性	0.043	0.559	0.458
氛围因子	环境幽静度	-0.006	0.122	0.927
	节点中心感	0.439	0.174	0.490

这里需要指出的是，本书选取的研究对象为北京、上海、广州，即目前地铁建设相对最健全的城市。考虑到支持地铁站域商业综合体良好运营所需的人口数量及经济基础，故本书相应的研究结果仅对超大城市及特大城市有一定的指导意义，而对于二三线城市则需进一步研究。

7.2 研究展望与建议

（1）地铁站域商业综合体的研究是一个复杂现实的研究课题，本文仅对宏观、中观、微观三个层面做一个脉络性的梳理，未在此基础上对其进行深入分类。如何在大规模建设的背景下，发现、整理汇集不同类型的发展状况，将具有联系历史、现在和未来的重要意义。

（2）在现实操作中，有关地铁站域商业综合体的建设涉及政府部门、管理部门、投资开发商及建筑施工者等众多领域，要协调彼此间的矛盾关系、建立具有监管效应的第三方机构，应从自身机制的健全和相关法律法规的完善开始。但就目前发展来看，其实现难度不小，因此大部分研究均停留在理论探讨的层面。因而在今后的研究中，应将具体管理机制与建设现实条件进行关联，在保证项目顺利实施的同时，推动城市结构的合理转型。

（3）基于ARCGIS数据表达的地铁站域商业综合体布局研究，是现实中实现城市管理评价的手段，通过此类方法将信息处理和基础数据与区域空间形态进行相连，为项目的选址策划以及规划发展提供了很好的参考意见。然而，地铁站域商业综合体作为一个开放复杂的城市子系统，与其相关的要素是多种多样的，故应在以后的研究过程中对此进行深化和完善，以期实现全方位的分析。

（4）地铁站域商业综合体因其巨大的规模和复合功能，其建设施工绝不仅仅是投资商与设计者的单纯行为，也并不是一蹴而就的短期工程。无论是对于传统城区翻新改造的站城一体化，还是对于新城区活力带动的节点塑造，都应在区域城市设计的指导下根据周边发展情况分期完成。然而我国地铁站域商业综合体的建设目前仍处于起步阶段，无论是城市设计对区域建设的指导，还是不同情况下地铁站域商业综合体分期建设的具体步骤，都缺乏相关的理论指导和实践经验。故应对国外，尤其是对日本高密度城市发展进行调研，结合自身国情提出建设性意见。

参考文献

[1] 韦恩·奥图,唐·洛干. 美国都市建筑——城市设计的触媒 [M]. 王邵方,译. 台北:台北创兴出版社,1992.

[2] 王建国. 城市设计 [M]. 南京:东南大学出版社,1999.

[3] 韩冬青,冯金龙. 城市·建筑一体化设计 [M]. 南京:东南大学出版社,1999.

[4] 扬·盖尔. 交往空间 [M]. 北京:中国建筑工业出版社,2002.

[5] 朱喜钢. 城市空间集中与分散论 [M]. 北京:中国建筑工业出版社,2002.

[6] 凯文·林奇. 城市形态 [M]. 林庆怡,等译. 北京:华夏出版社,2002.

[7] 美国城市土地协会. 联合开发——房地产开发与交通的结合 [M]. 郭颖,译. 北京:中国建筑工业出版社,2003.

[8] 柯林·罗,弗瑞德·科特. 拼贴城市 [M]. 童明,译. 北京:中国建筑工业出版社,2003.

[9] 迈克·詹克斯,凯蒂·威廉姆斯. 紧缩城市——一种可持续发展的城市形态 [M]. 楚先锋,龙洋,译. 北京:中国建筑工业出版社,2004.

[10] 刘易斯·芒福汀. 街道与广场 [M]. 北京:中国建筑工业出版社,2004.

[11] 潘海啸. 城市交通空间创新设计——建筑行动起来 [M]. 北京:中国建筑工业出版社,2004.

[12] 刘捷. 城市形态的整合 [M]. 南京:东南大学出版社,2004.

[13] 大卫·路德林尼古拉斯·福克. 营造21世纪城市邻里社区 [M]. 王健,等译. 北京:中国建筑工业出版社,2005.

[14] 龙固新. 大型都市综合体开发研究与实践 [M]. 南京:东南大学出版社,2005.

[15] 吉迪斯·S·格兰尼,尾岛俊雄. 城市地下空间设计 [M]. 许方,等译. 北京:中国建筑工业出版社,2005.

[16] 芦原义信. 街道的美学 [M]. 天津:百花文艺出版社,2006.

[17] 边经卫. 大城市空间发展与轨道交通 [M]. 北京:中国建筑工业出版社,2006.

[18] 熊国平. 当代中国城市形态演变 [M]. 北京:中国建筑工业出版社,2006.

[19] 埃德蒙·N·培根. 城市设计 [M]. 黄富厢,译. 北京:中国建筑工业出版社,2006.

[20] 毛保华. 城市轨道交通规划与设计 [M]. 北京:人民交通出版社,2006.

[21] 郑明远. 轨道交通时代的城市开发 [M]. 北京:中国铁道出版社,2006.

[22] 缪朴. 亚太城市的公共空间——当前的问题与对策 [M]. 司玲,司然,译. 北京:中国建筑工业出版社,2007.

[23] 罗杰·特兰西克. 寻找失落的空间——城市设计的理论 [M]. 北京:中国建筑工业出版社,2007.

[24] 李津逵. 中国:加速城市化的考验 [M]. 北京:中国建筑工业出版社,2007.

[25] 张焰. 轨道交通资产经营实践与思考 [M]. 上海:同济大学出版社,2008.

[26] 比尔·希利尔. 空间是机器——建筑组构理论 [M]. 北京:中国建筑工业出版社,2008.

[27] 吴彤. 复杂性的科学哲学探究 [M]. 呼

和浩特：内蒙古人民出版社，2008.

［28］李雪梅，李学伟. 城市轨道交通产业关联理论与应用［M］. 北京：中国经济出版社，2009.

［29］世联地产. 轨道黄金链：轨道交通与沿线土地开发［M］. 北京：机械工业出版社，2009.

［30］李兆友，王健. 地铁与城市［M］. 沈阳：东北大学出版社，2009.

［31］林逢春，曾启超. 城市轨道交通对城市发展与环境影响研究［M］. 北京：中国环境科学出版社，2009.

［32］吴明隆. 问卷统计分析实务［M］. 重庆：重庆大学出版社，2010.

［33］董贺轩. 城市立体化设计——基于多层次城市基面的空间结构［M］. 南京：东南大学出版社，2011.

［34］黄欣荣. 复杂性科学的方法论研究［M］. 重庆：重庆大学出版社，2011.

［35］龙固新. 大型都市综合体开发研究与实践［M］. 南京：东南大学出版社，2011.

［36］牛强. 城市规划GIS技术应用指南［M］. 北京：中国建筑工业出版社，2012.

［37］邓凡. 透视城市综合体［M］. 北京：中国经济出版社，2012.

［38］董春方. 高密度建筑学［M］. 北京：中国建筑工业出版社，2012.

［39］苗东升. 复杂性科学研究［M］. 北京：中国书籍出版社，2013.

［40］周建明. 区域规划理论与方法［M］. 北京：中国建筑工业出版社，2013.

［41］黄芳. 上海静安寺地区城市设计实施与评价［M］. 南京：东南大学出版社，2013.

［42］邓智团，廖邦固. 城市空间转型——从单中心到多极多中心［M］. 上海：上海人民出版社，2013.

［43］庄雅典. 解密城市综合体设计［M］. 北京：北京大学出版社，2014.

［44］日建设计站城一体开发研究会. 站城一体开发——新一代公共交通指向型城市建设［M］. 北京：中国建筑工业出版社，2014.

［45］Witherspoon R E, Abbett J P, Gladstone R M. Mixed-Use Development: New ways of land use［M］. Urban Land Institute, 1976.

［46］Calthorpe P. The Next American Metropolis: Ecology, Community, and the American Dream［M］. Princeton Architectural Press, 1993.

［47］Urban Land Institute, Development Information Service. Mixed-use Development: Selected Reference［M］. Urban Land Institute, 1995.

［48］Bernick M, Cervero R. Transit Village for 21th Century［M］. McGraw – Hill, 1997.

［49］Cervero R. The Transit Metropolis-A Global Inquiry［M］. Washington Island Press, 1998.

［50］Nahoum C. Urban Conservation［M］. The MIT Press, 1999.

［51］Derrick P. Tunneling to the Future: the story of the Great Subway Expansion that Saved New York［M］. New York: New York University Press, 2001.

［52］Dean Schwanke, Urban Land Institute. Mixed-use Development Handbook［M］. Urban Land Institute, 2003.

［53］Dittmar Hankand Ohland. The New Transit Town: Best Practices in Transit Oriented Development［M］. Washington D C：Island Press, 2003.

［54］Busquets J. Barcelona: The Urban Evolution of A Compact City［M］. Harvard University Press, 2005.

［55］Jenks M, Dempsey N. Future Forms and Design for Sustainable Cities［M］. Butterworth-Heinemann, 2005.

［56］Pedersen P B. Sustainable Compact City［M］. Arkiteketens Forlag, 2009.

［57］Frampton A, Solonmon J D, Wong C. Cities without Ground: A Hong Kong Guidebook［M］. ORO Editions, 2012.

［58］陈雪明. 城市交通的联合开发策略——试谈美国经验在中国的应用［J］. 城市规划, 1995（04）.

［59］俞泳, 卢济威. 城市触媒与地铁车站综合开发［J］. 时代建筑, 1998（04）.

［60］王辑宪. 国外城市土地利用与交通一体规划的方法与实践［J］. 国外城市规划, 2001（01）.

［61］毛蒋兴, 阎小培. 我国城市交通与土地利用互动关系研究评述［J］. 城市规划汇刊, 2002（04）.

［62］范炜. 城市空间的集约化思考［J］. 华中建筑, 2002（05）.

［63］单皓. 美国新城市主义［J］. 建筑师, 2003（03）.

［64］金广君, 许光华, 等. TOD发展模式解析及其创作实践［J］. 规划师, 2003（03）.

［65］郑捷奋, 刘宏玉. 日本轨道交通与土地的综合开发［J］. 中国铁道科学, 2003（04）.

［66］杜宁睿, 许宁. 试论以公共交通为导向的城市发展［J］. 规划师, 2003（11）.

［67］官莹, 黄瑛. 轨道交通对城市空间形态的影响［J］. 城市问题, 2004（01）.

［68］陈晓扬. 香港空中步道城市设计的启示［J］. 华中建筑, 2004（02）.

［69］刘滨, 秦冰清, 蒋祖华. 轨道交通与上海城市空间结构的优化［J］. 城市轨道交通研究, 2004（03）.

［70］方向阳, 陈忠暖. 地铁商业开发规划探析［J］. 城市轨道交通研究, 2004（04）.

［71］毛蒋兴, 闫小培. 国外城市交通系统与土地利用互动关系研究［J］. 城市交通, 2004（07）.

［72］盛志前, 赵波平. 基于轨道交通换乘的枢纽交通设计方法研究［J］. 城市规划, 2004（10）.

［73］赖志敏. 轨道交通车站地域的集中开发［J］. 轨道交通研究, 2005（02）.

［74］黄健中. 1980年以来我国特大城市居民出行特征分析［J］. 2005（03）.

［75］李涛, 陈天. 土地利用与城市交通协调发展——近代美国TOD理论与实践的研究［J］. 南方建筑, 2005（05）.

［76］杨涛, 钱林波, 何宁. 中国城市交通发展态势及其基本战略［J］. 城市交通, 2005（05）.

［77］刑琰. 政府对混合使用开发的引导行为［J］. 规划师, 2005（07）.

［78］武香林. 公共交通换乘枢纽站设计［J］. 城市公共交通, 2005（12）.

［79］向观潮. 优先发展公交是我国重要的交通发展战略［J］. 交通与运输, 2006（01）.

［80］郭瑞霞. 地铁物业开发探讨——介绍深圳地铁南头车辆段上盖建筑规划方案［J］. 现代城市轨道交通, 2006（02）.

［81］秦云, 董丕灵, 俞明健. 城市轨道交通线路规划与城市空间综合开发利用的思考［J］. 城市轨道交通研究, 2006（03）.

[82] 周乐. 轨道交通车站地区整体规划设计实践 [J]. 城市交通, 2008 (09).

[83] 束昱等. 城市轨道交通综合体地下空间规划理论研究 [J]. 时代建筑, 2009 (05).

[84] 洪增林, 樊森. "聚合化/立体式" 地铁商业经济发展模式研究 [J]. 经济纵横, 2010 (02).

[85] 郑堃. 轨道交通与地铁上盖物业协同开发研究 [J]. 华中建筑, 2010 (05).

[86] 李勤. 地铁车站站域的总额开发设计研究 [J]. 转型与重构——2011中国城市规划年会论文集, 2011 (09).

[87] 徐匆匆. 城市轨道交通站点与周边城市综合体一体化空间设计 [J]. 转型与重构——2011中国城市规划年会论文集, 2011 (09).

[88] 张海宁. 轨道交通综合体对城市商业空间结构演变的影响研究 [J]. 中外建筑, 2011 (11).

[89] 熊伟. 轨道交通商业综合体步行系统设计——上海地铁11号线两个站点综合开发项目设计比较研究 [J]. 建筑学报, 2011 (12).

[90] 林楚娟, 庄毅璇, 月昆. 香港地铁及上盖物业开发情况调研及其对深圳市地铁上盖物业开发建设的启示 [J]. 科技和产业, 2011 (12).

[91] 黄骁. 基于城市触媒理论的地铁站综合体开发设计 [J]. 铁道勘测与设计, 2012 (03).

[92] 郑英. 深圳地铁上盖综合体开发优化措施研究 [J]. 都市快轨交通, 2012 (06).

[93] 曾国华. 城市轨道交通站域综合体开发研究 [J]. 都市快轨交通, 2012 (06).

[94] 金立. 地铁上盖土地资源的开发利用 [J]. 资源节约与环保, 2012 (08).

[95] 殷子渊. 高层、高密度、高效率——亚洲轨道新市镇的形态特征 [J]. 华中建筑, 2013 (01).

[96] 王祯栋, 张昀. 城市建筑综合体的组合空间研究 [J]. 新建筑, 2013 (03).

[97] 王鹃鹃. 城市综合体与轨道交通的功能衔接空间设计研究 [J]. 四川建筑, 2013 (05).

[98] 胡映东, 张昕然. 初探城市轨道交通与建筑综合体的"共生"——以日本多个新近落成的建筑综合体为例 [J]. 华中建筑, 2013 (06).

[99] 王成芳, 孙一民. 多维度视角下城市轨道站点空间特征实证剖析——以广州市为例 [J]. 城市规划学刊, 2013 (06).

[100] 陆靖. 轨道交通与上盖物业开发一体化建设的探索与实践 [J]. 特区经济, 2013 (07).

[101] 黄敏恩. 轨道交通枢纽城市综合体规划探索 [J]. 规划设计, 2014 (06).

[102] 程远. HDTOD——城市发展更新的新模式 [J]. 建设科技, 2015 (06).

[103] Workman S L, Brod D. Measuring the neighborhood benefits of rail transit accessibility [J]. Journal of the Transportation Research Board, 1997.

[104] Derrick P. Development of the New York city rail system [J]. Japan Railway & Transport Review, 2000.

[105] Quinet E. Evaluation methodologies of transportation projects in France [J]. Transport Policy, 2000 (07).

[106] Chu X H, Steven E P. Timing rules for major transportation investment [J].

Transportation, 2000（07）.

［107］ Transit Oriented Development：Moving From Rhetoric to Reality［J］. 2002（02）.

［108］ Cervero R, Ferrell C, Murphy S. Transit-oriented development and joint development in the United States: A literature review［J］. Transit-Oriented Research Program, 2002.

［109］ Litman T. Evaluating transportation equity［J］. World Transport Policy&Practice, 2002（08）.

［110］ Smit H T J. Infrastructure investment as a real options game: The case of European Airport Expansion［J］. Financial Management, 2003（04）.

［111］ Wang S, Zhang Y. The new retail economy of Shanghai［J］. Growth and Change, 2005（01）.

［112］ Short J, Kopp A. Transport infrastructure: investment and planning policy and research aspects［J］. Transport policy, 2005（12）.

［113］ Saphores J D M, Boarnet M G. Uncertainty and the timing of an urban congestion relief investment the no-land case［J］. Journal of Urban Economics, 2006（05）.

［114］ Loo B P Y, Chen C, Chan E T H. Rail-based transit-oriented development: lessons from New York City and Hong Kong［J］. Landscape and Urban Planning, 2010.

［115］ 滕军红. 整体与适应——复杂性科学对建筑学的启示［D］. 天津：天津大学，2002.

［116］ 孟路. 轨道交通与城市土地利用相互作用的研究［D］. 成都：西南交通大学，2003.

［117］ 韩丽. 轨道交通对尝试空间发展作用的研究［D］. 南京：南京林业大学，2005.

［118］ 康宏. 城市快速交通枢纽综合体设计研究［D］. 上海：同济大学，2006.

［119］ 王敏洁. 地铁站综合开发与城市设计研究［D］. 上海：同济大学，2006.

［120］ 袁铭. 城市跨越空间的整合研究［D］. 上海：同济大学，2006.

［121］ 胡敏. 城市地铁建设对沿线商业圈的影响研究［D］. 成都：西南交通大学，2007.

［122］ 薛慧明. 城市轨道交通影响下的商业空间设计［D］. 成都：同济大学，2007.

［123］ 李林. 商业综合体与城市空间的有机融合［D］. 长沙：湖南大学，2007.

［124］ 刘珊珊. 地铁车站建筑综合体的开发利用研究［D］. 天津：天津大学，2007.

［125］ 韩超. 城市轨道交通对西安市城市空间结构优化的引导作用研究［D］. 西安：西安建筑科技大学，2007.

［126］ 李程垒. 城市轨道交通TOD开发模式研究［D］. 北京：北京交通大学，2007.

［127］ 匡俊国. 地铁站域融入城市［D］. 天津：天津大学，2007.

［128］ 程亮. 新城轨道交通站点综合体设计研究——以上海市轨道交通11号线嘉定新城站站点综合体为例［D］. 上海：同济大学，2007.

［129］ 孟祥定. 绿色交通视角下城市轨道交通网络规划决策方法及应用［D］. 长沙：湖南大学，2007.

［130］ 赵晶. 适合中国城市的TOD规划方法研究［D］. 北京：清华大学，2008.

［131］ 郁俞. 轨道交通与联合开发及一体化设计初探［D］. 上海：同济大学，2008.

［132］ 连粉玲. 地铁站域地上地下空间整合设计初探［D］. 天津：天津大学，2008.

［133］ 王祯栋. "合"当代城市建筑综合体研究［D］. 上海：同济大学，2008.

［134］ 付雷. 城市快速轨道交通站点地区TOD模式研究［D］. 成都：西南交通大学，2009.

［135］ 张鑫. TOD模式及其在我国的应用研究［D］. 成都：西南交通大学，2009.

［136］ 杨蕾. 综合体建筑底部公共交通空间研究［D］. 大连：大连理工大学，2009.

［137］ 李静波. 现代城市商业综合体空间集约化设计初探［D］. 重庆：重庆大学，2009.

［138］ 于英. 城市空间形态维度的复杂循环研究［D］. 哈尔滨：哈尔滨工业大学，2009.

［139］ 黄少群. 城市轨道交通商业模式研究——香港与深圳地铁案例的比较分析［D］. 广州：中山大学，2009.

［140］ 王士君. 地铁上盖物业项目开发可行性研究［D］. 天津：天津大学，2010.

［141］ 莫茜茜. 地下轨道交通节点与大型商业建筑空间连接模式［D］. 长沙：湖南大学，2010.

［142］ 王迪. 城市交通枢纽型商业综合体整合营销研究［D］. 哈尔滨：哈尔滨工业大学，2010.

［143］ 陈蓓. 国外城市轨道交通发展规模研究［D］. 北京：北京交通大学，2010.

［144］ 胡世东. 地铁上盖物业开发研究［D］. 天津：天津大学，2010.

［145］ 甄冉. 城市中心区地铁站域联合开发及商业空间模式研究［D］. 天津：天津大学，2011.

［146］ 李翔宇. 消费文化视阈下当代商业建筑设计研究［D］. 哈尔滨：哈尔滨工业大学，2011.

［147］ 吴小洁. 城市轨道交通廊道空间形态特征研究［D］. 哈尔滨：哈尔滨工业大学，2011.

［148］ 陈景衡. 西安城市高层综合体发展研究［D］. 西安：西安建筑科技大学，2011.

［149］ 辛兰. 深圳市地铁上盖物业一体化开发模式研究［D］. 哈尔滨：哈尔滨工业大学，2012.

［150］ 张月金. 城市轨道交通与沿线土地综合开发研究［D］. 重庆：重庆大学，2012.

［151］ 盛来芳. 基于视角的轨道交通与城市空间耦合发展研究［D］. 北京：北京交通大学，2012.

［152］ 陆明. 城市轨道交通系统综合效益研究［D］. 北京：北京交通大学，2012.

［153］ 张航. 城市商业综合体步行公共空间设计研究［D］. 重庆：重庆大学，2012.

［154］ 汤蘅. 大型声音综合体底部空间与城市公共空间的整合设计研究［D］. 西安：西安建筑科技大学，2012.

［155］ 车忠. 地铁站域地下公共空间人性化［D］. 长沙：中南大学，2012.

［156］ 吴玉培. 城市商业综合体地下空间交通设计研究［D］. 重庆：重庆大学，2012.

［157］ 王云兴. 基于体验式消费模式的商业综合体设计研究［D］. 重庆：重庆大学，2012.

［158］ 刘晨宇. 城市节点的复合化趋势及整合对策研究［D］. 广州：华南理工大学，2012.

［159］ 郑怀德. 基于城市视角的地下城市综合体设计研究［D］. 广州：华南理工大学，2012.

［160］ 祝艺芝. 城市综合体步行系统设计研究

［D］. 广州：华南理工大学，2012.

［161］李向东. 基于空间认知的商业综合体设计［D］. 杭州：浙江大学，2012.

［162］龚金刚. 地铁站建筑综合体建筑设计研究［D］. 长沙：湖南大学，2012.

［163］赵庭珂. 城市立体化视角下广州一号线地铁站域空间综合开发的评价与策略［D］. 广州：华南理工大学，2012.

［164］张海宁. 基于商业业态演变的中心区轨道交通站点综合体研究［D］. 长沙：湖南大学，2012.

［165］李响. 城市商业综合体入口空间形态多元化探究［D］. 大连：大连理工大学，2013.

［166］肖鲁智. 基于城市轨道交通的城市综合体规划策略研究［D］. 长沙：湖南大学，2013.

［167］李晓贝. 轨道交通影响下北京城市空间形态演变研究——基于空间句法的分析［D］. 北京：北京交通大学，2013.

［168］孙艺. 地铁上盖物业商业综合体实例研究——以北京地区为例［D］. 西安：西安建筑科技大学，2013.

［169］乔宏. 轨道交通导向下的城市空间集约利用研究——以重庆市渝中区为例［D］. 重庆：西南大学，2013.

［170］白韵溪. 轨道交通影响下的城市中心区更新策略——以亚洲城市更新为例［D］. 大连：大连理工大学，2014.